中国机械工程学科教程配套系列教材
教育部高等学校机械类专业教学指导委员会规划教材

机械设计课程设计

（第3版）

朱文坚 黄平 翟敬梅 主编

清华大学出版社
北京

内容简介

本书是在第2版的基础上，根据“机械设计课程教学基本要求”和“高等教育面向21世纪教学内容和课程体系教学改革计划”有关文件精神，为适应当前教学改革发展趋势而编写的。

本书共两篇18章。第1篇为机械设计课程设计指导书(第1～7章)；第2篇为机械设计常用标准和规范(第8～18章)。主要内容包括：机械系统传动方案设计、结构方案设计、减速器装配图和零件的设计计算、编写设计计算说明书、减速器装配图中常见错误示例分析、设计实例、设计题目、设计资料和参考图例。

本书适用于高等学校机械类和近机类专业学生课程设计使用。

图书在版编目(CIP)数据

机械设计课程设计/朱文坚，黄平，翟敬梅主编. --3版. --北京：清华大学出版社，2016(2024.9重印)
中国机械工程学科教程配套系列教材
教育部高等学校机械类专业教学指导委员会规划教材
ISBN 978-7-302-42573-1

Ⅰ. ①机… Ⅱ. ①朱… ②黄… ③翟… Ⅲ. ①机械设计－课程设计－高等学校－教材 Ⅳ. ①TH122-41

中国版本图书馆CIP数据核字(2016)第005308号

责任编辑：赵　斌
封面设计：傅瑞学
责任校对：王淑云
责任印制：沈　露

出版发行：清华大学出版社
网　　址：https://www.tup.com.cn，https://www.wqxuetang.com
地　　址：北京清华大学学研大厦A座　　**邮　　编**：100084
社 总 机：010-83470000　　**邮　　购**：010-62786544
投稿与读者服务：010-62776969，c-service@tup.tsinghua.edu.cn
质量反馈：010-62772015，zhiliang@tup.tsinghua.edu.cn
印 装 者：三河市龙大印装有限公司
经　　销：全国新华书店
开　　本：185mm×260mm　　**印　　张**：14.25　　**插　　页**：4　　**字　　数**：356千字
版　　次：2016年3月第3版　　**印　　次**：2024年9月第9次印刷
定　　价：43.00元

产品编号：066086-01

中国机械工程学科教程配套系列教材暨
教育部高等学校机械类专业教学指导委员会规划教材

编 委 会

丛书序言

PREFACE

我曾提出过高等工程教育边界再设计的想法，这个想法源于社会的反应。常听到工业界人士提出这样的话题：大学能否为他们进行人才的订单式培养。这种要求看似简单、直白，却反映了当前学校人才培养工作的一种尴尬：大学培养的人才还不是很适应企业的需求，或者说毕业生的知识结构还难以很快适应企业的工作。

当今世界，科技发展日新月异，业界需求千变万化。为了适应工业界和人才市场的这种需求，也即是适应科技发展的需求，工程教学应该适时地进行某些调整或变化。一个专业的知识体系、一门课程的教学内容都需要不断变化，此乃客观规律。我所主张的边界再设计即是这种调整或变化的体现。边界再设计的内涵之一即是课程体系及课程内容边界的再设计。

技术的快速进步，使得企业的工作内容有了很大变化。如从 20 世纪 90 年代以来，信息技术相继成为很多企业进一步发展的瓶颈，因此不少企业纷纷把信息化作为一项具有战略意义的工作。但是业界人士很快发现，在毕业生中很难找到这样的专门人才。计算机专业的学生并不熟悉企业信息化的内容、流程等，管理专业的学生不熟悉信息技术，工程专业的学生可能既不熟悉管理，也不熟悉信息技术。我们不难发现，制造业信息化其实就处在某些专业的边缘地带。那么对那些专业而言，其课程体系的边界是否要变？某些课程内容的边界是否有可能变？目前不少课程的内容不仅未跟上科学研究的发展，也未跟上技术的实际应用。极端情况甚至存在有些地方个别课程还在讲授已多年弃之不用的技术。若课程内容滞后于新技术的实际应用好多年，则是高等工程教育的落后甚至是悲哀。

课程体系的边界在哪里？某一门课程内容的边界又在哪里？这些实际上是业界或人才市场对高等工程教育提出的我们必须面对的问题。因此可以说，真正驱动工程教育边界再设计的是业界或人才市场，当然更重要的是大学如何主动响应业界的驱动。

当然，教育理想和社会需求是有矛盾的，对通才和专才的需求是有矛盾的。高等学校既不能丧失教育理想、丧失自己应有的价值观，又不能无视社会需求。明智的学校或教师都应该而且能够通过合适的边界再设计找到适合自己的平衡点。

我认为，长期以来我们的高等教育其实是“以教师为中心”的。几乎所有的教育活动都是由教师设计或制定的。然而，更好的教育应该是“以学生为中心”的,即充分挖掘、启发学生的潜能。尽管教材的编写完全是由教师完成的,但是真正好的教材需要教师在编写时常怀“以学生为中心”的教育理念。如此,方得以产生真正的“精品教材”。

教育部高等学校机械类专业教学指导委员会、中国机械工程学会与清华大学出版社合作编写、出版了《中国机械工程学科教程》,规划机械专业乃至相关课程的内容。但是“教程”绝不应该成为教师们编写教材的束缚。从适应科技和教育发展的需求而言,这项工作应该不是一时的,而是长期的,不是静止的,而是动态的。《中国机械工程学科教程》只是提供一个平台。我很高兴地看到,已经有多位教授努力地进行了探索,推出了新的、有创新思维的教材。希望有志于此的人们更多地利用这个平台,持续、有效地展开专业的、课程的边界再设计,使得我们的教学内容总能跟上技术的发展,使得我们培养的人才更能为社会所认可,为业界所欢迎。

是以为序。

2009年7月

第3版前言

FOREWORD

本书是在前两版的基础上经过多年实际教学使用后进一步完善而成的，与第2版相比，本版在以下内容上进行了修改、完善和补充：

（1）增加了二级减速器的设计例题及其详细内容，并加入了二级减速器的装配图；

（2）对零件结构设计的内容进行了适当的补充；

（3）重新绘制了大部分的零件工作图；

（4）对原书部分旧的国家或行业标准做了更新；

（5）增加了计算机改判学生设计数据的软件（网站、光盘或联系mephuang@scut.edu.cn），供广大师生使用。

本书由朱文坚、黄平、翟敬梅主编，徐晓、李旻、孙建芳参编。具体负责各章编写的是：翟敬梅第1、3、4章、附录B；黄平第2、7章；李旻第5章、附录A的零件工作图；徐晓第6章、附录A的减速器装配图；孙建芳第2篇所有部分（第8～18章）。黄平、翟敬梅对本书做了统稿。另外，本书采用了华南理工大学2012级机械创新班孙佳正绘制的二级减速器装配图，杨全鹏、李旻对部分结构进行了修改，特表谢意！

鉴于作者水平有限，在编写过程中难免存在错误和遗漏，请广大读者提出宝贵意见。

编　者

2015年8月

第 2 版前言

FOREWORD

机械设计是工科机械类专业的一门主要技术基础课。机械设计课程设计是该课程的一个主要教学环节。课程设计的内容一般是设计简单机械或机械传动装置。本课程设计主要要求学生掌握方案选择、总体设计、零件的工作能力计算、材料选择、结构设计等设计计算内容。本书的主要特点是：

(1) 启发引导，注意发挥学生的主动性，给学生留出一定的思考余地。

(2) 为了方便使用不同版本主教材的学生，凡在主教材中已介绍的内容及公式等，本书均不重复介绍，既利于减轻学生负担，又利于培养学生的自学能力和综合设计能力。

(3) 精选内容，以较少的篇幅介绍课程设计需用的标准、数据、资料和参考图例，并注意引入新标准、新资料和新设计题目。

参加本书第 1 版编写工作的有熊文修(主编)、何悦胜(副主编)、何永然、黎桂英、崔汉森；参加第 2 版编写工作的有朱文坚(第 1～8 章，第 11 章，第 13 章，第 14 章)，何悦胜(第 17 章和第 9 章部分)，黄平(第 9 章部分，第 10 章，第 12 章部分，第 15 章和第 16 章)，何永然(第 12 章部分，附录部分)，由朱文坚和黄平担任主编。欢迎广大读者提出宝贵意见。

编　者

2003 年 8 月

第1版前言

FOREWORD

机械设计(原机械零件)课程在高等工业学校机械类专业教学计划中是一门主要技术基础课。这门课程阐述各种通用机械零件的设计方法及其有关问题。本课程有几个教学环节,如讲课、实验、习题作业、设计作业和课程设计等,其中课程设计是一个重要环节。在课程设计里,有关的零件设计方法进一步有机地联系起来。

课程设计的内容一般是设计简单机械或机械传动装置。在设计中,学生要综合考虑一系列问题,诸如方案选择、总体设计、零件的运动分析与载荷分析、材料选择、工作能力计算、结构设计、公差配合、标准化、工艺性、可靠性、经济性等,而且还与不少先修课程有紧密的联系,例如画法几何及机械制图、理论力学、材料力学、机械原理、公差配合及技术测量、工程材料及机械制造基础、金属工艺学等。

同时,更为重要的是,在课程设计过程中可以培养学生逐步树立正确的设计思想,提高独立工作能力和开发创造性设计构思。

多年来,机械类专业机械设计课程设计一般采用齿轮(或蜗杆)减速箱作为题目。这是一个好题目,因为减速箱包括了主要通用零件:齿轮(蜗杆、蜗轮)、轴、轴承、键(花键)、螺栓、联轴器和箱体等,所以减速箱设计能与机械设计课程内容结合。但一成不变地用减速器设计作为课程设计题目,实感不足,设计题目应灵活多样。为了使学生扩大思路、开阔视野、适应各种不同的设计要求,我们编写了这本《机械设计课程设计》。

本书第1篇及第2篇共有8个设计实例题目,繁简不同,深浅各异。其中较简单的题目可作为机械类专业机械设计课程的作业题目,也可作为非机械类专业机械设计基础课程的课程设计题目。内容较复杂的题目可以作为机械类专业机械设计课程设计题目。更复杂的题目可以由几个学生组成一个小组,各人分担部分设计内容,合而成为一个设计。

在每个实例题目中阐述设计方法时,着重于零件的载荷分析、几何计算、运动计算、资料活用等方面。

本书第2篇为齿轮减速器的设计指导;第3篇摘录有关设计资料,以方便学生进行课程设计时查阅。本书所用计算公式、数据、名词术语、符号、单位等基本上与濮良贵主编的《机械设计》[6]相同。

本书由华南理工大学机械设计教研组部分教师编写。其中,第1、2章由熊文修编写,第3章由黎桂英编写,第4章、第16~22章及附录由何永然编写,第6~15章由何悦胜编写,第5章由崔汉森编写。本书由熊文修主编,何悦胜担任副主编。

由于同类图书国内尚少见,国外亦不多见,可供参考的资料不多,因而书中存在缺点甚至错误在所难免,十分欢迎读者批评指正。

编　者

1995年12月

目　录
CONTENTS

第1篇　机械设计课程设计指导书

第2篇 机械设计常用标准和规范

第 1 篇

机械设计课程设计指导书

第1章

课程设计概论

1. 机械设计课程设计的目的

课程设计是机械设计课程中的最后一个教学环节，也是第一次对学生进行较全面的机械设计训练，其目的是：

(1) 培养学生综合运用机械设计课程及其有关先修课程的理论知识解决工程实际问题的能力，进一步巩固、深化、扩展本课程所学到的理论知识。

(2) 通过对通用机械零件、常用机械传动或简单机械的设计实践，使学生掌握一般机械传动装置的设计内容、步骤和方法，并在设计构思和设计技能等方面得到相应的锻炼。

(3) 提高学生机械设计的基本技能，使学生具有查阅标准、规范、手册、图册等技术资料的能力和较熟练的计算和绘图能力。

(4) 通过传动方案的拟定、设计计算、结构设计、查阅资料以及编写设计计算说明书等各个环节，培养学生独立的机械设计能力，以及分析和解决实际问题的能力。

2. 机械设计课程设计的内容

机械设计课程设计是学生首次进行较全面的机械设计训练，其性质、内容和培养学生设计能力的过程与专业课的课程设计应有所不同。机械设计课程设计的题目，一般是选择内容和份量都比较适当的机械传动装置或简单机械。课程设计应包括下面的工作内容：

(1) 确定机械系统总体传动方案；

(2) 选择电动机；

(3) 传动装置运动和动力参数的计算；

(4) 传动件(如齿轮、带及带轮、链及链轮等)的设计；

(5) 轴的设计；

(6) 轴承组合部件设计；

(7) 键的选择和校核；

(8) 联轴器的选择；

(9) 机架或箱体等零件的设计；

(10) 润滑与密封设计；

(11) 装配图与零件图设计与绘制。

学生在规定的时间内应完成以下内容：

(1) 装配工作图1张(A0或A1图纸)；

(2) 零件工作图2～3张；

(3) 设计计算说明书1份。

3. 机械设计基础课程设计的步骤

课程设计一般按下面的步骤进行：

(1) 设计准备。阅读设计任务书，明确设计要求和工作条件；通过观察模型和实物、观看录像、做实验、调研等方式了解设计对象；查阅相关资料；拟定工作计划等。

(2) 传动装置的总体设计。比较和选择传动装置的方案；选定电动机的类型和型号；确定总传动比和各级传动比；计算各轴的转矩和转速。

(3) 传动件的设计计算。设计计算各级传动件的参数和主要尺寸，包括传动零件(带、链、齿轮、蜗杆、蜗轮等)，以及选择联轴器的类型和型号等。

(4) 设计装配图。绘制装配草图；轴的强度计算和结构设计；轴承的选择和计算；箱体及其附件的设计；绘制装配图(包括标注尺寸、配合、技术要求、零件明细表和标题栏等)。

(5) 设计零件工作图。

(6) 按规定的格式要求编写设计说明书。

(7) 总结和答辩。

4. 机械设计课程设计中应注意的问题

(1) 课程设计应在教师的指导下独立完成。要培养学生的综合设计能力，提倡刻苦、认真、独立思考、精益求精的学习精神，反对照抄照搬和马虎应付的态度。

(2) 设计过程中，需要综合考虑多种因素，采取各种方案进行分析、比较和选择，从而确定最优方案、尺寸和结构。计算和画图需要交叉进行，边画图、边计算，通过不断反复修改来完善设计，必须耐心、认真地完成设计过程。

(3) 参考和利用已有资料是学习前人经验、提高设计质量的重要保证，但不应该盲目地抄袭，要按照设计任务和具体条件来进行设计。

(4) 设计过程中应学习正确运用标准和规范，要注意区分哪些尺寸需要圆整为标准数列或优先数列，而哪些尺寸不能圆整为整数。

(5) 注意掌握设计进度，认真检查每一阶段的设计结果，保证设计的正常进行。

第2章

机械系统传动装置设计

由于原动机的输出转速、转矩和运动形式往往与工作机的要求不同,因此需要在它们之间采用传动系统装置。由于传动装置的选用、布局及其设计结果对整个设备的工作性能、重量和成本等影响很大,因此合理地拟定传动方案具有重要的意义。机械系统传动装置设计的内容包括:确定传动方案;选定电动机型号;计算总传动比和合理分配各级传动比;计算传动装置的运动和动力参数。

2.1 传动方案的确定

为了满足同一工作机的性能要求,可采用不同的传动机构、不同的组合和布局,在总传动比保持不变的情况下,还可按不同的方法分配各级传动的传动比,从而得到多种传动方案以供分析、比较。合理的传动方案首先要满足机器的功能要求,例如传递功率的大小、转速和运动形式。此外还要适应工作条件(工作环境、场地、工作制度等),满足工作可靠、结构简单、尺寸紧凑、传动效率高、使用维护便利、工艺性好、成本低等要求。要同时满足这些要求是比较困难的,但必须满足最主要和最基本的要求。

图2.1是电动铰车的三种传动方案。其中,方案(a)采用二级圆柱齿轮减速器,适合于繁重及恶劣条件下长期工作,使用维护方便,但结构尺寸较大;方案(b)采用蜗轮蜗杆减速器,结构紧凑,但传动效率较低,长期连续使用时就不经济;方案(c)用一级圆柱齿轮减速器和开式齿轮传动,成本较低,但使用寿命较短。从上述分析可见,虽然这三种方案都能满足电动铰车的功能要求,但结构、性能和经济性都不同,要根据工作条件要求来选择较好的方案。

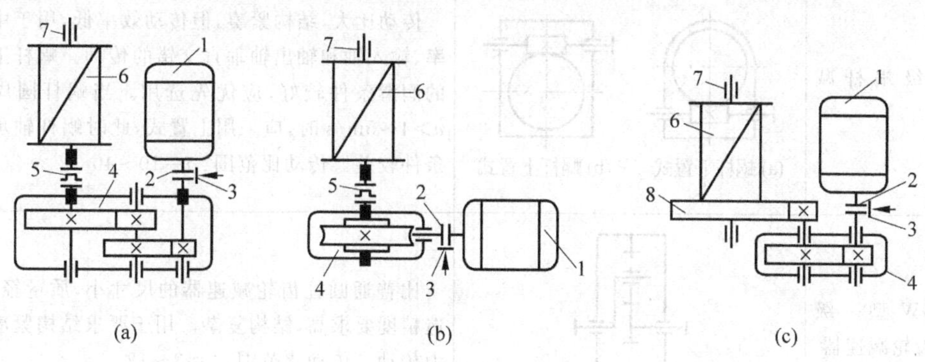

图2.1 电动铰车传动方案简图

1—电动机;2,5—联轴器;3—制动器;4—减速器;6—卷筒;7—轴承;8—开式齿轮为了便于设计时选择传动装置，表2.1列出了常用减速器的类型及特性，表2.2列出了各种机械传动的传动比。

表2.1 常用减速器的类型及特性

名称	简图	特性
一级圆柱齿轮减速器		轮齿可用直齿、斜齿或人字齿。直齿用于低速($v\leqslant 8$m/s)或载荷较轻的传动，斜齿或人字齿用于较高速($v=25\sim 50$m/s)或载荷较重的传动。箱体常用铸铁制造，轴承常用滚动轴承。传动比范围：$i=3\sim 6$，直齿$i\leqslant 4$，斜齿$i\leqslant 6$
二级展开式圆柱齿轮减速器		高速级常用斜齿，低速级可用直齿或斜齿。由于相对于轴承不对称，要求轴具有较大的刚度。高速级齿轮应远离转矩输入端，以减少因弯曲变形所引起的载荷沿齿宽分布不均的现象。常用于载荷较平稳的场合，应用广泛。传动比范围：$i=8\sim 40$
二级同轴式圆柱齿轮减速器		箱体长度较短，轴向尺寸及质量较大，中间轴较长，刚度差，轴承润滑困难。当两大齿轮浸油深度大致相同时，高速级齿轮的承载能力难以充分利用。仅有一个输入轴和输出轴，传动布置受到限制。传动比范围：$i=8\sim 40$
一级圆锥齿轮减速器		用于输入轴和输出轴的轴线垂直相交的传动。有卧式和立式两种。轮齿加工较复杂，可用直齿、斜齿或曲齿。传动比范围：$i=2\sim 5$，直齿$i\leqslant 3$，斜齿$i\leqslant 5$
二级圆锥-圆柱齿轮减速器		用于输入轴和输出轴的轴线垂直相交且传动比较大的传动。圆锥齿轮布置在高速级，以减少圆锥齿轮的尺寸，便于加工。传动比范围：$i=8\sim 25$
一级蜗杆减速器	(a) 蜗杆下置式 (b) 蜗杆上置式	传动比大，结构紧凑，但传动效率低，用于中小功率、输入轴和轴出轴垂直交错的传动。蜗杆下置式的润滑条件较好，应优先选用。当蜗杆圆周速度$v>4\sim 5$m/s时，应采用上置式，此时蜗杆轴承润滑条件较差。传动比范围：$i=10\sim 40$
NGW型一级行星齿轮减速器		比普通圆柱齿轮减速器的尺寸小，质量轻，但制造精度要求高，结构复杂。用于要求结构紧凑的动力传动。传动比范围：$i=3\sim 12$

表 2.2　各种机械传动的传动比

传动类型			传动比的推荐值	传动比的最大值
一级圆柱齿轮传动	闭式	直齿	≤3～4	≤10
		斜齿	≤3～6	≤10
	开式		≤3～7	≤15～20
一级圆锥齿轮传动	闭式	直齿	≤2～3	≤6
		斜齿	≤3～4	≤6
	开式		≤5	≤8
蜗杆传动	闭式		7～40	≤80
	开式		15～60	≤120
带传动	开口平带		≤2～4	≤6
	V 带		≤2～4	≤7
链传动	滚子链		≤2～5	≤8

2.2　电动机的选择

电动机的选择应在传动方案确定之后进行，其目的是在合理地选择其类型、功率和转速的基础上，具体确定电动机的型号。

1. 选择电动机类型和结构型式

电动机类型和结构型式要根据电源(交流或直流)、工作条件和载荷特点(性质、大小、启动性能和过载情况)来选择。工业上广泛使用三相异步电动机。对载荷平稳、不调速、长期工作的机器，可采用鼠笼式异步电动机。Y 系列电动机为我国推广采用的新设计产品，它具有节能、启动性能好等优点，适用于不含易燃、易爆和腐蚀性气体的场合以及无特殊要求的机械中。对于经常启动、制动和反转的场合，可选用转动惯量小、过载能力强的 YZ 型、YR 型和 YZR 型等系列的三相异步电动机。

电动机的结构有开启式、防护式、封闭式和防爆式等，可根据工作条件选用。同一类型的电动机又具有几种安装型式，应根据安装条件确定。

2. 确定电动机的功率

电动机的功率选择是否恰当，对整部机器的正常工作和成本都有影响。所选电动机的额定功率应等于或稍大于工作要求的功率。若功率小于工作要求的功率，则不能保证工作机正常工作，或使电动机长期过载、发热大而过早损坏；但功率过大，则增加成本，并且由于效率和功率因数低而造成浪费。电动机的功率受运行时发热条件限定，由于课程设计中的电动机大多是在常温和载荷不变(或变化不大)的情况下长期连续运转，因而在选择其功率时，只要使其所需的实际功率(简称电动机所需功率)P_d 不超过额定功率 P_{ed}，即可避免过热。即使 $P_{ed} \geqslant K_A P_d$，这里 K_A 是工况参数，应根据具体工况选取。

1) 工作机主轴所需功率

若已知工作机主轴上的传动滚筒、链轮或其他零件上的圆周力(有效拉力)F(N)和圆周

速度(线速度)v(m/s),则在稳定运转时工作机主轴上所需功率 P_w(kW)按下式计算:

$$P_w = \frac{Fv}{1000} \tag{2.1}$$

若已知工作机主轴上的传动滚筒、链轮或其他零件的直径 D(mm)和转速 n(r/min),则圆周速度 v(m/s)按下式计算:

$$v = \frac{\pi Dn}{60 \times 1000} \tag{2.2}$$

若已知工作机主轴上的转矩 T(N·m)和转速 n(r/min),则工作机主轴所需功率 P_w(kW)按下式计算:

$$P_w = \frac{Tn}{9550} \tag{2.3}$$

2) 电动机所需功率

电动机所需功率 P_d(kW)按下式计算:

$$P_d = \frac{P_w}{\eta} \tag{2.4}$$

式中,P_w为工作机主轴所需功率,kW;η为由电动机至工作机主轴之间的总效率,按下式计算:

$$\eta = \eta_1 \cdot \eta_2 \cdot \cdots \cdot \eta_n \cdot \eta_w \tag{2.5}$$

式中,$\eta_1,\eta_2,\cdots,\eta_n$ 分别为传动装置中每一传动副(齿轮、蜗杆、带或链)、每对轴承、每个联轴器的效率,其推荐值见表2.3;η_w 为工作机的效率。

计算总效率时,要注意以下几点:

(1) 选用表2.3中的数值时,一般取中间值。如工作条件差、润滑不良时,应取低值;反之取高值。

(2) 动力每经过一对运动副或传动副,就有一次功耗,故在计算总效率时,都要计入。

(3) 表2.3中齿轮、蜗杆、带与链的传动效率未计入轴承效率,故轴承效率须另计。表中轴承效率均指一对轴承的效率。

表2.3　机械传动和摩擦副的效率概略值

种类				效率 η	种类		效率 η
圆柱齿轮	闭式	精度等级	7	0.98	V带传动		0.94~0.96
			8	0.97	链传动(滚子链)	闭式	0.96
			9	0.96		开式	0.92
	开式			0.95	滚动轴承	球轴承	0.99(一对)
圆锥齿轮	闭式	精度等级	7	0.97		滚子轴承	0.98(一对)
			8	0.96	滑动轴承	润滑不良	0.94
			9	0.95		润滑正常	0.97
	开式			0.93		液体摩擦	0.99
蜗杆传动	闭式	蜗杆头数 z_1	1	0.70~0.75	联轴器	十字滑块联轴器	0.97~0.99
			2	0.75~0.82		万向联轴器	0.95~0.98
			4	0.87~0.92		齿轮联轴器	0.99
		自锁蜗杆		0.40~0.45		弹性联轴器	0.99~0.995
	开式	$z_1=1,2$		0.60~0.70		刚性联轴器	1

3. 确定电动机的转速

同一功率的异步电动机有3000r/min、1500r/min、1000r/min、750r/min等几种同步转速。一般来说，电动机的同步转速愈高，磁极对数愈少，外廓尺寸愈小，价格愈低；反之，转速愈低，外廓尺寸愈大，价格愈高。因此，在选择电动机转速时，应综合考虑与传动装置有关的各种因素，通过分析比较，选出合适的转速。一般选用同步转速为1000r/min和1500r/min的电动机为宜。

根据选定的电动机类型、功率和转速由表18.1和表18.2查出电动机的具体型号和外形尺寸。后面传动装置的计算和设计就按照已选定的电动机型号的额定功率P_{ed}、满载转速n_m、电动机的中心高度、外伸轴径和外伸轴长度等条件进行。

2.3 计算总传动比和分配各级传动比

根据电动机的满载转速n_m和工作机主轴的转速n_w，传动装置的总传动比按下式计算：

$$i = n_m / n_w \tag{2.6}$$

总传动比i为各级传动比的连乘积，即

$$i = i_1 i_2 \cdots i_n$$

总传动比的一般分配原则如下。

(1) 限制性原则：各级传动比应控制在表2.2给出的常用范围以内。采用最大值时将使传动机构尺寸过大。

(2) 协调性原则：传动比的分配应使整个传动装置的结构匀称、尺寸比例协调而又不相互干涉。如传动比分配不当，就有可能造成V带传动中从动轮的半径大于减速器输入轴的中心高、卷筒轴上开式齿轮传动的中心距小于卷筒的半径、多级减速器内大齿轮的齿顶与相邻的表面相碰等情况。

(3) 等浸油深度原则：对于展开式二级圆柱齿轮减速器，通常要求传动比的分配应使两个大齿轮的直径比较接近，从而有利于实现浸油润滑。由于低速级齿轮的圆周速度较低，因此其大齿轮的直径允许稍大些(即浸油深度可深一些)。其传动比分配可查图2.2。

(4) 等强度原则：在设计过程中，有时往往要求同一减速器中各级齿轮的接触强度比较接近，以使各级传动零件的使用寿命大致相等。若二级减速器各级的齿宽系数和齿轮材料的接触疲劳极限都相等，且两级中心距之比$a_2/a_1=1.1$，则通用减速器的公称传动比可按表2.4搭配。

(5) 优化原则：当要求所设计的减速器的质量最轻或外形尺寸最小时，可以通过调整传动比和其他设计参数(变量)，用优化方法求解。上述传动比的搭配只是初步的数值。由于在传动零件设计计算中，带轮直径和齿轮齿数的圆整会使各级传动比有所改变，因此，在所有传动零件设计计算完成后，实际总传动比与要求的总传动比有一定的误差，一般相对误差控制在±(3%～5%)的范围内。

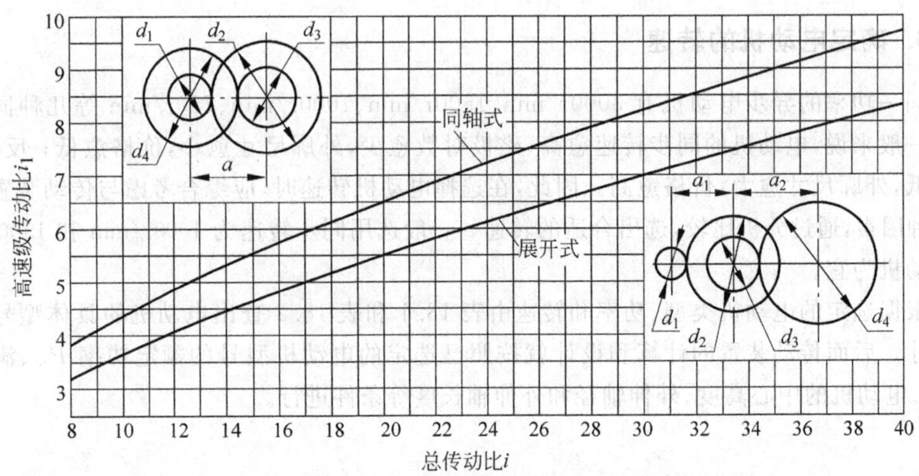

图 2.2 二级圆柱齿轮减速器传动比分配

表 2.4 二级减速器的传动比搭配

i	6.3	7.1	8	9	10	11.2	12.5	14	16	18	20	22.4
i_1	2.5	2.8	3.15		3.55	4		4.5	5	5.6		6.3
i_2	2.5			2.8			3.15				3.55	

2.4 传动装置的运动和动力参数计算

为了给传动件的设计计算提供依据，应计算各传动轴的转速、输入功率和转矩等有关参数。计算时，可将各轴由高速至低速依次编为 0 轴(电动机轴)、Ⅰ轴、Ⅱ轴……，并按此顺序进行计算。

1. 计算各轴的转速

传动装置中，各轴转速的计算公式为(单位：r/min)：

$$\left.\begin{aligned} n_0 &= n_m \\ n_{\mathrm{I}} &= n_0 / i_{01} \\ n_{\mathrm{II}} &= n_{\mathrm{I}} / i_{12} \\ n_{\mathrm{III}} &= n_{\mathrm{II}} / i_{23} \\ &\vdots \end{aligned}\right\} \tag{2.7}$$

式中，i_{01}，i_{12}，i_{23}…分别为相邻两轴间的传动比；n_m为电动机的满载转速。

2. 计算各轴的输入功率

电动机的计算功率一般可用电动机所需实际功率 P_d作为计算依据，则其他各轴输入功率为(单位：kW)：

$$\left.\begin{aligned} P_{\mathrm{I}} &= P_{\mathrm{d}}\eta_{01} \\ P_{\mathrm{II}} &= P_{\mathrm{I}}\eta_{12} \\ P_{\mathrm{III}} &= P_{\mathrm{II}}\eta_{23} \\ &\vdots \end{aligned}\right\} \tag{2.8}$$

式中，η_{01}，η_{12}，η_{23}…分别为相邻两轴间的传动效率。

3. 计算各轴的输入转矩

电动机输出转矩为

$$T_{\mathrm{d}} = 9550\frac{P_{\mathrm{d}}}{n_{\mathrm{m}}} \tag{2.9}$$

其他各轴输入转矩为

$$\left.\begin{aligned} T_{\mathrm{I}} &= 9550\frac{P_{\mathrm{I}}}{n_{\mathrm{I}}} \\ T_{\mathrm{II}} &= 9550\frac{P_{\mathrm{II}}}{n_{\mathrm{II}}} \\ T_{\mathrm{III}} &= 9550\frac{P_{\mathrm{III}}}{n_{\mathrm{III}}} \\ &\vdots \end{aligned}\right\} \tag{2.10}$$

运动和动力参数的计算数值可以整理列表备查。

第3章

结构设计

减速器主要由通用零部件(如传动件、支承件、联接件)、箱体及附件所组成。图3.1所示为一个二级圆柱齿轮减速箱结构示意图。

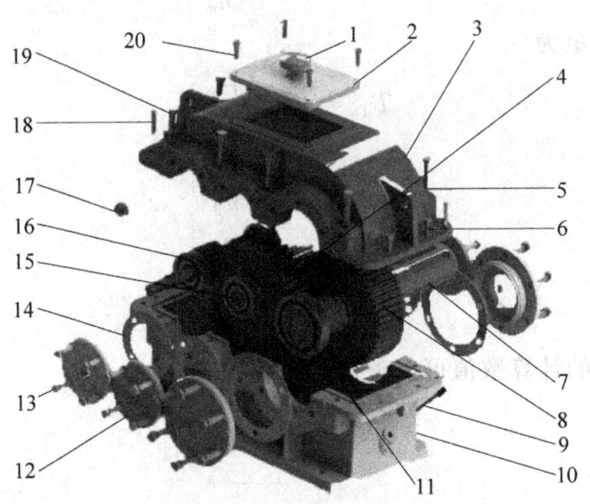

图3.1　二级圆柱齿轮减速箱

1—通气器；2—视孔盖；3—箱盖；4—小齿轮；5—上下箱体连接螺栓；6—起盖螺钉；7—低速轴；8—大齿轮；9—油标尺；10—箱座；11—滚动轴承；12—轴承端盖；13—轴承端盖连接螺钉；14—调整垫片；15—中间轴；16—高速轴；17—油塞；18—定位销；19—轴承旁连接螺栓；20—视孔盖连接螺钉

3.1　传动零件的结构设计

传动零件的结构设计指确定V带轮、滚子链链轮、圆柱齿轮、圆锥齿轮、蜗杆蜗轮的具体结构尺寸。除了要合理地设计单个传动零件的结构之外，还必须注意传动零件与其他部件的协调问题。

1. 齿轮的结构设计

齿轮的结构设计与齿轮的几何尺寸、毛坯、材料、加工方法、使用要求及经济性等因素有关。进行齿轮的结构设计时，通常是先按齿轮的直径大小，选定合适的结构型式，再进行结构设计。

当齿轮的齿根圆到键槽底面的距离e很小时，如圆柱齿轮$e \leqslant 2.5m_n$(图3.2(a))，圆锥齿轮的小端$e \leqslant 1.6m$(图3.2(b))，为了使轮毂有足够的强度，可以做成如图3.2(c)、(d)的齿轮轴，这样可以节省加工轴、孔、键、键槽的时间。

如果齿轮的直径比轴的直径大得多，则应把齿轮和轴分开制造。当顶圆直径 $d_a \leqslant 160\text{mm}$ 时可做成图 3.2(a)、(b)的实心式结构。齿轮毛坯可以是锻造或铸造的；顶圆直径 $d_a \leqslant 500\text{mm}$ 的齿轮通常采用图 3.3(a)和(b)的腹板式结构；顶圆直径 $d_a \geqslant 400\text{mm}$ 的齿轮可用图 3.4 所示的铸造轮辐式结构。

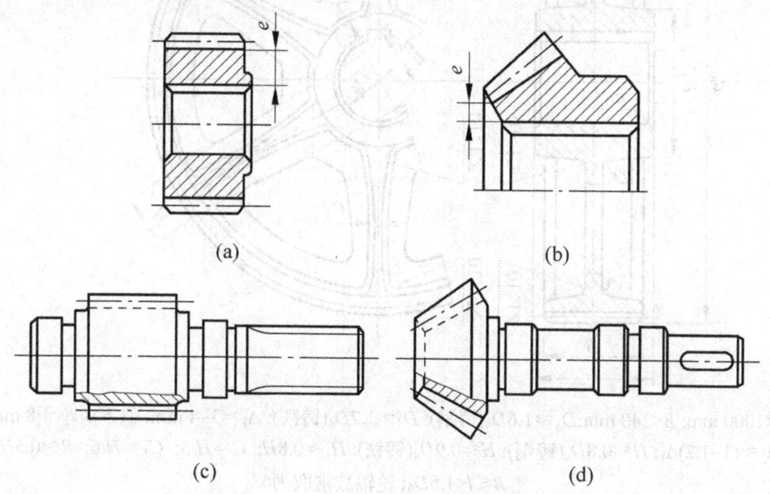

图 3.2 实心式齿轮和齿轮轴

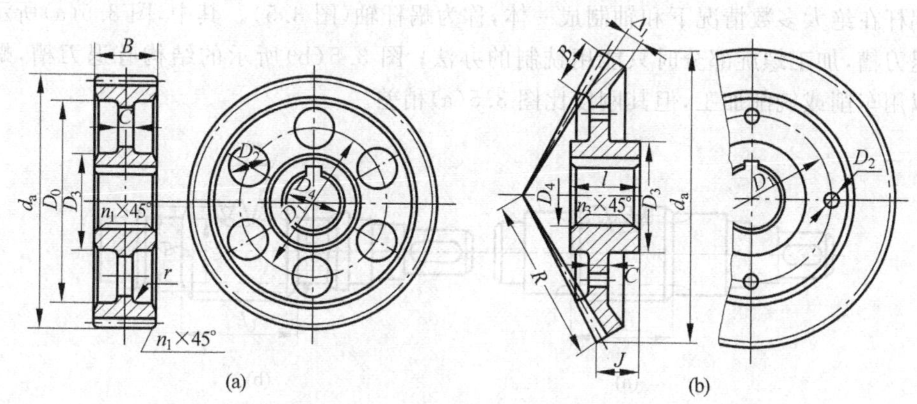

$D_1 \approx (D_0+D_3)/2$; $D_2 \approx (0.25\sim0.35(D_0-D_3)$;

$D_3 \approx 1.6D_4$(钢材); $D_3 \approx 1.7D_4$(铸铁); $n_1 \approx 0.5m_n$; $r \approx 5\text{mm}$;

圆柱齿轮：$D_0 \approx d_a-(10\sim14)m_n$; $C \approx (0.2\sim0.3)B$;

锥齿轮：$l \approx (1\sim1.2)D_4$; $C \approx (3\sim4)m$; 尺寸J由结构设计而定；$\Delta_1=(0.1\sim0.2)B$

常用齿轮的C值不应小于10mm，航空用齿轮可取$C \approx 3\sim6\text{mm}$

图 3.3 腹板式齿轮

2. 蜗杆的结构设计

蜗杆传动效率较低、发热较高，由于发热的影响，其轴向尺寸变化较大，因此在结构设计中必须充分考虑，并在散热、材料的抗胶合性能、润滑条件等方面采取必要的措施。

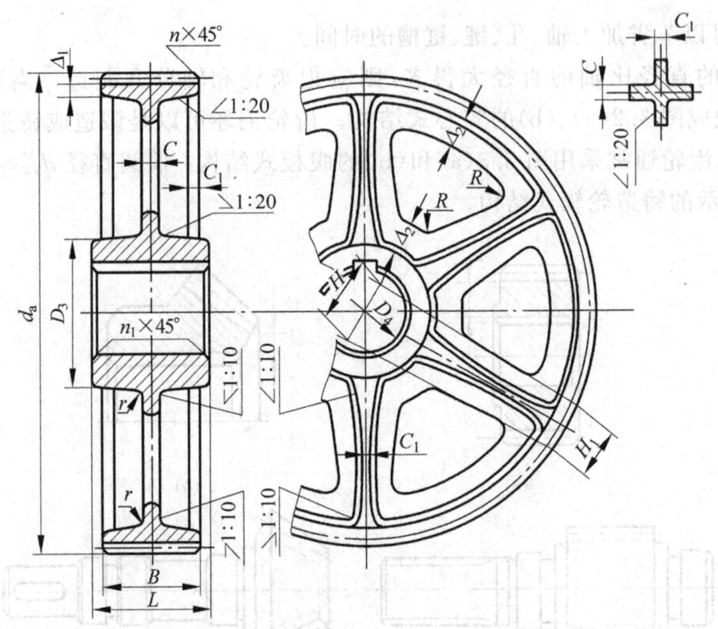

d_a<1000 mm; B<240 mm;$D_3\approx1.6D_4$(铸钢); $D_3\approx1.7D_4$(铸铁); $\Delta_1\approx3\sim4$ mm, 但不应小于8 mm;
$\Delta_2\approx(1\sim1.2)\Delta_1$; $H\approx0.8D_4$(铸钢); $H\approx0.9D_4$(铸铁); $H_1\approx0.8H$; $C\approx H/5$; $C_1\approx H/6$; $R\approx0.5H$;
$B\leqslant l<1.5D_4$; 轮辐数常取为6

图 3.4 铸造轮辐式结构齿轮

蜗杆在绝大多数情况下和轴制成一体,称为蜗杆轴(图 3.5)。其中,图 3.5(a)所示的结构无退刀槽,加工螺旋部分时只能用铣制的办法;图 3.5(b)所示的结构有退刀槽,螺旋部分可以用车削或铣削加工,但其刚度比图 3.5(a)稍差。

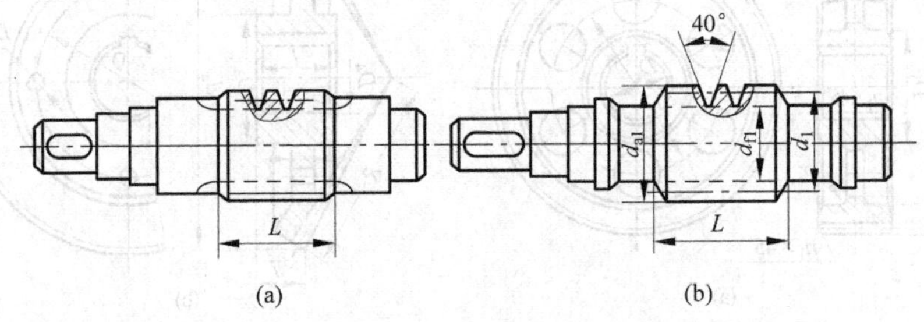

图 3.5 蜗杆的结构形式

3. 蜗轮的结构设计

蜗轮可以制成图 3.6(a)所示的整体式结构。为了节省铜合金,对直径较大的蜗轮通常采用组合式结构,即齿圈用铜合金,而齿芯用钢或铸铁制成(图 3.6(b))。采用组合式结构时,齿圈和轮芯间可用过盈配合连接,并沿接合面圆周装 4~8 个螺钉。齿圈和轮芯也可用螺栓连接(图 3.6(c)),这种结构常用于尺寸较大或磨损后需更换齿圈的场合。对于成批制造的蜗轮,常在铸铁轮芯上浇铸出青铜齿圈(图 3.6(d))。

4. V 带轮的结构设计

V 带轮的材料主要采用铸铁,常用材料的牌号为 HT150 或 HT200;转速较高时宜采

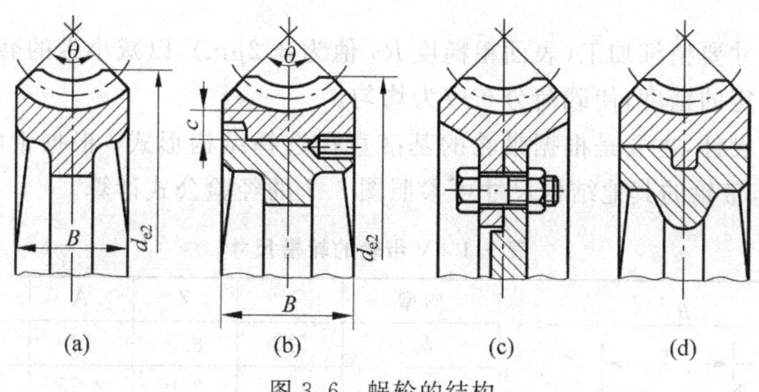

图 3.6　蜗轮的结构

用铸钢；小功率时可用铸铝或塑料。

当带轮基准直径 $D \leqslant (2.5 \sim 3)d$ 时，可采用实心式结构(图 3.7(a))；当 $D \leqslant 300\text{mm}$ 时，可采用腹板式或孔板式结构(图 3.7(b)和(c))；当 $D > 300\text{mm}$ 时，可采用轮辐式结构(图 3.7(d))。

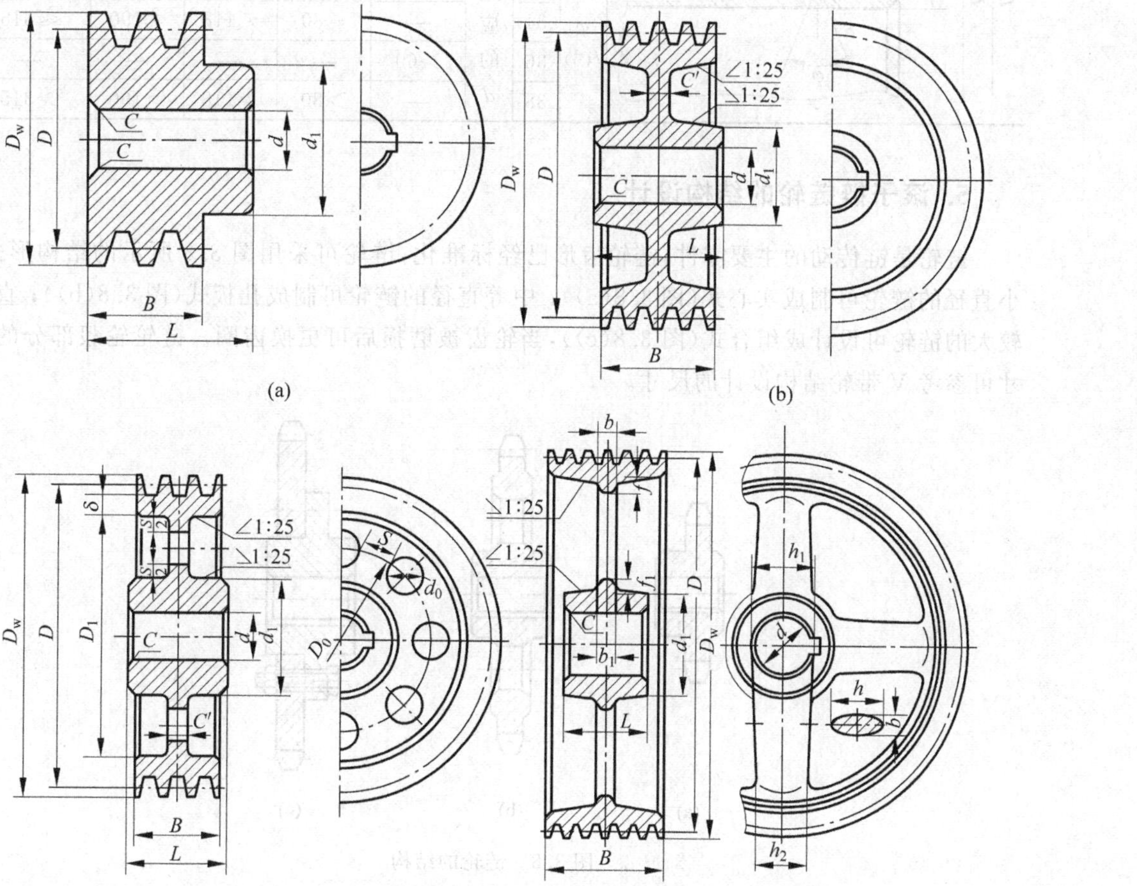

(a)　(b)　(c)　(d)

$d_1=(1.8\sim2)d$，d 为轴的直径；$h_2=0.8h_1$；$D_0=0.5(D_1+d_1)$；$d_0=(0.2\sim0.3)(D_1-d_1)$；$b_1=0.4h_1$；$b_2=0.8b_1$；
$C'=(1/7\sim1/4)B$；$S=C'$；$f_1=0.2h_1$；$L=(1.5\sim2)d$，当 $B<1.5d$ 时，$L=B$；$h_1=290\sqrt[3]{p/nz_n}$
(p 为传递的功率，kW；n 为带轮的转速，r/min；z_n 为轮辐数)

图 3.7　V 带轮的结构

带轮轮槽尺寸要精细加工(表面粗糙度 Ra 值为 3.2μm),以减小带的磨损;各槽的尺寸和角度应保持一定的精度,使载荷分布较为均匀。

带轮的结构设计,主要是根据带轮的基准直径选择结构形式;根据带的型号确定轮槽尺寸(见表 3.1),带轮的其他结构尺寸可参照图 3.7 的经验公式计算。

表 3.1 V 带轮的轮槽尺寸

槽型			Y	Z	A	B	C
b_p			5.3	8.5	11	14	19
h_{amin}			1.6	2.0	2.75	3.5	4.8
e			8±0.3	12±0.3	15±0.3	19±0.4	25.5±0.5
f_{min}			6	7	9	11.5	16
h_{fmin}			4.7	7.0	8.7	10.8	14.3
δ_{min}			5	5.5	6	7.5	10
φ/(°)	32	对应的 d	≤60	—	—	—	—
	34		—	≤80	≤118	≤190	≤315
	36		>60	—	—	—	—
	38		—	>80	>118	>190	>315

5. 滚子链链轮的结构设计

链轮是链传动的主要零件,链轮齿形已经标准化,链轮可采用图 3.8 所示的结构形式。小直径的链轮可制成实心式(图 3.8(a));中等直径的链轮可制成孔板式(图 3.8(b));直径较大的链轮可设计成组合式(图 3.8(c)),当轮齿被磨损后可更换齿圈。链轮轮毂部分的尺寸可参考 V 带轮结构设计的尺寸。

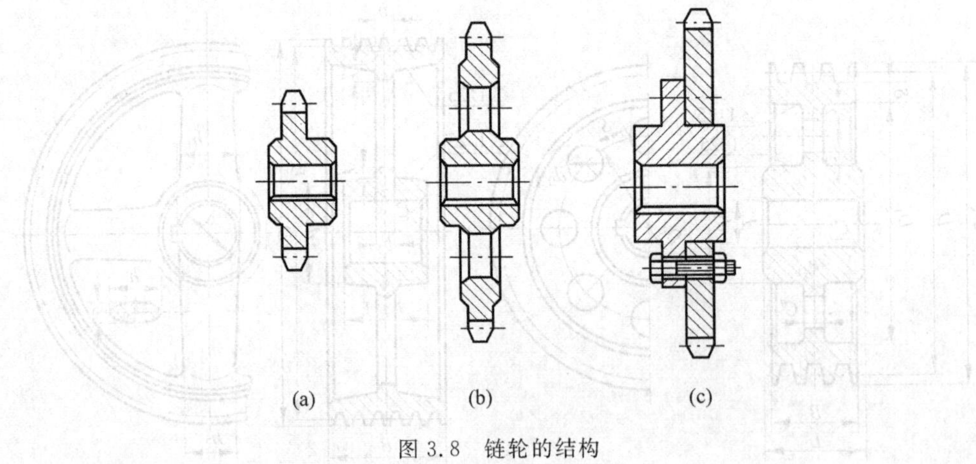

图 3.8 链轮的结构

6. 减速器传动零件设计应注意的问题

1) 减速器外传动零件设计应注意的问题

(1) 设计带传动时,应注意检查带轮尺寸与传动装置外廓尺寸的相互关系。例如,小带轮外圆半径是否大于电动机中心高，大带轮外圆半径是否过大造成带轮与机器底座相干涉等。还要考虑带轮轴孔尺寸与电动机轴或减速器输入轴尺寸是否相适应。带轮直径确定后，应验算带传动实际传动比和大带轮转速，并以此修正减速器传动比和输入转矩。

(2) 链轮外廓尺寸及轴孔尺寸应与传动装置中其他部件相适应。当选用单排链使传动尺寸过大时，可改用双排链或多排链。

(3) 开式齿轮传动一般布置在低速级，常选用直齿。由于开式齿轮传动润滑条件较差，磨损较严重，一般只按弯曲强度设计。宜选用耐磨性能较好的材料，并注意大小齿轮材料的配对。此外，开式齿轮传动支承刚度较小，应取较小的齿宽系数。注意检查大齿轮的尺寸与材料及毛坯制造方法是否相适应。例如齿轮直径大于500mm时，一般应选用铸铁或铸钢，并采用铸造毛坯。还应检查齿轮尺寸与传动装置总体及工作机是否相称，有没有与其他零件相干涉。

开式齿轮传动设计完成后，要由选定的齿轮齿数计算实际传动比。

2) 减速器内传动零件设计应注意的问题

(1) 齿轮材料应考虑与毛坯制造方法是否协调。例如齿轮直径大于500mm时，一般应选用铸铁或铸钢，并采用铸造毛坯。

(2) 注意区别齿轮传动的尺寸及参数，哪些应取标准值，哪些应圆整，哪些应取精确数值。例如模数和压力角应取标准值，中心距、齿宽和结构尺寸应尽量圆整，而啮合几何尺寸(节圆、齿顶圆、螺旋角等)则必须求出精确值。一般尺寸应准确到小数点后2～3位，角度应准确到秒。

(3) 选用不同的蜗杆副材料，其适用的相对滑动速度范围也不同，因此选蜗杆副材料时要初估相对滑动速度，并且在传动尺寸确定后，检验其滑动速度，检查所选材料是否适当，必要时修改初选数据。

(4) 蜗杆传动的中心距应尽量圆整，蜗杆副的啮合几何尺寸必须计算精确值，其他结构尺寸应尽量圆整。

(5) 当蜗杆分度圆的圆周速度 $v<(4\sim5)\mathrm{m/s}$，应把蜗杆布置在下面，而蜗轮布置在上面。

3.2 轴系零件的初步选择

轴系零件包括轴、联轴器、滚动轴承等。轴系零件的选择步骤如下。

1. 初估轴径

当所计算的轴与其他标准件(如电动机轴)通过联轴器相连时，可直接按照电动机的输出轴径或相连联轴器的允许直径系列来确定所计算轴的直径值。当所计算的轴不与其他标准件相连时，轴的直径可按扭转强度进行估算。初算轴径还要考虑键槽对轴强度的影响。当该段轴截面上有一个键槽时，d 增大5%；有两个键槽时，d 增大10%，最后将轴径圆整。按扭转强度计算出的轴径，一般指的是传递转矩段的最小轴径，但对于中间轴可作为轴承处的轴径。

初估出的轴径并不一定是轴的实际直径。轴的实际直径是多少，还应根据轴的具体结构而定，但轴的最小直径不能小于轴的初估直径。

2. 选择联轴器

选择联轴器包括选择联轴器的型号和类型。

联轴器的类型应根据传动装置的要求来选择。在选用电动机轴与减速器高速轴之间连接用的联轴器时，由于轴的转速较高，为减小起动载荷、缓和冲击，应选用具有较小转动惯量和有弹性元件的联轴器，如弹性套柱销联轴器等。在选用减速器输出轴与工作机之间连接用的联轴器时，由于轴的转速较低，传递转矩较大，且减速器与工作机常不在同一机座上，要求有较大的轴线偏移补偿，因此常选用承载能力较强的无弹性元件的挠性联轴器，如鼓形齿式联轴器等。若工作机有振动冲击，为了缓和冲击，避免振动影响减速器内传动件的正常工作，可选用有弹性元件的联轴器，如弹性柱销联轴器等。

联轴器的型号按计算转矩、轴的转速和轴径来选择。要求所选联轴器的许用转矩大于计算转矩，还应注意联轴器两端毂孔直径范围与所连接两轴的直径大小相适应。

3. 初选滚动轴承

滚动轴承的类型应根据所受载荷的大小、性质、方向、转速及工作要求进行选择。若只承受径向载荷或主要是径向载荷而轴向载荷较小，轴的转速较高，则选择深沟球轴承；若轴承同时承受较大的径向力和轴向力，或者需要调整传动件(如锥齿轮、蜗杆蜗轮等)的轴向位置，则应选择角接触球轴承或圆锥滚子轴承。由于圆锥滚子轴承装拆方便，价格较低，故应用较多。

根据初步计算的轴径，考虑轴上零件的轴向定位和固定要求，估计出装轴承处的轴径，再选用轴承的直径系列，这样就可初步定出滚动轴承型号。

3.3 减速器附件及箱体的结构设计

1. 减速器附件的结构设计

为了保证减速器正常工作和具备完善的性能，如检查传动件的啮合情况、注油、排油、通气和便于安装、吊运等，减速器箱体上常设置某些必要的装置和零件，这些装置和零件及箱体上相应的局部结构统称为附件(参看图3.9～图3.12)。现将附件的作用和原理叙述如下。它们的结构尺寸见表3.2～表3.12。

1) 窥视孔和视孔盖

窥视孔应开在箱盖顶部，以便于观察传动零件啮合区的情况，可由孔注入润滑油，孔的尺寸应足够大，以便检查操作，注意应设计凸台(图3.13)。

视孔盖可用铸铁、钢板或有机玻璃制成。孔与盖之间应加密封垫片，其尺寸参见表3.2。

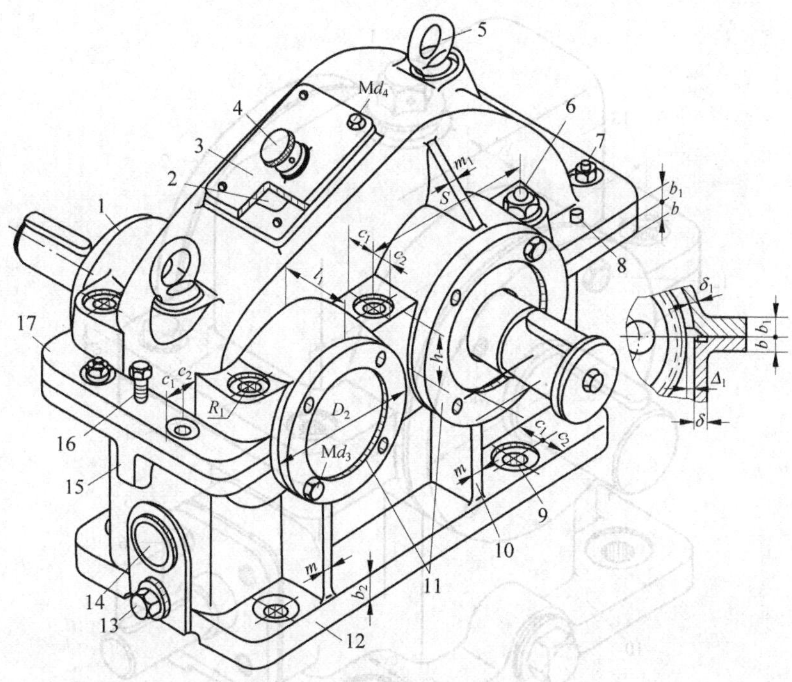

图 3.9 一级圆柱齿轮减速器

1—调整垫片；2—窥视孔；3—视孔盖；4—通气器；5—吊环螺钉(Md_5)；6—轴承旁连接螺栓(Md_1)；7—箱盖连接螺栓(Md_2)；8—定位销；9—地脚螺栓孔(Md_f)；10—外肋；11—轴承盖；12—箱座；13—油塞；14—油面指示器；15—吊钩；16—启盖螺钉；17—箱盖

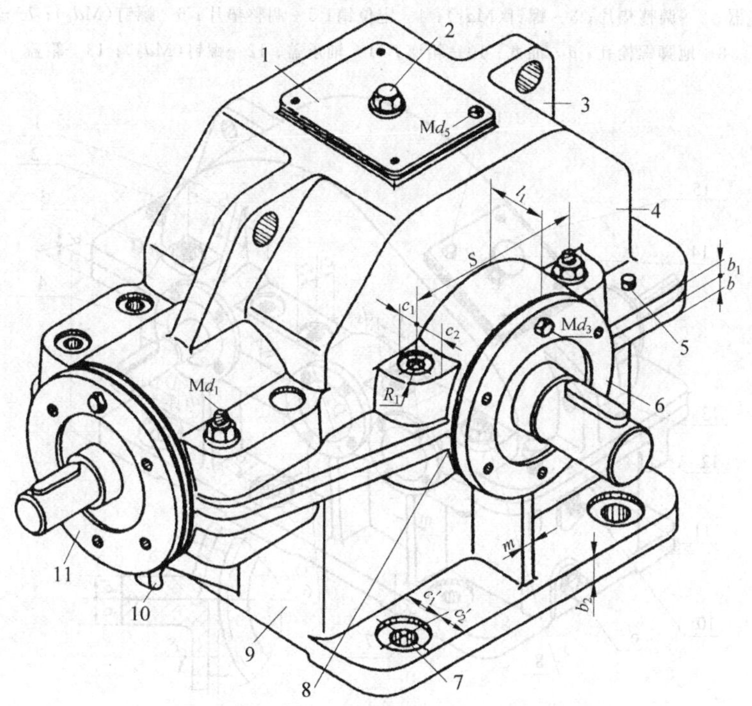

图 3.10 一级圆锥齿轮减速器

1—视孔盖；2—通气器 Md_4；3—起重吊耳；4—箱盖；5—定位销；6—轴承盖；7—地脚螺栓孔(Md_f)；8—调整垫片；9—箱座；10—起重吊钩；11—轴承盖

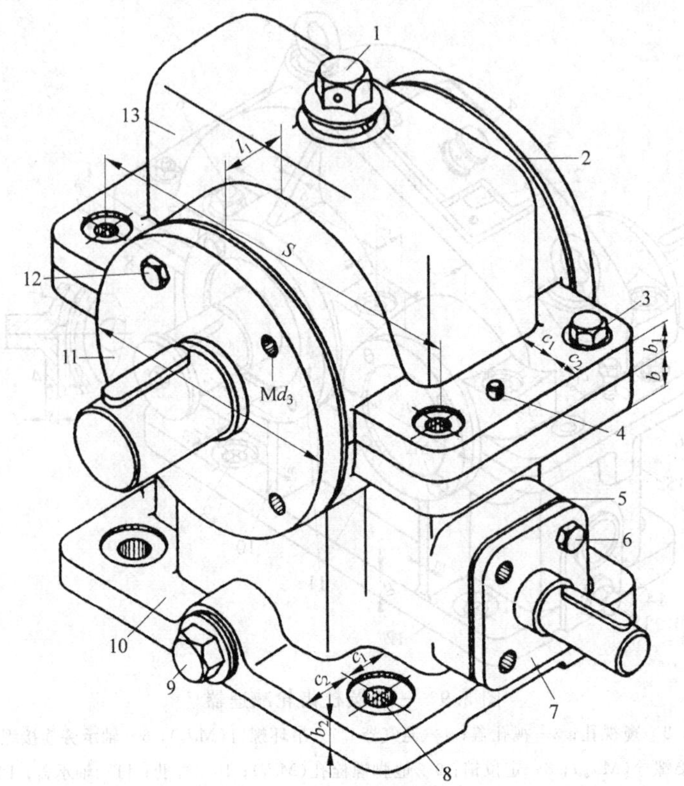

图 3.11 一级蜗轮蜗杆减速器

1—通气器；2—调整垫片；3—螺钉(Md_1)；4—定位销；5—调整垫片；6—螺钉(Md_2)；7—轴承盖；8—地脚螺栓孔；9—油塞；10—箱座；11—轴承盖；12—螺钉(Md_3)；13—箱盖

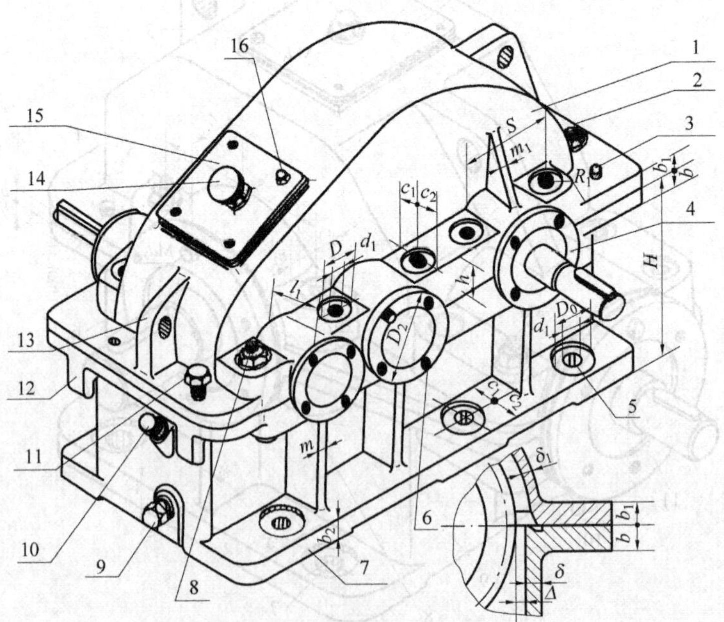

图 3.12 二级圆柱齿轮减速器

1—箱盖；2—螺钉(Md_2)；3—定位销；4—轴承盖；5—地脚螺栓孔(d_1)；6—螺钉(Md_3)；7—箱座；8—螺钉(Md_1)；9—油塞；10—油标尺；11—启盖螺钉；12—吊钩；13—吊耳；14—通气器；15—视孔盖；16—螺钉(Md_4)

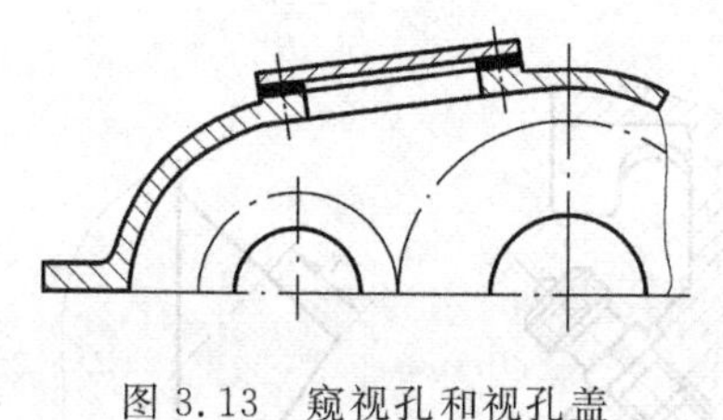

图 3.13 窥视孔和视孔盖

表 3.2 视孔盖

mm

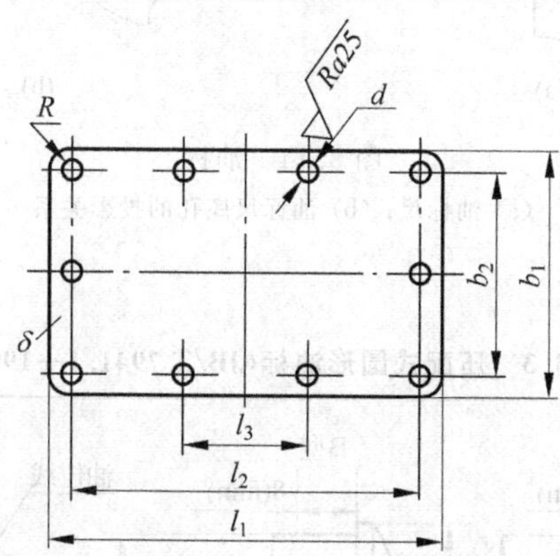

l_1	l_2	l_3	b_1	b_2	d		δ	R	质量/kg	可用的减速器中心距 a_Σ
					直径	孔数				
90	75	—	70	55	7	4	4	5	0.2	一级 $a\leqslant150$
120	105	—	90	75	7	4	4	5	0.34	一级 $a\leqslant250$
180	165	—	140	125	7	8	4	5	0.79	一级 $a\leqslant350$
200	180	—	180	160	11	8	4	10	1.13	一级 $a\leqslant450$
220	200	—	200	180	11	8	4	10	1.38	一级 $a\leqslant500$
270	240	—	220	190	11	8	6	15	2.8	一级 $a\leqslant700$
140	125	—	120	105	7	8	4	5	0.53	二级 $a_\Sigma\leqslant250$，三级 $a_\Sigma\leqslant350$
180	165	—	140	125	7	8	4	5	0.79	二级 $a_\Sigma\leqslant425$，三级 $a_\Sigma\leqslant500$
220	190	—	160	130	11	8	4	15	1.1	二级 $a_\Sigma\leqslant500$，三级 $a_\Sigma\leqslant650$
270	240	—	180	150	11	8	6	15	2.2	二级 $a_\Sigma\leqslant650$，三级 $a_\Sigma\leqslant825$
350	320	—	220	190	11	8	10	15	6	二级 $a_\Sigma\leqslant850$，三级 $a_\Sigma\leqslant1100$
420	390	130	260	230	13	10	10	15	8.6	二级 $a_\Sigma\leqslant1100$，三级 $a_\Sigma\leqslant1250$
500	460	150	300	260	15	10	10	20	11.8	二级 $a_\Sigma\leqslant1150$，三级 $a_\Sigma\leqslant1650$

注：① 视孔是用于检查齿轮（蜗轮）啮合情况及向箱内注入润滑油的。平时视孔上面用视孔盖盖严。

② 材料 Q215。

2）油标

油标用来指示油面高度，一般安置在低速级附近的油面稳定处。油标有油标尺、管状油标、圆形油标等。常用带有螺纹部分的油标尺（图 3.14(a)）。油标尺的安装位置不能太低，以防油溢出。座孔的倾斜位置要保证油标尺便于插入和取出，其视图投影关系如图 3.14(b)所示。表 3.3～表 3.6 列出了多种油标的尺寸。

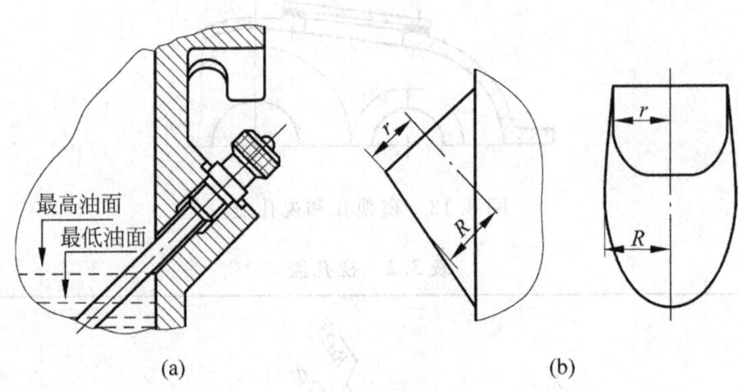

图 3.14 油标

(a) 油标尺；(b) 油标尺座孔的投影关系

表 3.3 压配式圆形油标(JB/T 7941.1—1995) mm

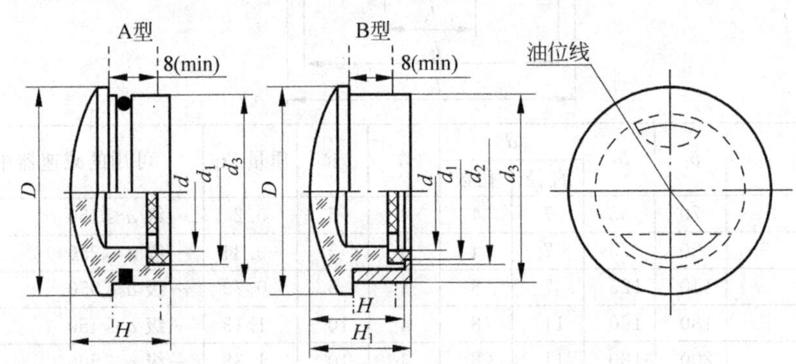

标记示例：

视孔 d=32、A 型压配式圆形油标的标记：油标 A32 JB/T 7941.1—1995

d	D	d_1		d_2		d_3		H	H_1	O形橡胶密封圈(按 JB/T 7757.2—1995)
		基本尺寸	极限偏差	基本尺寸	极限偏差	基本尺寸	极限偏差			
12	22	12	−0.050 −0.160	17	−0.050 −0.160	20	−0.065 −0.195	14	16	15×2.65
16	27	18		22		25				20×2.65
20	34	22	−0.065 −0.195	28	−0.065 −0.195	32	−0.080 −0.240	16	18	25×3.55
25	40	28		34		38				31.5×3.55
32	48	35	−0.080 −0.240	41	−0.080 −0.240	45		18	20	38.7×3.55
40	58	45		51		55				48.7×3.55
50	70	55	−0.100 −0.290	61	−0.100 −0.290	65	−0.100 −0.290	22	24	
63	85	70		76		80				

表 3.4 管状油标(JB/T 7941.4—1995) mm

H	O 形橡胶密封圈 (按 GB/T 3452.1)	六角薄螺母 (按 GB/T 6177.2)	弹性垫圈 (按 GB 861)
80,100, 125,160, 200	11.8×2.65	M12	12

标记示例:
H=200、A 型管状油标的标记:
油标 A200 JB/T 7941.4—1995

注:B 型管状油标尺寸见 JB/T 7941.4—1995。

表 3.5 长形油标(JB/T 7941.3—1995) mm

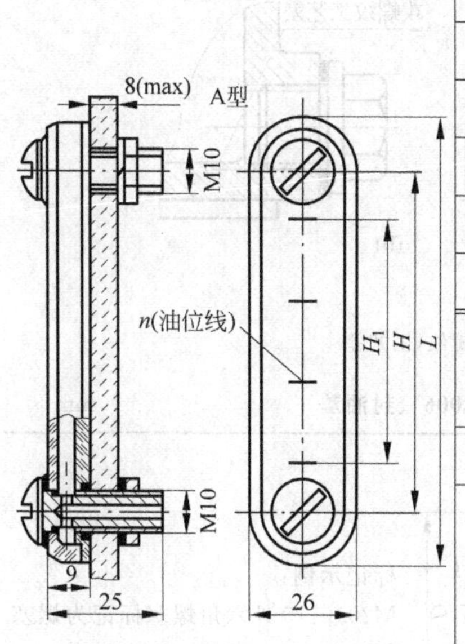

H 基本尺寸	H 极限偏差	H_1	L	n(条数)
80	±0.17	40	110	2
100		60	130	3
125	±0.20	80	155	4
160		120	190	5

O 形橡胶密封圈 (按 GB/T 3452.1)	六角螺母 (按 GB/T 6172.2)	弹性垫圈 (按 GB 861)
10×2.65	M10	10

标记示例:
H=80、A 型长形油标的标记:油标 A80 JB/T 7941.3—1995

注:B 型长形油标见 JB/T 7441.3—1995。

表 3.6 油标尺 mm

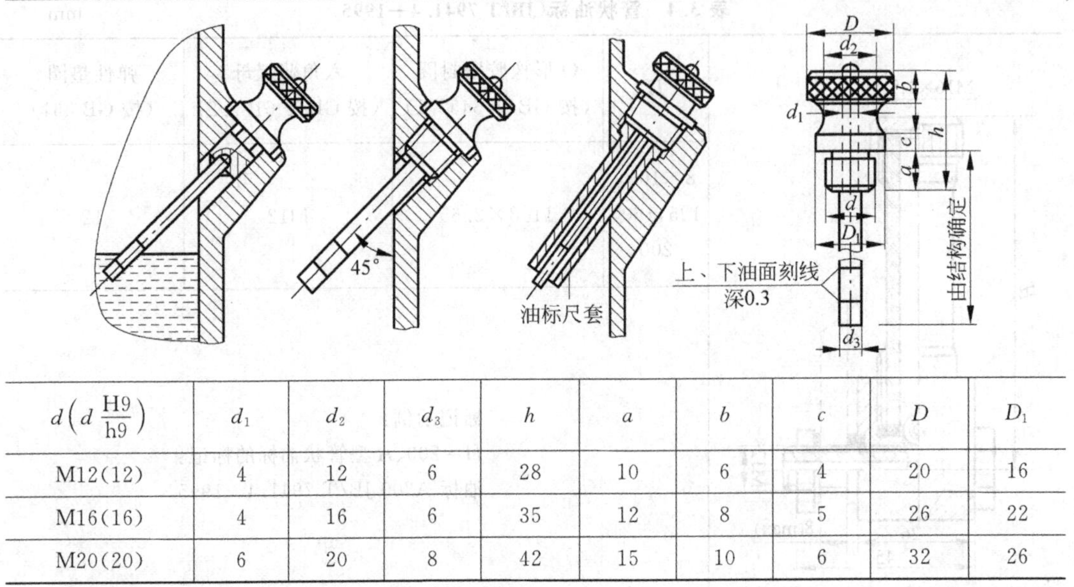

$d\left(d\ \frac{H9}{h9}\right)$	d_1	d_2	d_3	h	a	b	c	D	D_1
M12(12)	4	12	6	28	10	6	4	20	16
M16(16)	4	16	6	35	12	8	5	26	22
M20(20)	6	20	8	42	15	10	6	32	26

3）放油孔和螺塞

放油孔应在油池最低处，箱底面有一定斜度(1∶100)，以利放油。孔座应设凸台，螺塞与凸台之间应有油圈密封(图 3.15)。表 3.7 和表 3.8 列出了螺塞和封油垫的结构和尺寸。

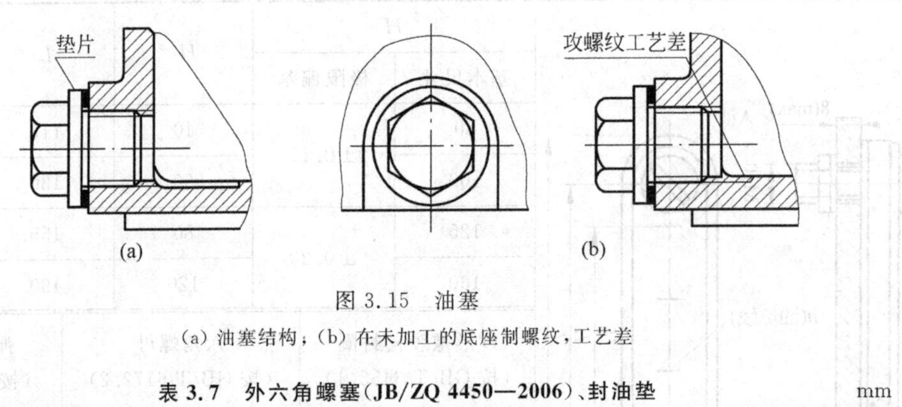

图 3.15 油塞

(a) 油塞结构；(b) 在未加工的底座制螺纹，工艺差

表 3.7 外六角螺塞(JB/ZQ 4450—2006)、封油垫 mm

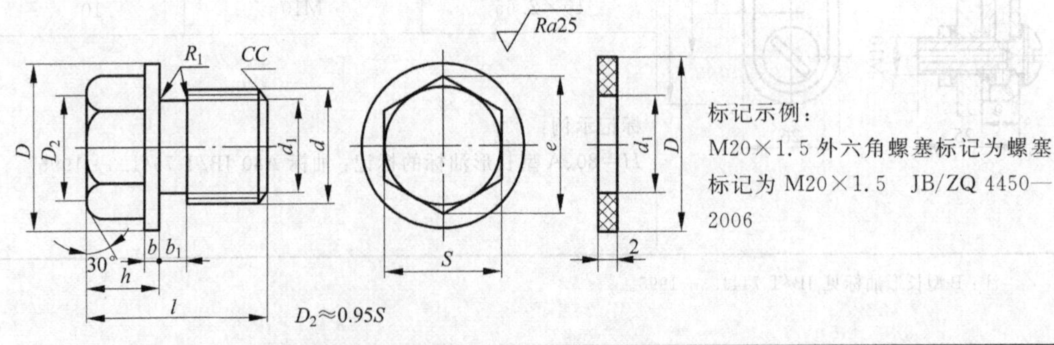

标记示例：

M20×1.5 外六角螺塞标记为螺塞标记为 M20×1.5 JB/ZQ 4450—2006

续表

d	d_1	D	e	S 基本尺寸	S 极限偏差	l	h	b	b_1	C	可用减速器的中心距 $a(a_\Sigma)$
M14×1.5	11.8	23	20.8	18	0 −0.28	25	12	3	3	1.0	一级 $a=100$
M18×1.5	15.8	28	24.2	21		27	15				一级 $a\leqslant300$ 二级 $a_\Sigma\leqslant425$ 三级 $a_\Sigma\leqslant450$
M20×1.5	17.8	30				30		4			
M22×1.5	19.8	32	27.7	24						1.5	
M24×2	21	34	31.2	27		32	16		4		
M27×2	24	38	34.6	30	0 −0.34	35	17				一级 $a\leqslant450$ 二级 $a_\Sigma\leqslant750$ 三级 $a_\Sigma\leqslant950$
M30×2	27	42	29.3	34		38	18				
M33×2	30	45	41.6	36		42	20	5			
M42×2	39	56	53.1	46		50	25				

表 3.8 管螺纹外六角螺塞(JB/ZQ 4451—2006)、封油垫 mm

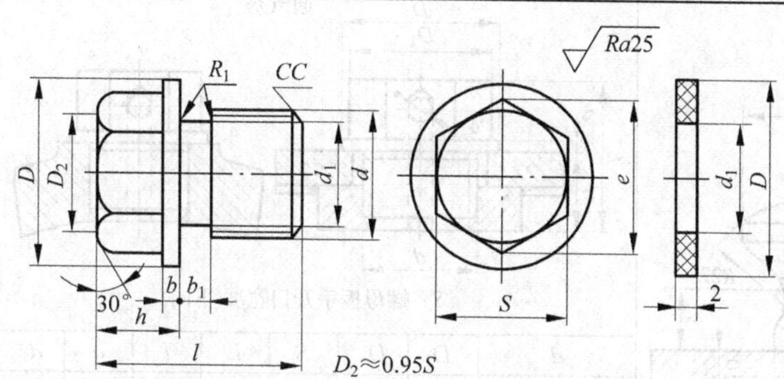

标记示例:
G1/2A 管螺纹外六角螺塞标记为
螺塞 G1/2A JB/ZQ 4451—2006

d	d_1	D	e	S 基本尺寸	S 极限偏差	l	h	b	b_1	C	可用减速器的中心距 $a(a_\Sigma)$
G1/2A	18	30	24.2	21	0 −0.28	28	13	4	3	2	一级 $a=100$
G3/4A	23	38	31.2	27		33	15				一级 $a\leqslant300$ 二级 $a_\Sigma\leqslant425$ 三级 $a_\Sigma\leqslant450$
G1A	29	45	39.3	34	0 −0.34	37	17		4		
G1 $\frac{1}{4}$A	38	55	47.3	41	0 −0.34	48	23	5	4	2.5	
G1 $\frac{1}{2}$A	44	62	53.1	46		50	25				一级 $a\leqslant450$ 二级 $a_\Sigma\leqslant750$ 三级 $a_\Sigma\leqslant950$
G1 $\frac{3}{4}$A	50	68	57.7	50		57	27				
G2A	56	75	63.5	55	0 −0.40	60	30	6			一级 $a\leqslant700$ 二级 $a_\Sigma\leqslant1300$ 三级 $a_\Sigma\leqslant1650$

注:螺塞材料为 Q235,经发蓝处理;封油垫材料为耐油橡胶、石棉橡胶纸、工业用皮革。

4)通气器

通气器能使箱内热涨的气体排出,以便箱内外气压平衡,避免密封处渗漏,一般安放在箱盖顶部或视孔盖上,要求不高时,可用简易的通气器(图 3.16 为通气塞)。通气塞、通气罩、通气帽尺寸见表 3.9~表 3.11。

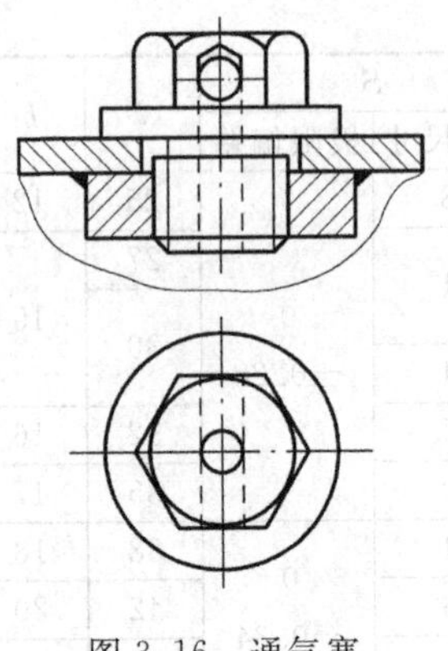

图 3.16　通气塞

表 3.9　通气塞及提手式通气器　　mm

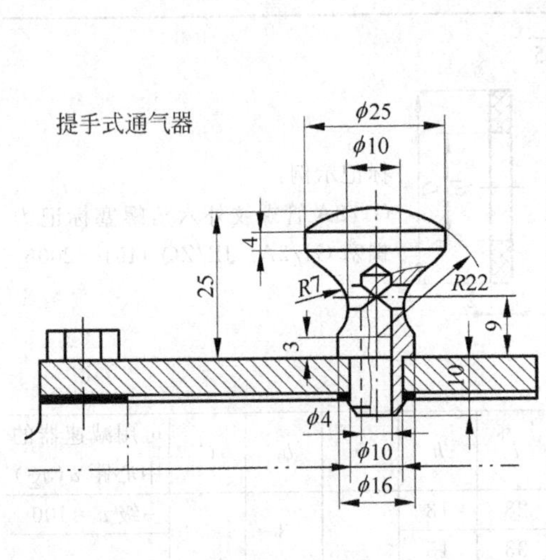

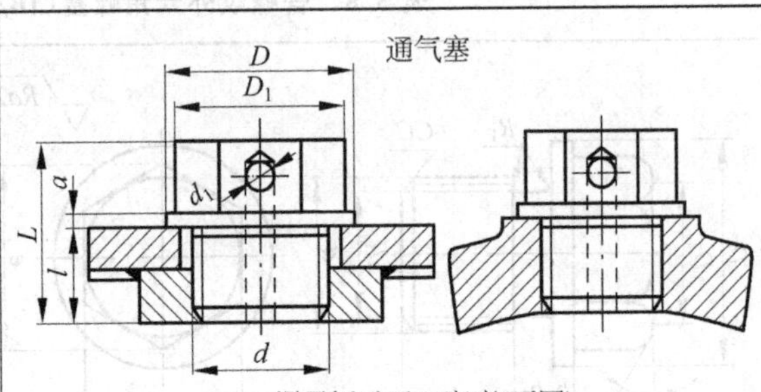

S：螺母扳手开口宽度(下同)

d	D	D_1	S	L	l	a	d_1
M12×1.25	18	16.5	14	19	10	2	4
M16×1.5	22	19.6	17	23	12	2	5
M20×1.5	20	25.4	22	28	15	4	6
M22×1.5	32	25.4	22	29	15	4	7
M27×1.5	38	31.2	27	34	18	4	8
M30×2	42	36.9	32	36	18	4	8

表 3.10　通气罩　　mm

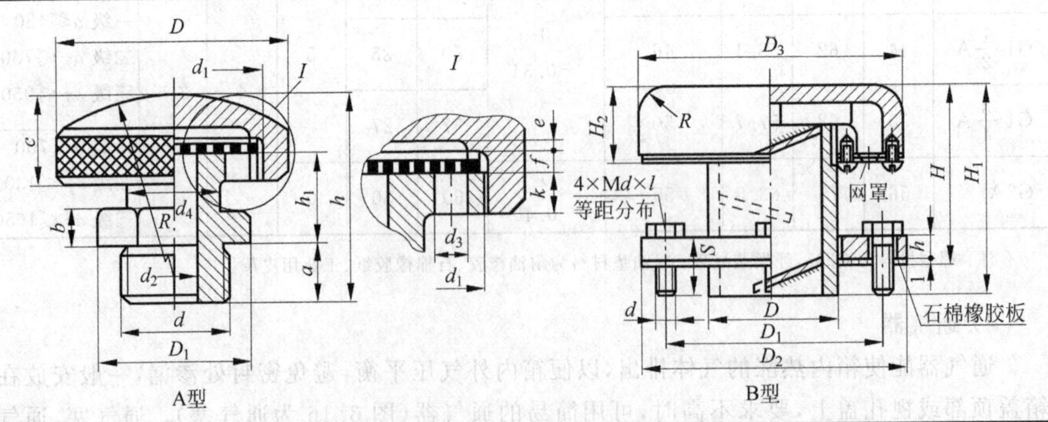

续表

A 型

d	d_1	d_2	d_3	d_4	D	h	a	b	c	h_1	R	D_1	S	k	e	f
M18×1.5	M33×1.5	8	3	16	40	40	12	7	16	18	40	26.4	22	6	2	2
M27×1.5	M48×1.5	12	4.5	24	60	54	15	10	22	24	60	36.9	32	7	2	2
M36×1.5	M64×1.5	16	6	30	80	70	20	13	28	32	80	53.1	41	7	3	3

B 型

序号	D	D_1	D_2	D_3	H	H_1	H_2	R	h	$d\times l$
1	60	100	125	125	77	95	35	20	6	M10×25
2	114	200	250	260	165	195	70	40	10	M20×50

表 3.11 通气帽 mm

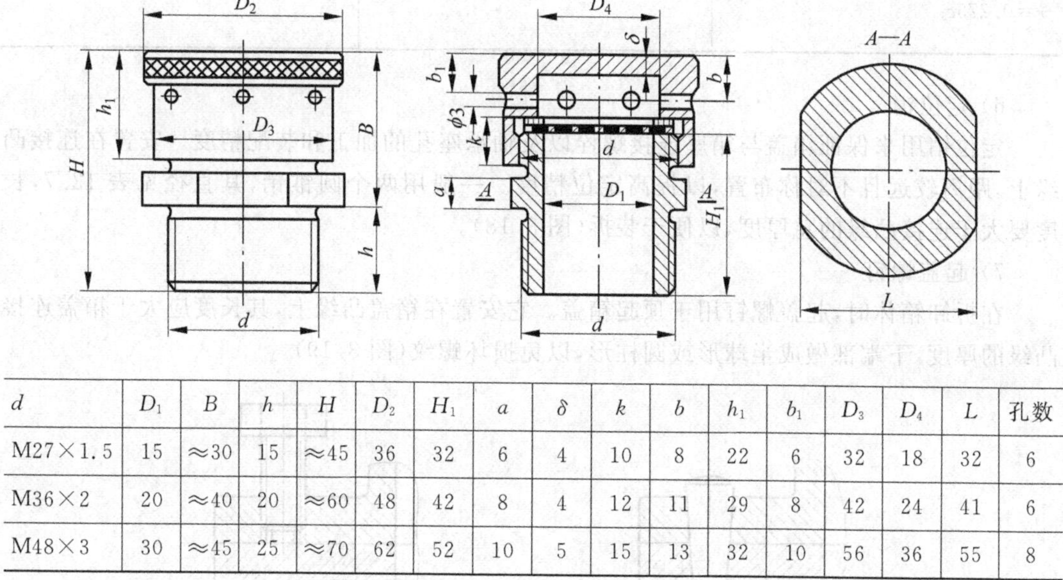

d	D_1	B	h	H	D_2	H_1	a	δ	k	b	h_1	b_1	D_3	D_4	L	孔数
M27×1.5	15	≈30	15	≈45	36	32	6	4	10	8	22	6	32	18	32	6
M36×2	20	≈40	20	≈60	48	42	8	4	12	11	29	8	42	24	41	6
M48×3	30	≈45	25	≈70	62	52	10	5	15	13	32	10	56	36	55	8

5）起吊装置

起吊装置用于拆卸和搬运减速器，包括吊环螺钉、吊耳和吊钩。吊环螺钉或吊耳用于起吊箱盖，设计在箱盖两端的对称面上。吊环螺钉是标准件(图 3.17)，尺寸见表 11.13，设计时应有加工凸台，需机加工。吊耳在箱盖上直接铸出。

吊钩用于吊运整台减速器，在箱座两端的凸缘下面铸出。吊耳和吊钩尺寸见表 3.12。

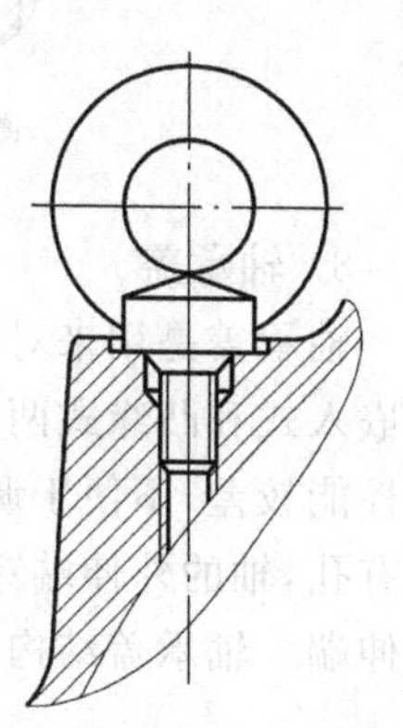

图 3.17 吊环螺钉

表 3.12 吊耳和吊钩

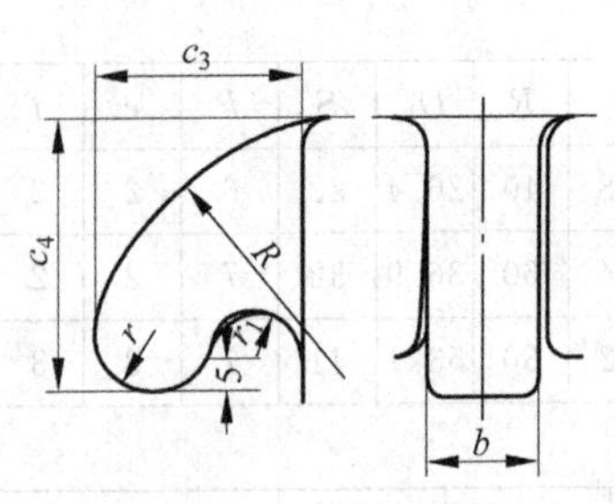	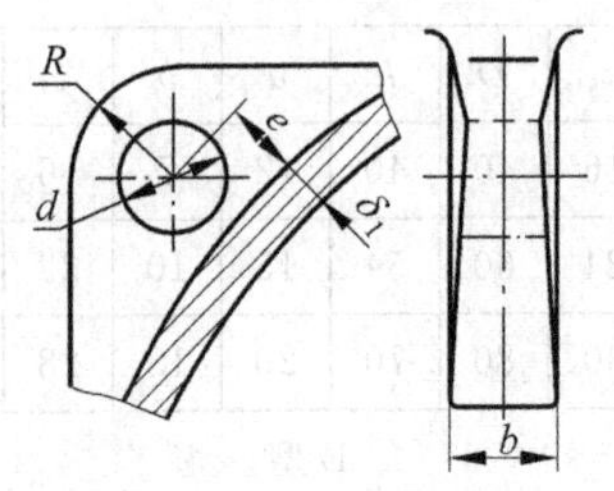	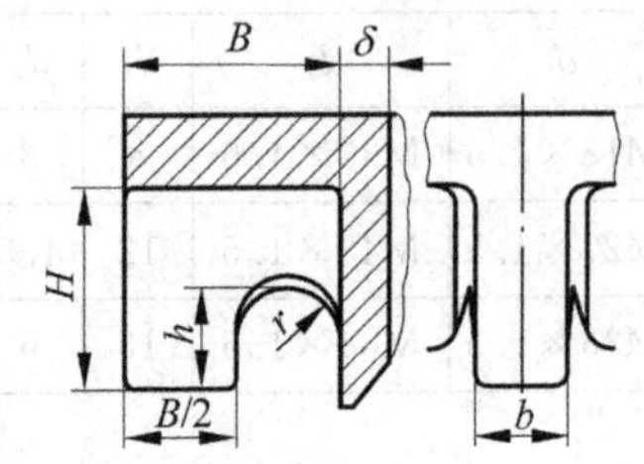
吊耳(起吊箱盖用) $c_3=(4\sim5)\delta_1$(δ_1 为箱盖壁厚) $c_4=(1.3\sim1.5)c_3$ $b=2\delta_1$ $R=c_4$ $r_1=0.225c_3$ $r=0.275c_3$	吊耳环(起吊箱盖用) $d=(1.8\sim2.5)\delta_1$ $R=(1\sim1.2)d$ $e=(0.8\sim1)d$ $b=2\delta_1$	吊钩(起吊整机用) $B=c_1+c_2$(c_1,c_2 为扳手空间尺寸) $H\approx0.8B$ $h\approx0.5H$ $r\approx0.25B$ $b=2\delta$(δ 为箱座壁厚)

6) 定位销

定位销用来保证箱盖与箱座连接螺栓以及轴承座孔的加工和装配精度。安置在连接凸缘上,距离较远且不对称布置,以提高定位精度。一般用两个圆锥销,其直径见表 12.7,长度要大于连接凸缘的总厚度,以便于装拆(图 3.18)。

7) 起盖螺钉

在拆卸箱体时,起盖螺钉用于顶起箱盖。它安置在箱盖凸缘上,其长度应大于箱盖连接凸缘的厚度,下端部做成半球形或圆柱形,以免损坏螺纹(图 3.19)。

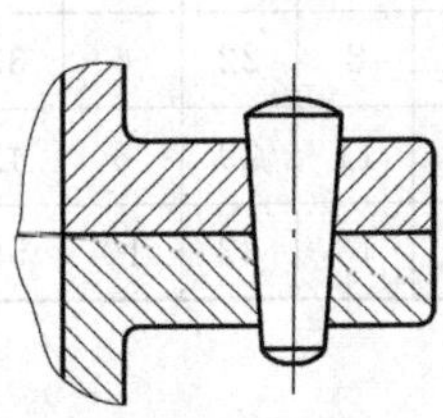

图 3.18 定位销

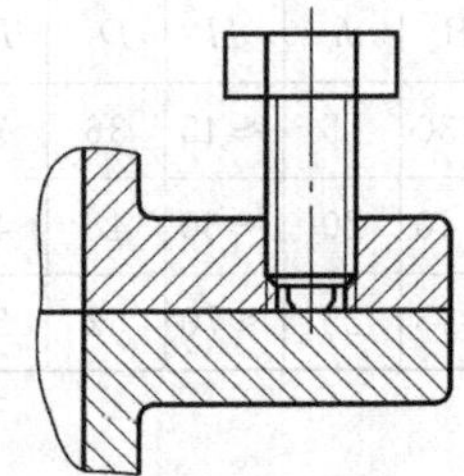

图 3.19 起盖螺钉

8) 轴承盖

轴承盖是用来对轴承部件进行轴向固定和承受轴向载荷的,并起密封的作用。轴承盖有嵌入式和凸缘式两种,前者结构简单,尺寸较小,且安装后使箱体外表比较平整美观,但密封性能较差,不便于调整。根据轴是否穿过端盖,轴承端盖又分为透盖和闷盖两种。透盖中央有孔,轴的外伸端穿过此孔伸出箱体,穿过处需有密封装置。闷盖中央无孔,用在轴的非外伸端。轴承盖结构尺寸见表 3.13 和表 3.14。

表 3.13 螺钉固定式(凸缘式)轴承盖

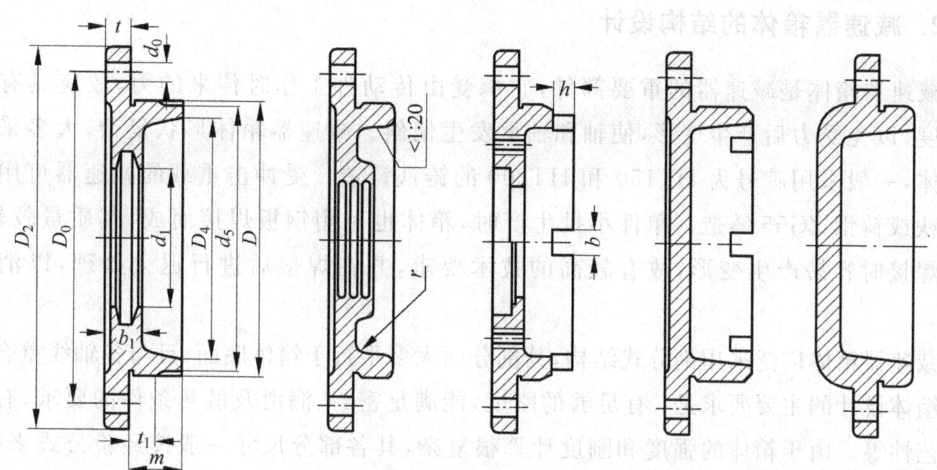

$d_0=d_4+1\text{mm}$(d_4 为端盖的螺钉直径,见表 11.3)

$D_0=D+2.5d_4$,$D_2=D_0+2.5d_4$,$D_4=D-(10\sim15)\text{mm}$,$t=1.2d_4$,$t_1\geqslant t$,$d_1$、$b_1$ 由密封尺寸确定

$b=5\sim10\text{mm}$,m 由结构确定,$h=(0.8\sim1)b$,$r=5\sim10\text{mm}$

注:①螺钉固定式轴承盖需用螺钉固紧在轴承座孔的端面上。用于要求准确调整轴承间隙的场合。

② 材料 HT150。

表 3.14 嵌入式轴承盖

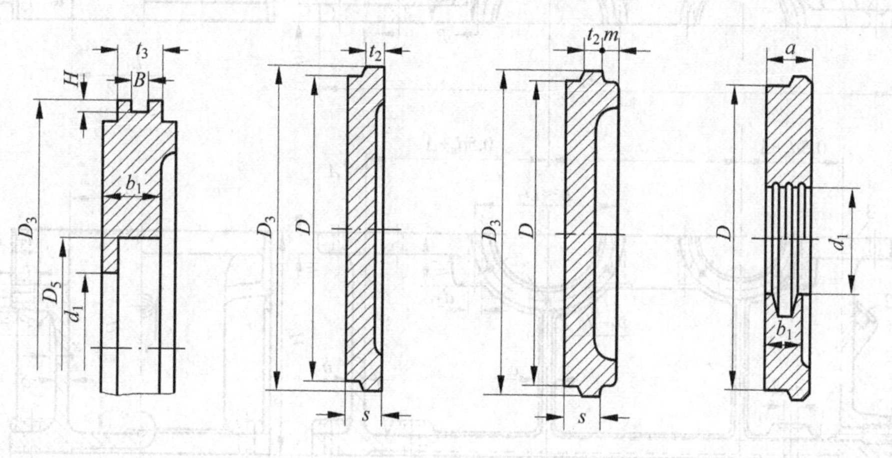

$t_2=5\sim10\text{mm}$,$s=10\sim15\text{mm}$

m 由结构确定,$D_3=D+t_2$,装有 O 形圈的,按 O 形圈外径取整(见表 16.3)

D_3、d_1、b_1、a 由密封尺寸确定

H、B 按 O 形圈沟槽尺寸确定(见表 16.3)

$t_3=7\sim12\text{mm}$

注:① 嵌入式轴承盖不需螺钉紧固,结构简单,质量轻,但调整轴承间隙较难,同时也只能用于沿轴线平面分箱的箱体上。

② 材料 HT150。

2. 减速器箱体的结构设计

减速器箱体是减速器的重要部件，它承受由传动件工作时传来的力，故应具有足够的刚度，以免受力后产生变形，使轴和轴承发生偏斜。减速器箱体形状复杂，大多采用铸造箱体，一般采用牌号为HT150和HT200的铸铁铸造。受冲击重载的减速器可用高强度铸铁或铸钢ZG55铸造。单件小批生产时，箱体也可用钢板焊接而成，其质量较轻，但箱体焊接时容易产生变形，故有较高的技术要求，并在焊接后进行退火处理，以消除内应力。

减速器箱体广泛采用剖分式结构，其剖分面大多平行于箱体底面，且与各轴线重合。

箱体设计的主要要求是：有足够的刚度，能满足密封、润滑及散热条件的要求，有较好的工艺性等。由于箱体的强度和刚度计算很复杂，其各部分尺寸一般按经验公式来确定。详见图3.20和表3.15～表3.19。

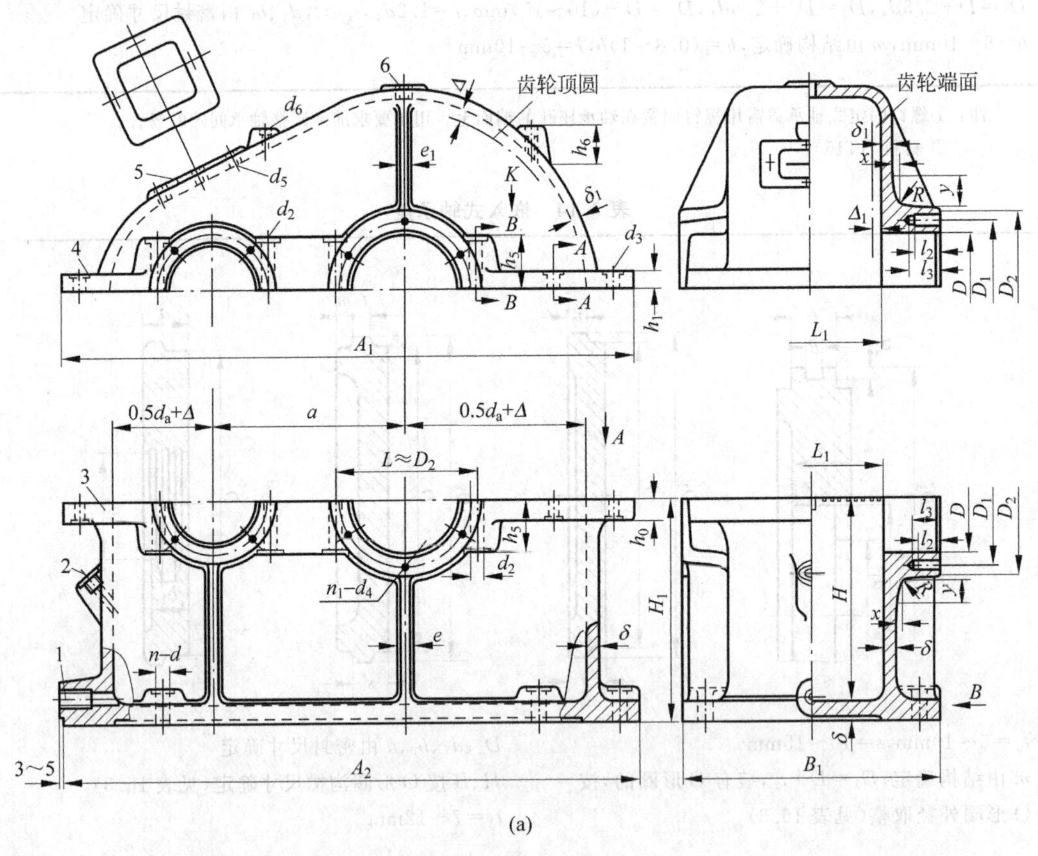

图3.20　减速器箱体结构

(a) 齿轮减速器箱体结构尺寸；(b) 蜗轮蜗杆减速器箱体结构尺寸；(c) 图3.20(a)、(b)的局部剖视图

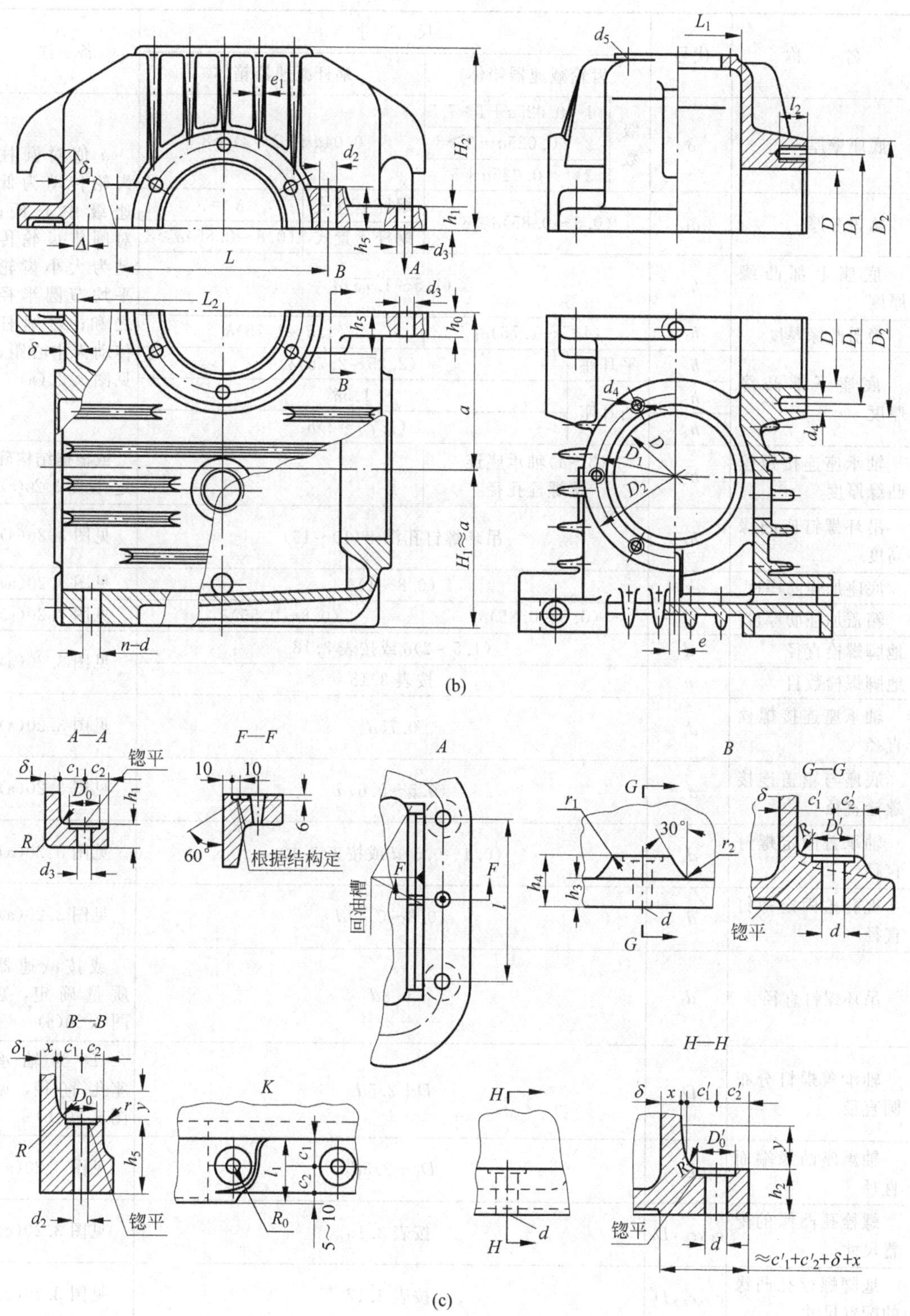

图 3.20(续)

表 3.15 齿轮、蜗杆减速器箱体尺寸

<table>
<tr><th rowspan="2">名称</th><th rowspan="2">代号</th><th colspan="5">尺寸</th><th rowspan="2">备注</th></tr>
<tr><th colspan="3">齿轮减速器箱体</th><th colspan="2">蜗杆减速器箱体</th></tr>
<tr><td rowspan="3">底座壁厚</td><td rowspan="3">δ</td><td rowspan="3">级数</td><td>1</td><td>$0.025a+1\geqslant 7.5$</td><td colspan="2" rowspan="3">$0.04a+(2\sim 3)\geqslant 8$</td><td rowspan="10">$a$ 值对圆柱齿轮传动为低速级中心距；对圆锥齿轮传动为大小齿轮平均节圆半径之和；对蜗杆传动为中心距，见图 3.20(a)</td></tr>
<tr><td>2</td><td>$0.025a+3\geqslant 8$</td></tr>
<tr><td>3</td><td>$0.025a+5$</td></tr>
<tr><td rowspan="2">箱盖壁厚</td><td rowspan="2">δ_1</td><td colspan="3" rowspan="2">$(0.8\sim 0.85)\delta\geqslant 8$</td><td>蜗杆上置式</td><td>$\delta_1=\delta$</td></tr>
<tr><td>蜗杆下置式</td><td>$(0.8\sim 0.85)\delta\geqslant 8$</td></tr>
<tr><td>底座上部凸缘厚度</td><td>h_0</td><td colspan="5">$(1.5\sim 1.75)\delta$</td></tr>
<tr><td>箱盖凸缘厚度</td><td>h_1</td><td colspan="3">$(1.5\sim 1.75)\delta_1$</td><td colspan="2">$(1.5\sim 1.75)\delta_1$</td></tr>
<tr><td rowspan="3">底座下部凸缘厚度</td><td>h_2</td><td>平耳座</td><td colspan="4">$(2.25\sim 2.75)\delta$</td></tr>
<tr><td>h_3</td><td rowspan="2">凸耳座</td><td colspan="4">1.5δ</td></tr>
<tr><td>h_4</td><td colspan="4">$(1.75\sim 2)h_3$</td></tr>
<tr><td>轴承座连接螺栓凸缘厚度</td><td>h_5</td><td colspan="3">$(3\sim 4)$轴承座连接螺栓孔径</td><td colspan="2"></td><td>或根据结构确定，见图 3.20(a)</td></tr>
<tr><td>吊环螺钉座凸缘高度</td><td>h_6</td><td colspan="5">吊环螺钉孔深$+(10\sim 15)$</td><td>见图 3.20(a)</td></tr>
<tr><td>底座加强肋厚度</td><td>e</td><td colspan="5">$(0.8\sim 1)\delta$</td><td>见图 3.20(a)</td></tr>
<tr><td>箱盖加强肋厚度</td><td>e_1</td><td colspan="3">$(0.8\sim 0.85)\delta_1$</td><td colspan="2">$(0.8\sim 0.85)\delta$</td><td>见图 3.20(a)</td></tr>
<tr><td>地脚螺栓直径</td><td>d</td><td colspan="5">$(1.5\sim 2)\delta$或按表 3.18</td><td rowspan="2">见图 3.20(a)</td></tr>
<tr><td>地脚螺栓数目</td><td>n</td><td colspan="5">按表 3.18</td></tr>
<tr><td>轴承座连接螺栓直径</td><td>d_2</td><td colspan="5">$0.75d$</td><td>见图 3.20(a)</td></tr>
<tr><td>底座与箱盖连接螺栓直径</td><td>d_3</td><td colspan="5">$(0.5\sim 0.6)d$</td><td>见图 3.20(a)</td></tr>
<tr><td>轴承盖固定螺钉直径</td><td>d_4</td><td colspan="5">$(0.4\sim 0.5)d$或按表 3.19</td><td>见图 3.20(a)</td></tr>
<tr><td>视孔盖固定螺钉直径</td><td>d_5</td><td colspan="5">$(0.3\sim 0.4)d$</td><td>见图 3.20(a)</td></tr>
<tr><td>吊环螺钉直径</td><td>d_6</td><td colspan="5">$0.8d$</td><td>或按减速器质量确定，见图 3.20(a)</td></tr>
<tr><td>轴承盖螺钉分布圆直径</td><td>D_1</td><td colspan="5">$D+2.5d_4$</td><td>D 为轴承座孔直径，见图 3.20(b)</td></tr>
<tr><td>轴承座凸缘端面直径</td><td>D_2</td><td colspan="5">$D_1+2.5d_4$</td><td>见图 3.20(a)</td></tr>
<tr><td>螺栓孔凸缘的配置尺寸</td><td>c_1,c_2,D_0</td><td colspan="5">按表 3.16</td><td>见图 3.20(c)</td></tr>
<tr><td>地脚螺栓孔凸缘的配置尺寸</td><td>c_1',c_2',D_0'</td><td colspan="5">按表 3.17</td><td>见图 3.20(c)</td></tr>
</table>

续表

名　称	代号	尺　寸				备　注
		齿轮减速器箱体		蜗杆减速器箱体		
铸造壁相交部分的尺寸	x,y,R	凸缘壁厚 h	x	y	R	见图 3.20(c)
		10～15	3	15	5	
		15～20	4	20	5	
		20～25	5	25	5	
箱体内壁与齿顶圆的距离	Δ	$\geqslant 1.2\delta$				见图 3.20(a)
箱体内壁与齿轮端面的距离	Δ_1	$\geqslant \delta$				见图 3.20(a)
底座深度	H	$0.5d_a+(30\sim50)$				d_a 为齿顶圆直径，见图 3.20(a)
底座高度	H_1	$H_1 \approx a$				多级减速器 $H_1 \approx a_{最大}$，见图 3.20(a)，(b)
箱盖高度	H_2			$\geqslant \frac{d_{a2}}{2}+\Delta+\delta_2$		d_{a2} 为蜗轮最大直径，见图 3.20(a)，(b)
连接螺栓 d_3 的间距	l	对一般中小型减速器：150～200				见图 3.20(c)
外箱壁至轴承座端面距离	l_1	$c_1+c_2+(5\sim10)$				见图 3.20(c)
轴承盖固定螺钉孔深度	l_2 l_3	按一般螺纹连接的技术规范				见图 3.20(a)
轴承座连接螺栓间的距离	L	$L \approx D_2$				见图 3.20(c)
箱体内壁横向宽度	L_1	按结构确定		$\approx D$		见图 3.20(c)
其他圆角	R_0,r_1,r_2	$R_0=c_2,r_1=0.25h_3,r_2=h_3$				

注：① 箱体材料为灰铸铁。

② 对于焊接的减速器箱体，其参数可参考本表，但壁厚可减少 30%～40%。

③ 本表所列尺寸关系同样适合于带有散热片的蜗轮减速器，散热片的尺寸按下列经验公式确定：

$h_7=(4\sim5)\delta$

$e_2=\delta$

$r_3=0.5\delta$

$r_4=0.25\delta$

$b=2\delta$

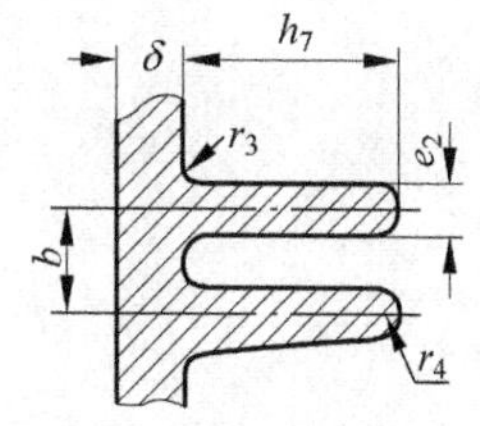

表 3.16 螺栓孔凸缘的配置尺寸 mm

代号	M6	M8	M10	M12	M16	M20	M22,M24	M27	M30
$c_{1\min}$	12	15	18	22	26	30	36	40	42
$c_{2\min}$	10	13	14	18	21	26	30	34	36
D_0	15	20	25	30	40	45	48	55	60

表 3.17 减速器地脚螺栓孔凸缘配置尺寸 mm

符号	M14	M16	M20	M22,M24	M27	M30	M36	M42	M48	M56
$c'_{1\min}$	22	25	30	35	42	50	55	60	70	95
$c'_{2\min}$	22	23	25	32	40	50	55	60	70	95
D'_0	42	45	48	60	70	85	100	110	130	170

表 3.18 地脚螺栓尺寸 mm

一级			二级			三级		
中心距 a	螺栓直径 d	螺栓数目 n	中心距 a	螺栓直径 d	螺栓数目 n	中心距 a	螺栓直径 d	螺栓数目 n
100	M16	4	250	M20	6	500	M20	8
150	M16	6	350	M20	6	650	M24	8
200	M16	6	425	M20	6	750	M24	10
250	M20	6	500	M24	8	825	M30	10
300	M24	6	600	M24	8	950	M30	10
350	M24	6	650	M30	8	1100	M36	10
400	M30	6	750	M30	8	1250	M36	10
450	M30	6	850	M36	8	1450	M42	10
500	M36	6	1000	M36	8	1650	M42	10

表 3.19 轴承盖固定螺钉直径及数目

轴承孔的直径 D/mm	螺钉直径 d_4/mm	螺 钉 数 目
45～65	8	4
70～80	10	4
85～100	10	6
110～140	12	6
150～230	16	6
230 以上	20	8

第4章

设计和绘制减速器装配图

减速器装配图表达了减速器的工作原理和装配关系,也表示出了各零件间的相互位置、尺寸及结构形状。它是绘制零件工作图、部件组装图、减速器的装配、调试及维护等的技术依据。设计减速器装配图时要综合考虑工作条件、材料、强度、磨损、加工、装拆、调整、润滑以及经济性等因素,并要用足够的视图表达清楚。

装配工作图设计的准备步骤如下:

(1) 阅读有关资料,拆装减速器,了解各零件的功能、类型和结构。

(2) 分析并初步考虑减速器的结构设计方案,其中包括考虑传动件结构、轴系结构、轴承类型、轴承组合结构、轴承端盖结构(嵌入式或凸缘式)、箱体结构(剖分式或整体式)及润滑和密封方案,并考虑各零件的材料加工和装配方法。

(3) 检查已确定的各传动零件及轴系零件的规格、型号、尺寸及参数。

(4) 在绘制装配图前,必须选择图纸幅面、绘图比例及图面布置。由于条件限制,装配图一般用A1图纸,按照机械制图国家标准,选用合适的比例绘制。装配图一般采用三个视图表示,考虑留出技术特性、技术要求、标题栏及明细表等位置,图面布置要合理。

4.1 绘制装配草图

装配草图的设计包括绘图、结构设计和计算,通常需要采用边绘图、边计算、边修改的方法。在绘图时先画主要零件(传动零件、轴和轴承),后画次要零件。由箱内零件画起,逐步向外画,内外兼顾,而且先画零件的中心线和轮廓线,后画细部结构。画图时以一个视图为主(一般用俯视图),兼顾其他视图。

1. 画出齿轮轮廓和箱体内壁线

在主视图上画出齿轮中心线、齿顶圆和节圆。在俯视图上按齿宽和齿顶圆画出齿轮的轮廓。按小齿轮端面和箱体的内壁之间的距离$\Delta_1 \geqslant \delta$(壁厚),画出沿箱体长度方向的两条内壁线;再按大齿轮齿顶圆与箱体内壁之间的距离$\Delta \geqslant 1.2\delta$,画出沿箱体宽度方向大齿轮一侧的内壁线。而小齿轮一侧的内壁线暂不画,待完成装配草图设计时,再由主视图上箱体结构的投影画出(图4.1)。

在画二级齿轮减速器时,如图4.2所示,应使二级齿轮端面之间的距离$\Delta_3 = 8 \sim 15\text{mm}$,同时应注意中间轴的大齿轮齿顶是否与低速轴发生干涉,如发生干涉,应修改齿轮的传动参数。

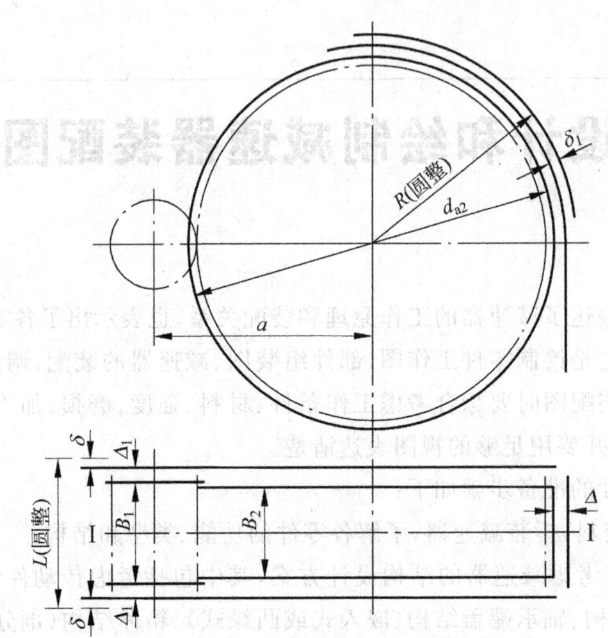

图 4.1 一级圆柱齿轮减速器装配草图(1)

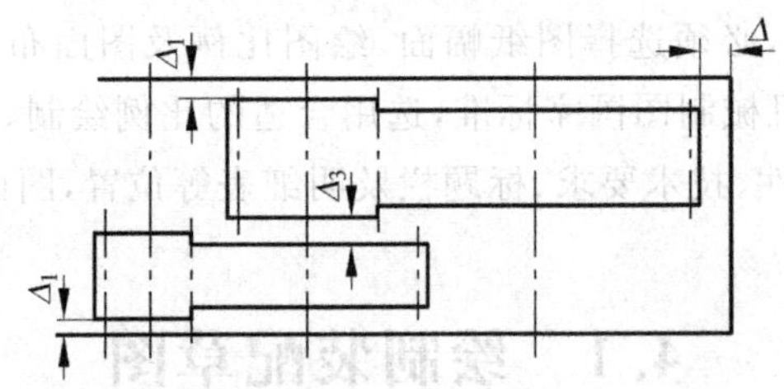

图 4.2 二级展开式圆柱齿轮减速器装配草图

2. 轴的结构设计

根据第 3.2 节初步估算的轴径，进行轴的结构设计。轴的结构设计方法已在教材中讲述，这里不再重复。

3. 确定轴承位置和轴承座端面位置

滚动轴承在轴承座孔中的位置与其润滑方式有关。当浸油齿轮圆周速度 $v \leqslant 2\mathrm{m/s}$ 时，轴承采用润滑脂润滑；当 $v \geqslant 2\mathrm{m/s}$ 时，采用润滑油润滑，它是利用齿轮传动进行飞溅式润滑，把箱内的润滑油直接溅入轴承或经箱体剖分面上的油沟流入轴承进行润滑的。如图 4.3 所示，如果轴承采用脂润滑，则轴承内侧端面与箱体内壁线之间的距离大一些，一般可取 10～15mm，以便安装挡油环，防止润滑脂外流和箱内润滑油进入轴承而带走润滑脂；如果轴承采用油润滑，则轴承内侧端面与箱体内壁线之间的距离小一些，一般可取 3～5mm。这样，就可画出轴承的外轮廓线。

轴承座孔的宽度是由箱体内壁线至轴承座孔外端面之间的距离，它取决于轴承旁螺栓

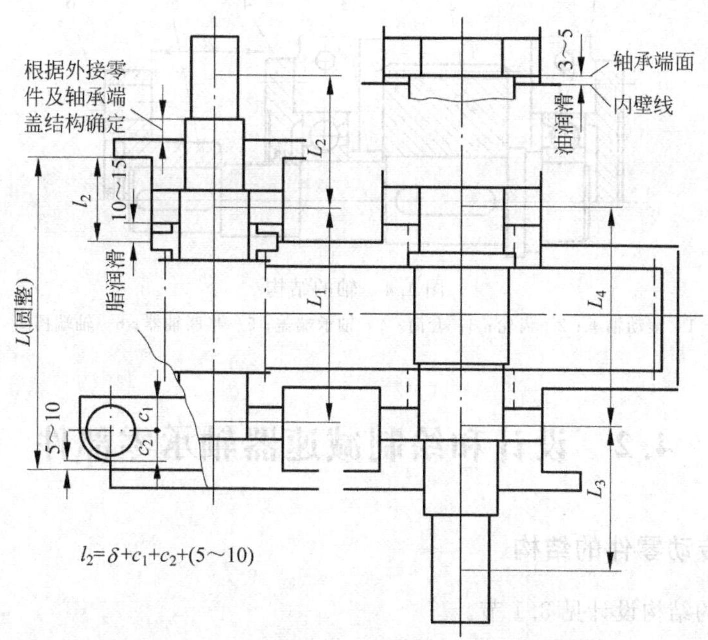

图 4.3　一级圆柱齿轮减速器装配草图(2)

d_2 所要求的扳手空间尺寸 c_1 和 c_2(表 3.16),再考虑要外凸 5～10mm,以便于轴承座孔外端面的切削加工,于是,轴承座孔的宽度 $l_2=\delta+c_1+c_2+(5\sim10)$mm,由此,可画出轴承座孔的端面轮廓线。再由表 3.13 算出凸缘式轴承盖的厚度 t,就可画出轴承盖的轮廓线(图 4.3)。

4. 确定轴的轴向尺寸

阶梯轴各轴段的长度,由轴上安装零件的轮毂宽度、轴承的孔宽及其他结构要求来确定。在确定轴向长度时应考虑轴上零件在轴上的可靠定位及固定,如果零件一端已经定位,另一端用其他零件定位时,轴端面应缩进零件轴毂孔内 1～2mm,使轴段长度稍短于轮毂长度。当用平键联接时,一般平键的长度比轮毂短 5～8mm,键的位置应偏向轮毂装入侧一端,以使装配时轮毂键槽易于对准平键。当同一轴上有多个键时,应使键布置的方位一致,以便于轴上键槽的加工。

轴的外伸段长度应考虑外接零件和轴承盖螺钉的装拆要求。在图 4.4 中,轴上零件端面距轴承盖的距离为 A。当轴端装弹性套柱销联轴器时,必须留有装配尺寸,以满足弹性套和柱销的装拆条件(查表 17.2)。当用凸缘式轴承盖时,轴的外伸长度须考虑装拆轴承盖螺钉的足够长度,以便拆卸轴承盖。一般情况可取外伸段长度为15～20mm。

按上述步骤绘出装配草图(图 4.3),从图上可确定轴上零件受力点的位置和轴承支点间的距离 L_1、L_2、L_3、L_4。

5. 轴、轴承和键联接的校核计算

轴、轴承和键联接的校核计算可参照教材的计算公式。

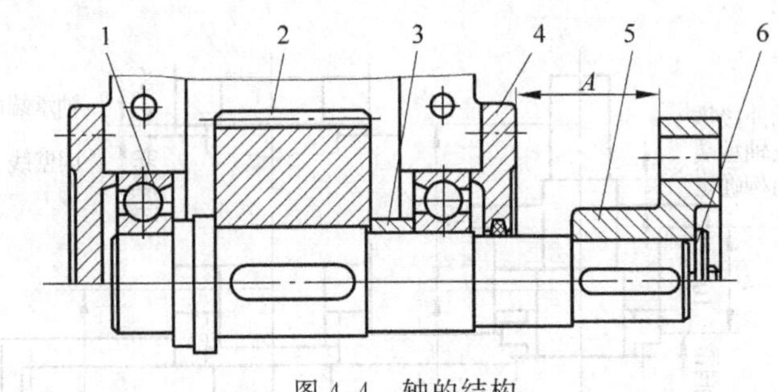

图 4.4 轴的结构

1—滚动轴承；2—齿轮；3—套筒；4—轴承端盖；5—半联轴器；6—轴端挡圈

4.2 设计和绘制减速器轴承零部件

1. 设计传动零件的结构

传动零件的结构设计见 3.1 节。

2. 设计轴承盖的结构

轴承盖有螺钉固定式(凸缘式)和嵌入式两种,选择其中一种,由表 3.13 或表 3.14 算出结构尺寸,并画出轴承盖(闷盖或透盖)的具体结构。

轴承采用油润滑时,可以靠箱体内油的飞溅直接润滑轴承,也可以通过箱体剖分面上的油沟将飞溅到箱体内壁上的油引导至轴承进行润滑。为了保证端盖在任何位置时油都能流入轴承中,应将端盖的端部直径取小些,并在其上开出四个槽,如图 4.5、图 4.6(b)和图 4.12 所示。

图 4.5 轴承油润滑端盖

为了调整轴承间隙,在凸缘式轴承盖与箱体之间或嵌入式轴承盖与轴承外圈端面之间,放置由几个薄片组成的调整垫片(图 4.6)。

3. 选择轴承的密封方式

为防止外界的灰尘、杂质渗入轴承内,并防止轴承内的润滑剂外漏,应在轴外伸端的轴承透盖内安装密封件。查阅第 16 章密封件一节,选择合适的结构型式,并画出具体结构。

4. 设计挡油环

轴承采用脂润滑时,应在轴承旁加设挡油环,以防止润滑脂流入箱体油池,也防止油池中的油溅入后稀释油脂。

挡油环有两种：一种是旋转式挡油环,装在轴上,具有离心甩油作用,其结构见图 4.6(a)和(b)；另一种是固定式挡油环,装在箱体轴承座孔内,不转动,其结构见图 4.6(c)和(d)。挡油环可车削、铸造成型或钢板冲压成型。

当滚动轴承采用油润滑时,如果轴承旁边是斜齿轮或蜗杆,如果斜齿轮直径小于轴承外

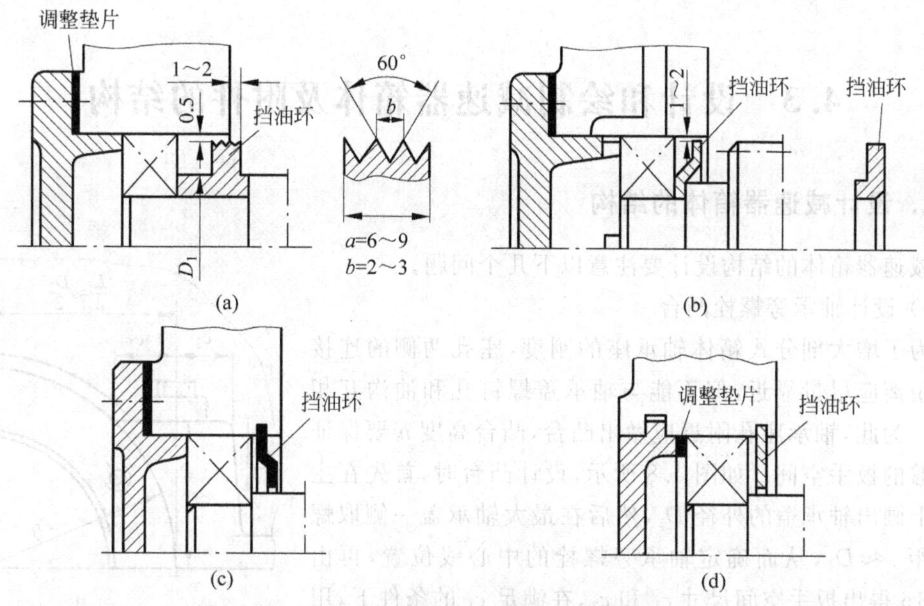

图 4.6　调整垫片和挡油环结构

径或蜗杆下置时，由于斜齿轮和蜗杆齿有沿其轴向排油的作用，为防止过多的润滑油冲向轴承，增加轴承的阻力，轴承靠箱体内壁一侧应装挡油环，见图 4.6(b)。

5. 设计轴承的组合结构

关于轴承的组合结构设计在教材中已有详细讲述，这里不再重复。

图 4.7 是完成这一阶段工作后的装配草图。

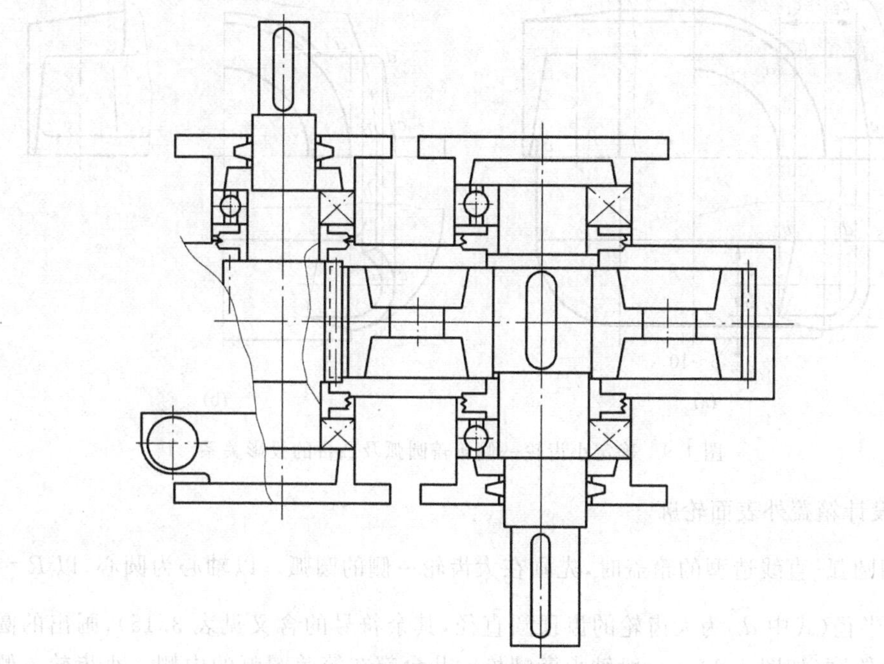

图 4.7　一级圆柱齿轮减速器装配草图(3)

4.3 设计和绘制减速器箱体及附件的结构

1. 设计减速器箱体的结构

减速器箱体的结构设计要注意以下几个问题。

1) 设计轴承旁螺栓凸台

为了增大剖分式箱体轴承座的刚度，座孔两侧的连接螺栓距离应尽量靠近，但不能与轴承盖螺钉孔和油沟互相干涉。为此，轴承座孔附近应做出凸台，凸台高度 h 要保证有足够的扳手空间。如图 4.8 所示，设计凸台时，首先在主视图上画出轴承盖的外径 D_2，然后在最大轴承盖一侧取螺栓间距 $s \approx D_2$，从而确定轴承旁螺栓的中心线位置，再由表 3.16 得出扳手空间尺寸 c_1 和 c_2，在满足 c_1 的条件下，用作图法确定凸台的高度 h，再由 c_2 确定凸台宽度。为便于加工，箱体上各轴承旁的凸台高度应相同。凸台侧面锥度一般取 1∶20。

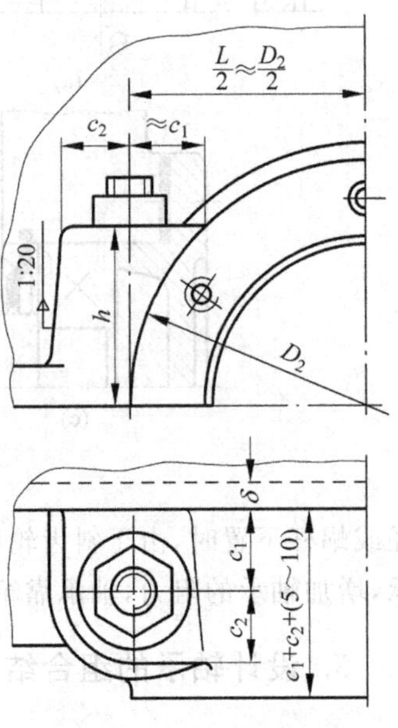

图 4.8 轴承旁螺栓凸台

画凸台结构时，应注意三个视图的投影关系，当凸台位于箱盖圆弧轮廓之内时，如图 4.9(a)所示；当凸台位于箱盖圆弧轮廓之外时，如图 4.9(b)所示。

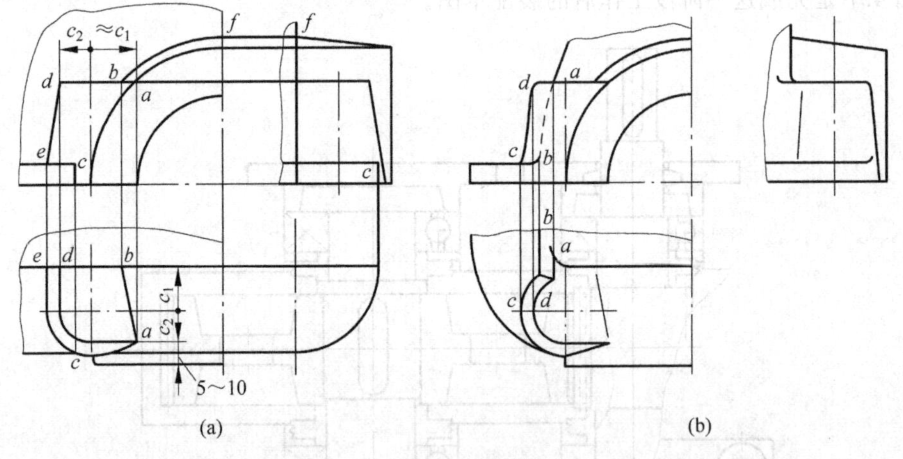

图 4.9 确定小齿轮一侧箱盖圆弧及凸台的投影关系

2) 设计箱盖外表面轮廓

采用圆弧-直线造型的箱盖时，先画在大齿轮一侧的圆弧。以轴心为圆心，以 $R=\frac{d_{a2}}{2}+\Delta+\delta_1$ 为半径(式中 d_{a2} 为大齿轮的齿顶圆直径，其余符号的含义见表 3.15)，画出的圆弧为箱盖部分轮廓(如图 4.1)。一般轴承旁螺栓的凸台都在箱盖圆弧的内侧。小齿轮一侧的圆弧半径通常不能用公式计算，要根据具体结构由作图确定。当大、小齿轮各一侧的圆弧画出后，一般作直线与两圆弧相切(注意箱盖内壁线不得与齿顶圆干涉)，则得箱盖外表面轮廓。再把有关部分投影到俯视图，就可画出箱体的内壁线、外壁线和凸缘等结构(如图4.13)。

3) 设计箱体凸缘

为保证箱体的刚度，箱盖与箱座的连接凸缘及箱座底面凸缘应适当取厚些(其值见表3.15)。为保证密封，凸缘要有足够的宽度，由箱体外壁至凸缘端面的距离为 c_1+c_2(表3.16)。箱座底面凸缘宽度 B 应超过箱座的内壁(图4.10)。

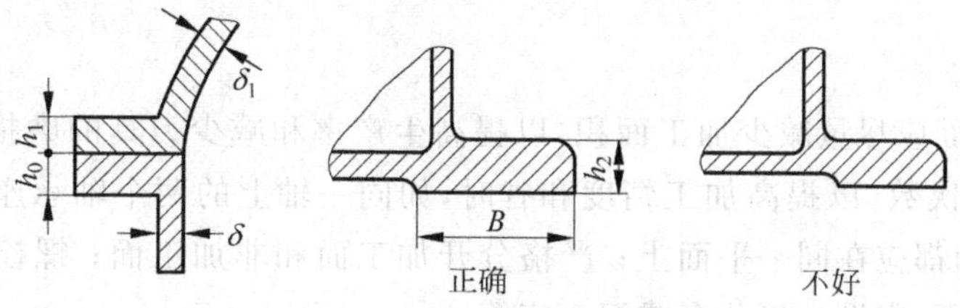

图4.10 箱体连接凸缘及底座凸缘厚度

箱盖与箱座连接凸缘的螺栓组布置应使其间距不要过大，一般为150～200mm，并要均匀布置。

4) 确定箱座高度

箱内齿轮转动时，为了避免油在搅动时搅起沉渣，齿顶到油池底面的距离 $H_2=30\sim50$mm，如图4.11所示，由此确定箱座的高度 $H_1\geqslant\frac{d_{a2}}{2}+H_2+\delta+(5\sim10)$mm($\delta$ 为箱座壁厚)。

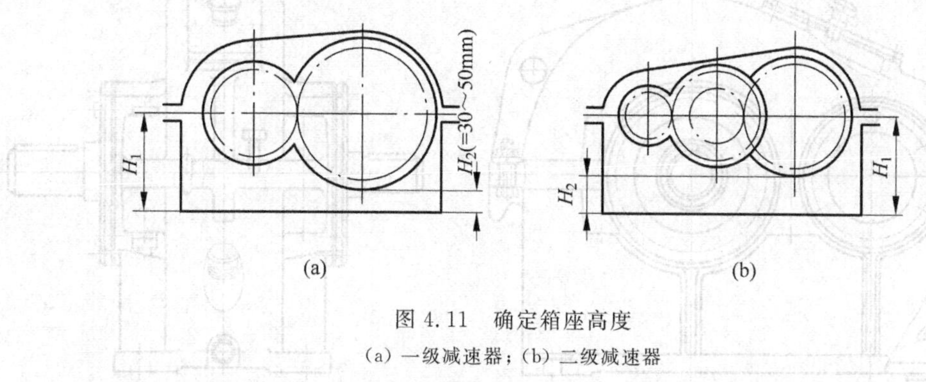

图4.11 确定箱座高度

(a) 一级减速器；(b) 二级减速器

传动零件的浸油深度，对于圆柱齿轮，通常不宜超过一个齿高 h，但一般亦不应小于10mm；对于多级传动，高速级大齿轮的浸油深度为 h 时，低速级大齿轮的浸油深度会更深一些，但不得超过 $\left(\frac{1}{3}\sim\frac{1}{6}\right)$ 分度圆半径，以免搅油损失过大。最高油面一般较最低油面高出约10mm。

5) 设计输油沟

当轴承采用箱体内的油润滑时，应在剖分面箱座的凸缘上开设输油沟，使飞溅到箱盖内壁上的油经油沟流入轴承。输油沟有铣制和铸造两种形式，设计时应使箱盖斜口处的油能顺利流入油沟，并经轴承盖的缺口流入轴承(图4.12)。

6) 箱体结构的加工工艺性

铸造工艺方面的要求是箱体形状力求简单，易于造型和拔模，壁厚均匀，过渡平缓，金属

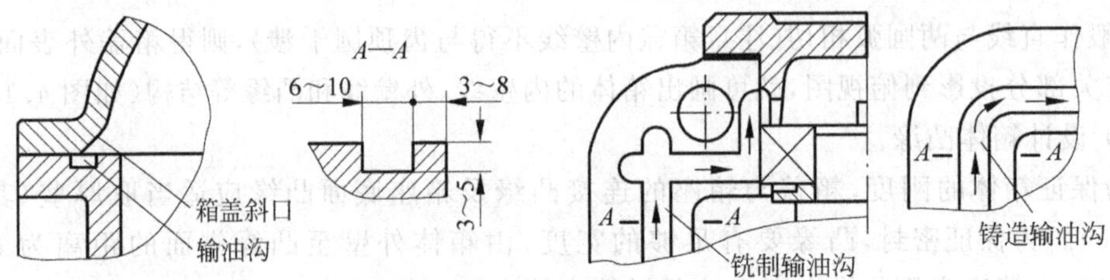

图 4.12 输油沟的形式和尺寸

不要局部积聚等。

机械加工方面应尽量减少加工面积，以提高生产率和减少刀具的磨损；应尽量减少工件和刀具的调整次数，以提高加工精度和省时，如同一轴上的两个轴承座孔应尽量直径相同，各轴承座端面都应在同一平面上；严格分开加工面和非加工面；螺栓头部和螺母的支承面要铣平或锪平，应设计出凸台或沉头座等。

2. 设计减速器附件的结构

减速器附件的结构设计见 3.2.1 节。

箱体及其附件设计完成后，装配草图如图 4.13 所示。最后需要对装配草图进行仔细检查，检查的顺序是由主要零件到次要零件，先箱体内部后箱体外部，检查后修改草图中的设计错误。

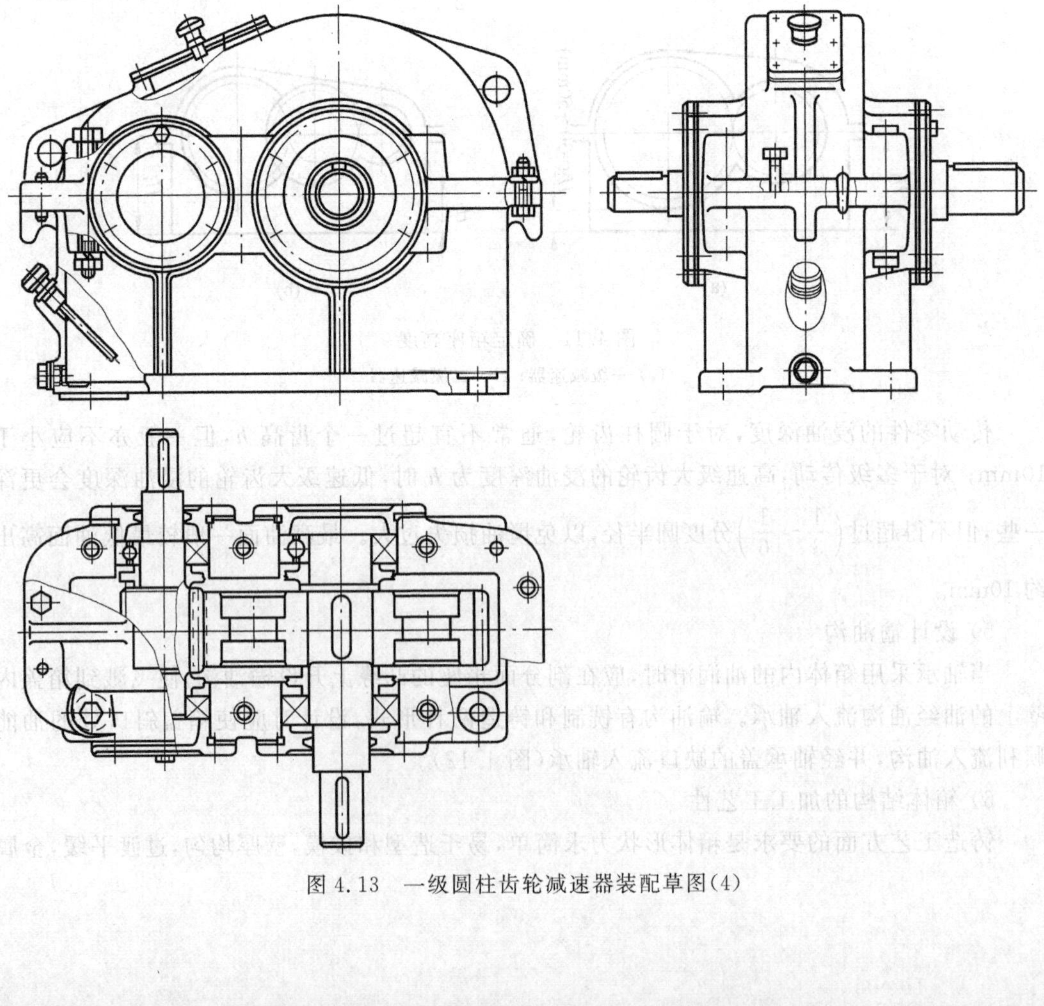

图 4.13 一级圆柱齿轮减速器装配草图(4)

4.4 蜗杆减速器装配图设计的特点和步骤

(1) 蜗杆减速器箱体的结构尺寸由表3.15的经验公式确定。

(2) 为了提高蜗杆刚度，应尽量缩短其支点间的距离，为此，蜗杆轴的轴承座常伸入箱内(图4.14)，内伸部分的直径 D_1 与轴承盖外径 D_2 相同，内伸部分的长度由轴承外径或套杯外径 D 的大小和位置确定，应使轴承座和蜗轮外径之间的距离 $\Delta=12\sim15\text{mm}$，可将内伸部分的顶端削去一角。为提高轴承座的刚度，在内伸部分下面设置加强肋。设计轴承座时，其孔径应大于蜗杆的顶圆直径，否则蜗杆无法装入。

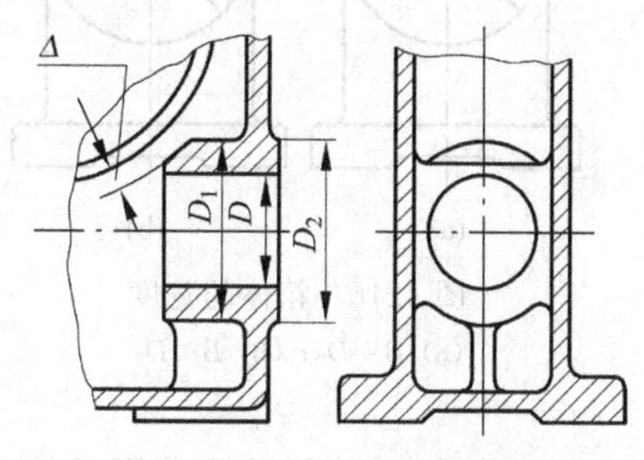

图4.14 蜗杆轴承座

(3) 蜗杆轴轴承的轴向固定有两种方式：当蜗杆轴较短时(支点距离小于300mm)，可用两端固定的支承结构(图4.15(a))，按轴向力的大小，选用向心角接触球轴承或圆锥滚子轴承。当蜗杆轴较长时，轴受热膨胀伸长量大，常用一端固定、一端游动的支承结构(图4.15(b))，固定端一般选在蜗杆轴的非外伸端，并有套杯，便于固定和调整轴承。为便于加工，两个轴承座孔常取相同的直径。因此，游动端也用套杯或选用外径与座孔直径相同的轴承。

(4) 蜗轮轴支点间的距离由箱体宽度 B 来确定，一般取 $B\approx D_2$(见图4.16(a)，D_2 为轴承盖外径)。为提高轴的刚度，缩短支点间的距离，可采用 B 略小于 D_2 的结构(图4.16(b))。蜗轮轴由于支点间的距离较短，轴受热伸长量不大，故其轴承的轴向固定常用两端固定的支承结构。

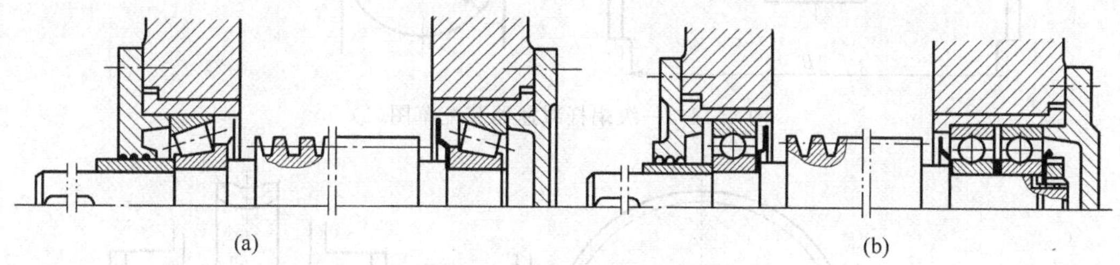

图4.15 蜗杆轴的支承结构

(a) 两端固定；(b) 一端固定、一端游动

(5) 对下置式蜗杆减速器，采用浸油润滑，蜗杆浸油深度为(0.75～1)h(h 为蜗杆的全齿高)，但不要超过轴承最低滚动体中心。如果由于这种限制而使蜗杆接触不到油面，而蜗杆圆周速度较高时，可在蜗杆轴上装溅油盘(图4.17)，利用溅油盘飞溅的油来润滑传动件。对上置式蜗杆减速器，其轴承的润滑较困难，可采用脂润滑或刮油润滑。

(6) 蜗杆传动效率低，发热量大，因此，对连续运转的蜗杆减速器，需要进行热平衡计算，当不满足要求时，应增大箱体的散热面积或设置散热片。散热片的结构和尺寸见表3.15注③。

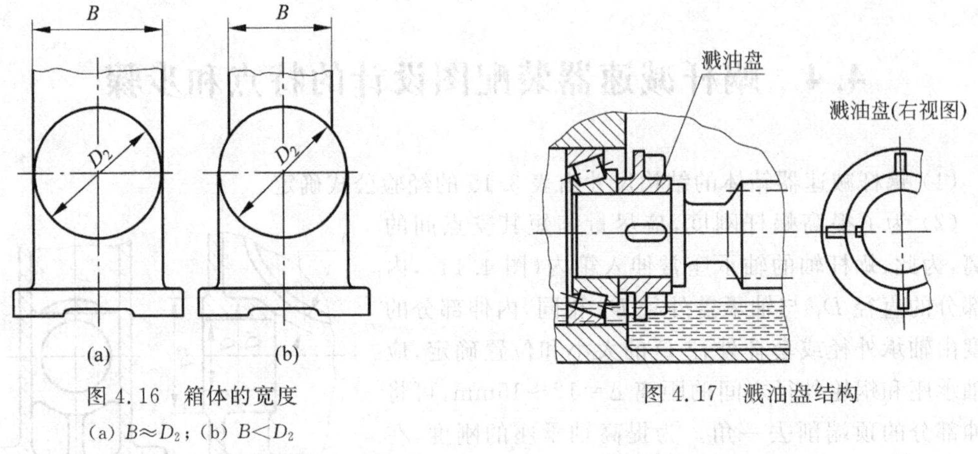

图 4.16　箱体的宽度

(a) $B \approx D_2$；(b) $B < D_2$

图 4.17　溅油盘结构

一级蜗杆减速器装配草图的绘制步骤如图 4.18～图 4.21 所示。

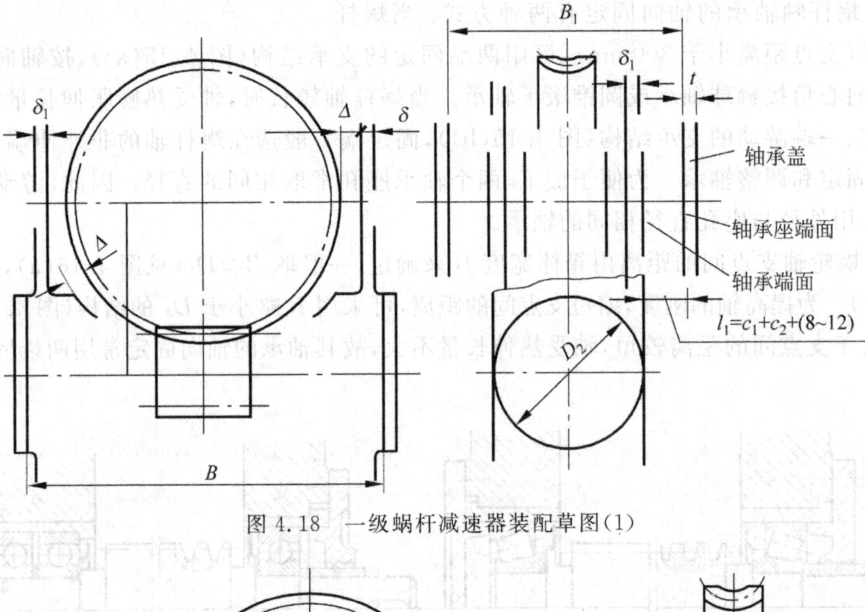

B_1　δ_1　t　δ_1　Δ　δ　Δ

轴承盖

轴承座端面

轴承端面

$l_1=c_1+c_2+(8\sim12)$

D_2　B

图 4.18　一级蜗杆减速器装配草图(1)

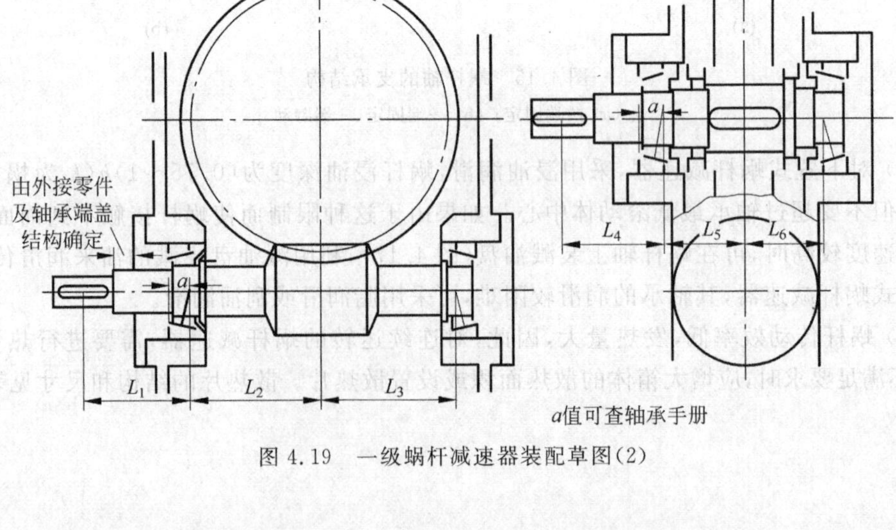

由外接零件及轴承端盖结构确定

a　L_1　L_2　L_3　L_4　L_5　L_6

a值可查轴承手册

图 4.19　一级蜗杆减速器装配草图(2)

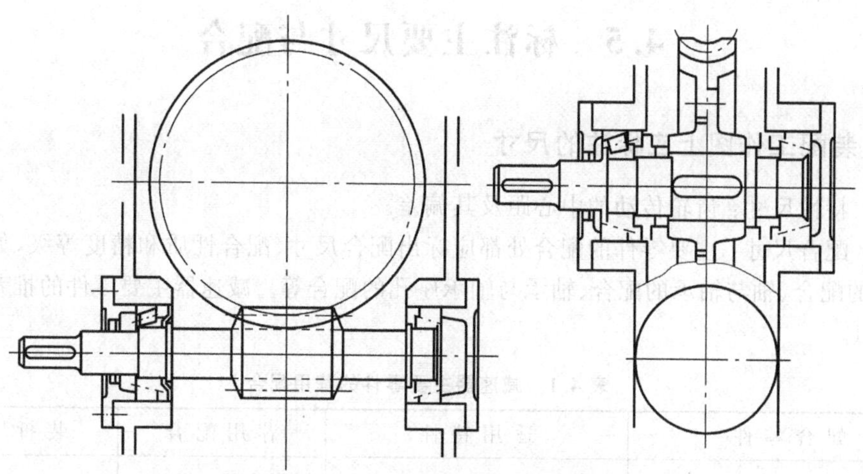

图 4.20 一级蜗杆减速器装配草图(3)

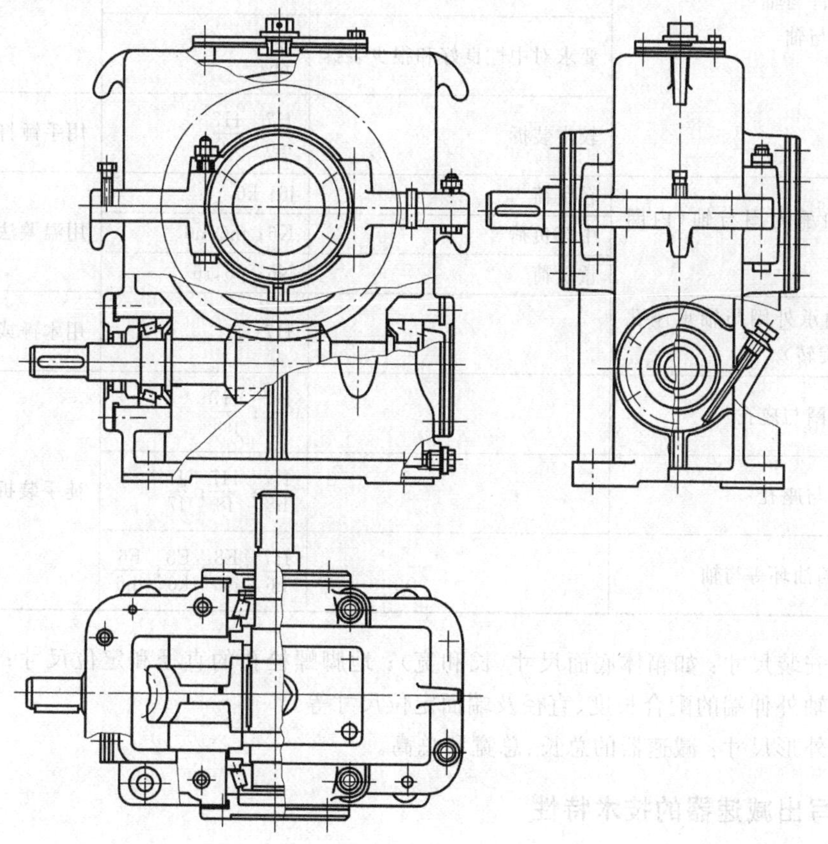

图 4.21 一级蜗杆减速器装配草图(4)

4.5 标注主要尺寸与配合

1. 装配工作图上应标注的尺寸

(1) 特性尺寸：齿轮传动的中心距及其偏差。

(2) 配合尺寸：主要零件的配合处都应标出配合尺寸、配合性质和精度等级，如传动零件与轴的配合、轴与轴承的配合、轴承与轴承座孔的配合等。减速器主要零件的推荐用配合见表4.1。

表4.1 减速器主要零件的荐用配合

配合零件	适用特性	荐用配合	装拆方法
传动零件与轴 联轴器与轴	重载、冲击、轴向力大	$\frac{H7}{s6}$；$\frac{H7}{r6}$	用压力机
	一般情况	$\frac{H7}{r6}$；$\frac{H7}{p6}$	
	要求对中性良好和很少装拆	$\frac{H7}{n6}$	
	较常装拆	$\frac{H7}{m6}$；$\frac{H7}{k6}$	用手锤打入
滚动轴承内圈与轴(内圈旋转)	轻负荷	j6；k6	用温差法或压力机
	中等负荷	K6；m6，n6	
	重负荷	N6；p6，r6	
滚动轴承外圈与轴承座孔(外圈不旋转)		H7；J7	用木锤或徒手装拆
轴承套圈与座孔		$\frac{H7}{h6}$；$\frac{H7}{js6}$	徒手装拆
轴承盖与座孔		$\frac{H7}{h8}$；$\frac{H7}{f8}$；$\frac{J7}{f7}$	
轴套、挡油环等与轴		$\frac{H7}{h6}$；$\frac{E8}{js6}$；$\frac{E8}{k6}$；$\frac{F6}{m6}$	

(3) 安装尺寸：如箱体底面尺寸(长和宽)；地脚螺栓孔的直径和定位尺寸；减速器的中心高；轴外伸端的配合长度、直径及端面定位尺寸等。

(4) 外形尺寸：减速器的总长、总宽和总高。

2. 写出减速器的技术特性

在装配图上的适当位置写出减速器的技术特性，其内容及格式可参考表4.2。

表 4.2　技术特性

输入功率/kW	输入转速/(r/min)	总传动比 i	减速器效率 η	传动特性									
				高速级					低速级				
				$\frac{z_2}{z_1}$	i	m_n	β	精度等级	$\frac{z_4}{z_3}$	i	m_n	β	精度等级

注：一级齿轮减速器可删去相应的内容。

3. 编写技术要求

装配图上的技术要求是用文字说明在视图上无法表达的关于装配、调整、检验、润滑、维修等方面的内容，主要包括以下几个方面。

(1) 对零件的要求：装配前所有零件要用煤油或汽油清洗，箱体内壁涂上防浸蚀的涂料。

(2) 传动侧隙和接触斑点的检查：安装齿轮后，应保证需要的侧隙和齿面接触斑点，其具体数值由传动精度查第 14 章有关表格确定。传动侧隙的检查可用塞尺或铅丝放进啮合的两齿间隙中，然后测量塞尺或铅丝变形后的厚度。接触斑点的检查是在主动轮齿面上涂色，将其转动 2～3 周后，观察从动轮齿面的着色情况，由此分析接触区位置及接触面积的大小。

(3) 滚动轴承的轴向间隙要求：当两端固定的轴承结构中采用不可调间隙的轴承(如深沟球轴承)时，应在轴承端盖和轴承外圈端面间留有适当的轴向间隙 Δ，一般取 $\Delta=0.25\sim0.4$mm。

(4) 对润滑剂的要求：选择润滑剂时，应考虑传动的特点，载荷大小、性质及转速。一般对重载、低速、起动频繁等情况，应选用黏度高、油性和极性好的润滑油。对轻载、高速、间歇工作的传动件，可选黏度较低的润滑油。传动零件和轴承所用的润滑剂的选择方法参见表 16.1。

(5) 对密封的要求：在箱体剖分面、各连接面和轴伸端密封处都不允许漏油。剖分面上允许涂密封胶或水玻璃，但不允许用垫片。轴伸处密封应涂上润滑脂。

(6) 对试验的要求：做空载试验正反转各 1 小时，要求运转平稳、噪声小、连接固定处不得松动。做负载试验时，油池温升不得超过 35℃，轴承温升不得超过 40℃。

(7) 对外观、包装和运输的要求：箱体表面应涂油漆，对外伸轴及零件应涂油并包装紧密，运输和装卸时不可倒置等。

4. 对零件编号

对零件进行编号可以不分标准件和非标准件，统一编号，也可以把标准件和非标准件分别编号。图上相同的零件或相同的独立组件(如滚动轴承、油标等)，只用一个编号。零件编号的表示应符合国家制图标准的规定。

5. 编写零件明细表和标题栏

明细表是减速器所有零件的详细的目录。编写明细表的过程也是最后确定零件材料及标准件的过程。应尽量减少材料和标准件的品种和规格。

6. 检查装配图

装配图画好后,应仔细检查图纸,主要内容如下:

(1) 视图数量是否足够,能否表达减速器的工作原理和装配关系。

(2) 各零件的结构是否合理,其加工、装拆、调整、维护、润滑和密封是否可能及简便?

(3) 尺寸标注是否正确,配合和精度的选择是否适当。

(4) 技术特性和技术要求是否完善和正确。

(5) 零件编号是否齐全,有无重复或遗漏。标题栏和明细表各项是否正确。

(6) 图样表达是否符合国家标准。

(图纸检查和修改后,待画完零件图再加深描粗。)

(7) 图纸大小、比例和格式是否符合国家标准(见表 8.2～8.5),提交图纸时按图 4.22 所示方式进行折叠。

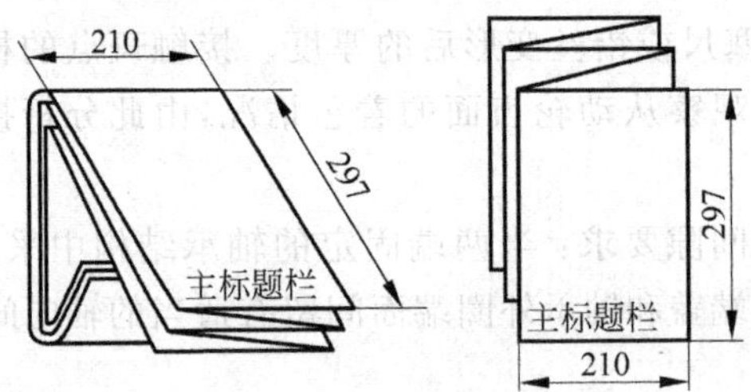

图 4.22　图纸折叠方法

第5章

设计和绘制减速器零件工作图

5.1 零件工作图的要求

装配图设计完毕后，减速器中各零部件之间的相对位置关系、配合要求、总体尺寸和安装尺寸等也随之确定了，而每个零件的结构形状和尺寸不能、也无法在装配图中得到详细反映。一般机械产品的设计过程首先是将装配图设计出来，然后在满足装配要求的前提下，根据各个零件（非标准件）的功能特点，设计并绘制其零件工作图。

零件工作图是零件制造、检验和制定工艺规程的基本技术文件，在设计时既要考虑零件的功能要求，又要兼顾其制造工艺性。因此，零件工作图必须正确、规范，应能够完整、清晰地表达零件的结构、尺寸以及尺寸公差、几何公差、表面粗糙度、材料及其热处理、技术要求和标题栏等信息。

机械设计（基础）课程设计中，绘制零件图的目的主要是锻炼学生的设计及表达能力，使学生熟悉零件工作图的内容、要求和绘制方法。因受到设计时间限制，根据课程设计教学要求，学生可选择（或由教师指定）绘制 2～3 幅零件工作图。

1. 正确选择零件视图

零件工作图必须根据机械制图国家标准中规定的画法，用最少的视图以及合理的布局，清楚而正确地表达出零件各部分的结构形状和尺寸。

主视图是表达零件结构形状的一组图形中最主要的视图，主视图的选择是否合理，直接影响到其他视图的选择、配置和看图、画图是否方便。因此，应首先选好主视图。应将表示零件信息量最多的那个视图作为主视图，通常是零件的工作位置或加工位置或安装位置。零件主视图的安放方位可根据“加工位置原则”或“工作（安装）位置原则”确定。“加工位置原则”是指主视图方位与零件主要加工工序中的加工位置相一致，这样方便看图、加工和检测尺寸。“工作（安装）位置原则”是指主视图安放方位与零件的安装位置或工作位置相一致，这样有利于把零件图和装配图对照起来看，也便于想象零件在部件中的位置和作用。

主视图确定后，应根据零件结构形状的复杂程度，由主视图是否已表达完整和清楚，来决定是否需要和需要多少其他视图来弥补表达的不足。零件的主体形状应采用基本视图表达；局部形状如不便在基本视图上兼顾表达时，可另选用其他视图（如向视图、局部视图、断面图等）。一个较好的表达方案往往需要试列多种可行的表达方案，经反复分析、论证，才能最后确定。若各视图表达方法匹配恰当，则可以在表达零件形状完整、清晰的前提下，使视图数量为最少。

2. 合理标注尺寸

要认真分析零件的设计要求、制造工艺和检验要求，零件图上的尺寸标注，除了要正确、完整、清晰外，还要考虑合理性，既要满足设计要求，又要便于加工和测量。

零件图中尺寸基准一般选择零件的底面、端面、对称面、对称中心线、回转体的轴线等。设计基准是根据零件的结构和设计要求，以确定零件在机器中位置的一些面、线、点。工艺基准则是根据零件加工制造、测量和检验等工艺要求所选定的一些面、线、点。在标注尺寸时，最好能把设计基准和工艺基准统一起来，这样既能满足设计要求，又能满足工艺要求。

标注尺寸时要注意：

(1) 零件图上的功能尺寸要直接标注，不要经过换算；

(2) 避免将尺寸注成封闭环形式；

(3) 零件图应注意将尺寸标注在表示该结构最清晰的视图上；

(4) 要考虑加工工序；

(5) 要考虑测量方便；

(6) 要按加工要求标注。

此外，零件图中所表达的零件结构形状应与装配图一致，不可随意改动。如果一定要改动，则装配图也应作相应更改。

3. 合理标注公差及表面粗糙度

对于有配合要求的尺寸和精度要求较高的尺寸，应根据装配图中已经确定了的配合代号和精度等级，标注出尺寸对应的极限偏差。自由尺寸公差一般不必标注。

零件工作图上还应标注必要的形状公差和位置公差。由于各零件的工作性质和性能指标要求不同，所标注的几何公差项目和精度等级也不相同。当被测要素为轮廓要素时，应将指引线箭头指向要素的轮廓线或轮廓线的延长线且必须与要素的尺寸线明显错开。当被测要素为中心要素时，箭头的指引线应与要素尺寸线对齐。当基准要素是轮廓要素时，基准代号应置于要素的外轮廓上或其延长线上，且应与尺寸线明显错开。当基准要素为中心要素时，则基准符号短线应与要素尺寸线对齐。对于多个被测要素有相同的几何公差要求时，可以从一个公差框格的同一端引出多个指示箭头；对于同一个被测要素有多项几何公差要求时，可在一条指引线上画出多个公差框格。两个或两个以上基准要素组成的基准称为组合基准，组合基准的名称应将各字母用横线连接起来，并书写在公差框格的同一个方格内。

零件的所有表面(包括非加工的毛坯表面)都应标注表面粗糙度参数值。在常用参数值范围内，推荐优先选用高度参数 Ra。表面粗糙度参数值的选择，应根据设计要求确定，在满足使用性能要求的前提下，尽量选取较大的参数，以利于加工，降低成本。

4. 正确设计零件上的工艺结构

零件的结构形状是根据它在机器(部件)中的作用来决定的，不仅要满足设计要求，还要考虑到加工、测量、装配过程中的一系列工艺要求，使零件具有合理的工艺结构。

1) 铸造零件常见工艺要求

(1) 拔模斜度：在铸造零件毛坯时，为了便于从砂型中取出木模，一般沿着起模方向设有拔模斜度,通常为1∶20。

(2) 铸造圆角:在铸件毛坯各表面的相交处要有铸造圆角,既方便起模,又防止浇铸时将砂型转角处冲坏,还可以避免铸件在冷却时产生裂纹或缩孔。

(3) 过渡线:铸件的两个相交表面处,为了便于看图仍要用细实线画出交线,但交线两端空出不与轮廓线的圆角相交,这种交线称为过渡线。

(4) 铸件壁厚:在浇铸零件时,为了避免各部分因冷却速度不同而产生缩孔或裂纹,铸件壁厚应保持大致相等或逐渐变化。

2) 零件机械加工面常见工艺要求

(1) 倒角和倒圆:为便于装配,且保护零件表面不受损伤,一般在轴端、孔口、轴肩和拐角处加工出倒角或倒圆。

(2) 凸台和凹坑:为了减少加工面积,并保证零件表面之间有良好的接触,常在铸件上设计出凸台或凹坑,并铣平或锪平。

(3) 退刀槽和砂轮越程槽:为了便于退刀或使砂轮可以将加工表面加工完整,常常在零件的待加工面末端先车出退刀槽或砂轮越程槽。

(4) 钻孔结构:为保证钻出的孔正确并避免钻头折断,应使钻头轴线垂直于被加工表面。

5. 编写技术要求

凡是用图形或符号不便于在图面上表达,但在制造或检验时又必须保证的条件和要求,均可用文字简明扼要地书写在技术要求中。它的内容根据零件以及加工方法的不同而有所不同,一般包括:

(1) 对材料的力学性能与化学成分的要求。

(2) 对铸造或锻造毛坯的要求。如毛坯表面不允许有氧化皮及毛刺;箱体铸件在机械加工前必须进行时效处理等。

(3) 对零件热处理的要求。如明确热处理方法及热处理后的表面硬度、淬火深度及渗碳深度等。

(4) 对加工的要求。如是否与其他零件一起配合加工(如配钻或配铰)等。

(5) 其他要求。如对未注明的倒角、圆角尺寸的说明;对零件个别部位的修饰加工要求,如涂色、镀铬等;对于高速、大尺寸的回转零件的平衡试验要求等。

6. 绘制标题栏

标题栏位于图纸的右下角,说明零件的名称、材料、数量、日期、图号、比例,并有设计和审核人员签字等。根据国家标准,这部分有固定形式及尺寸,制图时应按标准绘制。

5.2 轴类零件工作图

1. 视图

轴类零件为回转体,一般按轴线水平布置主视图。在有键槽和孔的地方,增加必要的剖视图或断面图。对于不易表达清楚的局部结构,如退刀槽、砂轮越程槽或中心孔等,必要时应加局部放大图。

2. 尺寸标注

轴类零件的尺寸标注包括径向、轴向及键槽等细部结构的尺寸标注。

各轴段的直径必须逐一标出，即使直径完全相同的不同轴段也不能省略。径向尺寸以轴线为基准，所有配合处的轴径尺寸都必须根据装配图中的配合要求标注相应的极限偏差。

轴向尺寸的基准面通常选用轴端基准面或者轴孔配合段的端面基准面，尽可能使轴向尺寸的标注符合加工工艺和测量的要求，不允许出现封闭尺寸链，通常将轴中最不重要的一段轴向尺寸作为尺寸的封闭环而不注出。

各轴段之间的过渡圆角或倒角等细部结构的尺寸也应标出，或者在技术要求中加以说明。在标注键槽尺寸时，除了标注定形尺寸之外，注意不要遗漏定位尺寸。

图5.1是轴的轴向长度尺寸标注示例，其主要基准面选择在轴肩 $A-A$ 处。它是大齿轮轴向定位面，并影响其他零件的装配位置，图上通过尺寸 L_1 确定这个位置，然后按加工工艺要求标注其他尺寸。对精度要求较高的轴段，应直接标注长度尺寸；对精度要求不高的轴段，可不直接标注长度尺寸。

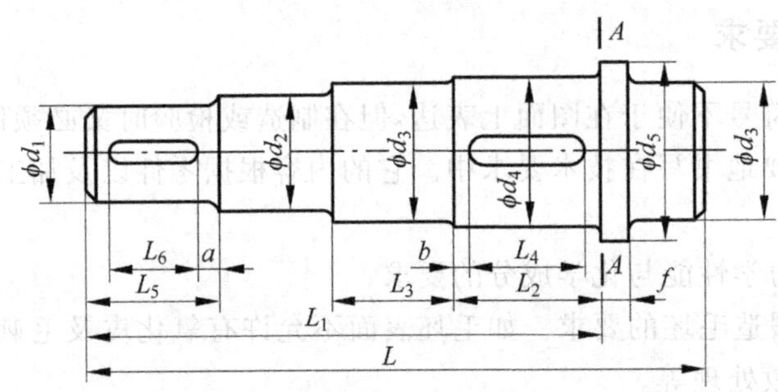

图5.1 轴的轴向长度尺寸标注示例

3. 公差及表面粗糙度

普通减速器中，轴向尺寸一般不必标注尺寸公差。安装齿轮、轴承、带轮、联轴器等处的轴径应根据装配图设计的配合代号标注相应的上、下偏差。键槽的尺寸及其公差标注要求请查阅教材与附录中有关国家标准的规定。

对轴的重要工作表面应合理设计几何公差，以保证加工质量，满足使用性能要求。普通减速器中，轴类零件推荐标注的形状公差和位置公差项目及等级如表5.1所示。

表5.1 轴类零件的常见几何公差要求

类别	标注项目	等级	作用
形状公差	与滚动轴承相配合轴段表面的圆度或圆柱度	6～7	影响轴与滚动轴承或传动件配合的松紧、对中性和回转精度
	与齿轮、带轮、联轴器等传动件相配合轴段表面的圆度或圆柱度	7～8	

续表

类别	标注项目	等级	作用
位置公差	与滚动轴承相配合轴段表面相对轴线的径向圆跳动	5～6	影响滚动轴承及传动件的回转同轴度
	与齿轮、带轮、联轴器等传动件相配合轴段表面相对轴线的径向圆跳动	6～8	
	滚动轴承的定位端面相对轴线的端面圆跳动	6～8	影响滚动轴承及传动件的定位及受载均匀性
	齿轮、带轮等传动件的定位端面相对轴线的端面圆跳动	6～8	
	键槽中心平面相对轴线的对称度	7～9	影响键的受载均匀性及装拆难易程度

轴各部分的加工精度要求不同，加工方法则不同，各部分的表面粗糙度也不尽相同，设计时可参考表 5.2。

表 5.2　轴的表面粗糙度要求

加工表面	$Ra/\mu m$	加工表面	$Ra/\mu m$
与传动件及联轴器轮毂相配合的圆柱表面	3.2～0.8	与传动件及联轴器轮毂相配合的轴肩端面	6.3～3.2
与普通级滚动轴承相配合的圆柱表面	1.6～0.8	与普通级滚动轴承相配合的轴肩端面	3.2
平键键槽的工作表面	3.2～1.6	平键键槽的非工作表面	6.3

4. 技术要求

轴类零件的技术要求通常包括以下内容：

(1) 对材料及表面性能的要求(如热处理方法、硬度、渗碳深度及淬火深度等)。

(2) 对轴的加工要求(如对中心孔的要求等)。

(3) 对图中未注明的倒角、圆角尺寸进行说明及其他特殊要求(如长轴应校直毛坯等要求)。

5.3　齿轮类零件工作图

1. 视图

齿轮类零件一般用两个视图(主视图和左视图)表示。主视图通常采用通过轴线的全剖或半剖视图，左视图可采用表达毂孔和键槽的形状、尺寸为主的局部视图。若齿轮是轮辐式结构，则应画出左视图，并附加必要的局部视图。

对于组合式结构，则应先画出组件图，再分别画出各零件的零件图。齿轮轴与蜗杆轴的视图与轴类零件图相似。

2. 尺寸标注

齿轮类零件的径向尺寸以轴线为基准标注，宽度方向尺寸则以加工端面为基准标注。齿轮分度圆直径虽然不能直接测量，但它是设计的基本尺寸，必须标出。齿顶圆直径、轮毂轴孔直径、轮毂、轮辐等结构参数都是齿轮加工不可缺少的参数。此外，标注圆角、倒角、锥度、键槽等尺寸时要做到既不重复标注，也不遗漏。

锥齿轮的锥距和锥角是保证啮合的重要尺寸，必须标注。组合式蜗轮结构，应标出轮缘与轮辐的配合尺寸和要求。

3. 几何公差及表面粗糙度

轮毂轴孔是加工和装配的重要基准，应按装配图的要求标注尺寸公差和形状公差。齿轮轮毂的两个端面应标注位置公差。圆柱齿轮常以齿顶圆作为齿面加工时定位找正的工艺基准或作为检验齿厚的测量基准，因此齿轮齿顶圆应标注尺寸公差和位置公差。此外，毂孔键槽也要标注尺寸公差和位置公差。齿轮常用的几何公差项目如表 5.3 所示。齿轮类零件各加工表面常用表面粗糙度可参考表 5.4。

表 5.3 齿轮的几何公差要求

类别	标注项目	等级	作用
形状公差	轮毂轴孔的圆柱度	7～8	影响齿轮与轴配合的松紧、对中性
位置公差	齿轮齿顶圆相对轮毂轴孔轴线的径向圆跳动	按齿轮精度等级及尺寸确定	齿轮加工时产生齿圈径向跳动误差，导致分齿不均，引起齿向误差；测量时影响齿厚的测量精度；工作时影响传动精度和载荷分布的均匀性
	齿轮端面相对轮毂轴孔轴线的端面圆跳动		
	键槽中心平面相对轮毂轴孔轴线的对称度	8～9	影响键的受载均匀性及装拆难易程度

表 5.4 齿轮各加工表面常用表面粗糙度

加工表面		表面粗糙度 Ra 推荐值/μm			
		齿轮精度等级			
		6	7	8	9
轮齿工作面	齿面加工方法	磨齿或珩齿	剃齿	精滚或精插齿	滚齿或铣齿
	Ra 推荐值	0.8～0.4	1.6～0.8	3.2～1.6	6.3～3.2
齿顶圆柱面	作基准	1.6	3.2～1.6	3.2～1.6	6.3～3.2
	不作基准			12.5～6.3	
齿轮基准孔		1.6～0.8	1.6～0.8	3.2～1.6	6.3～3.2
齿轮轴的轴颈					
齿轮的基准端面		1.6～0.8	3.2～1.6	3.2～1.6	6.3～3.2
平键键槽	工作面			3.2 或 6.3	
	非工作面			6.3 或 12.5	
其他加工表面				6.3～12.5	

4. 技术要求

齿轮技术要求通常包括：

(1) 对齿轮的热处理方法和热处理后硬度的要求，如淬火及渗碳深度的要求。

(2) 对铸件、锻件或其他毛坯件的要求，如不允许有毛刺及氧化皮等。

(3) 对未注明的圆角、倒角尺寸的要求。

(4) 对于大型齿轮或高速齿轮，还应考虑平衡试验要求。

5. 啮合特性表

在齿轮类零件的工作图中应编写啮合特性表，布置在图纸的右上方，以便于选择刀具和检验误差。啮合特性表的主要内容包括：齿轮(蜗杆或蜗轮)的基本参数(齿数 z、模数 m_n、齿形角 α_n、齿顶高系数 h_a^*、螺旋角 β 及其旋向等)，齿轮的精度等级，误差检验项目及具体数值。齿轮的啮合精度等级、齿厚偏差等级要求应按照齿轮运动和受载情况，结合制造工艺水平综合确定，可参考本书附录的有关内容。

5.4 箱体类零件工作图

1. 视图

减速器箱体类零件(箱盖和箱座)的结构比较复杂，一般需要三个视图表示。为了表达清楚其内部和外部结构，还需增加一些必要的局部视图、局部剖视图和局部放大图等。

2. 尺寸标注

与轴类及齿轮类零件相比，箱体类零件的尺寸标注复杂得多，在标注时要注意以下事项：

(1) 要选好基准，最好采用加工基准作为标注尺寸的基准。如箱座和箱盖高度方向的尺寸最好以剖分面为基准；箱体宽度方向尺寸应以宽度的对称中心平面为基准；箱体长度方向的尺寸一般以轴承座孔轴线为基准。

(2) 功能尺寸应直接标出，如轴承座孔中心距应按照齿轮中心距及极限偏差标出。

(3) 箱体的形状尺寸，如壁厚、各种孔径及深度、圆角半径、槽的深度、螺纹尺寸及箱体长、宽、高等应直接标出，而不需任何换算。箱体的定位尺寸用来确定各部分相对于基准的位置，如孔或曲线的中心位置、其他平面相对基准面的位置等尺寸都应从基准直接标注。

(4) 如果箱体为铸件，标注尺寸时要符合铸造工艺的要求，要便于木模制作。木模通常由许多基本形体拼接而成，在基本形体的定位尺寸标出后，其形状尺寸则应相对自身的基准标注。

(5) 有配合要求的尺寸都应根据装配图中的配合代号标出其极限偏差。

(6) 箱体尺寸繁多，应避免尺寸遗漏、重复或封闭。所有圆角、倒角尺寸及铸件拔模斜度等都应标出，或者在技术要求中加以说明。

3. 几何公差及表面粗糙度

箱体类零件的几何公差要求如表5.5所示。箱体类零件有关表面的表面粗糙度要求如表5.6所示。

表5.5 箱体类零件的几何公差要求

类别	项 目	等级	作 用
形状公差	轴承座孔的圆度或圆柱度	6～7	影响箱体与轴承配合性能及对中性
	剖分面的平面度	7～8	
位置公差	轴承座孔轴线之间的平行度	6～7	影响传动的平稳性和载荷的均匀性
	轴承座孔轴线之间的垂直度	7～8	
	两轴承座孔轴线的同轴度	6～8	影响减速器轴系装配及载荷分布的均匀性
	轴承座孔轴线相对其端面的垂直度	7～8	影响轴承固定及轴向载荷的均匀性
	轴承座孔轴线相对箱体剖分面在垂直平面上的位置度	≤0.3mm	影响孔系精度及轴系装配

表5.6 箱体类零件有关表面的表面粗糙度要求

加工表面	$Ra/\mu m$	加工表面	$Ra/\mu m$
减速器剖分面	3.2～1.6	减速器箱座底面	12.5～6.3
轴承座孔表面	3.2～1.6	轴承座孔外端面	6.3～3.2
圆锥销孔表面	3.2～1.6	螺栓孔表面	12.5～6.3
嵌入式端盖凸缘槽表面	6.3～3.2	油标尺孔座表面	12.5～6.3
视孔盖接触面	12.5	其他表面	>12.5

4. 技术要求

箱体类零件的技术要求通常包括以下内容:

(1) 将箱座和箱盖固定后配钻、配铰加工剖分面上的定位销孔。

(2) 剖分面上的螺栓孔可通过模板分别在箱座或箱盖上钻孔,也可以将箱座和箱盖固定一起后配钻。

(3) 在箱座和箱盖上装入定位销,并通过螺栓连接之后,再对轴承座孔进行镗孔加工。

(4) 铸件的清砂、去毛刺和时效处理要求。

(5) 箱体内表面用煤油清洗并涂防锈漆。

(6) 铸件拔模斜度和圆角的说明。

第 6 章

减速器装配图中常见错误示例分析

6.1 轴系结构设计中的错误示例分析

表 6.1 轴系结构设计的错误示例(1)

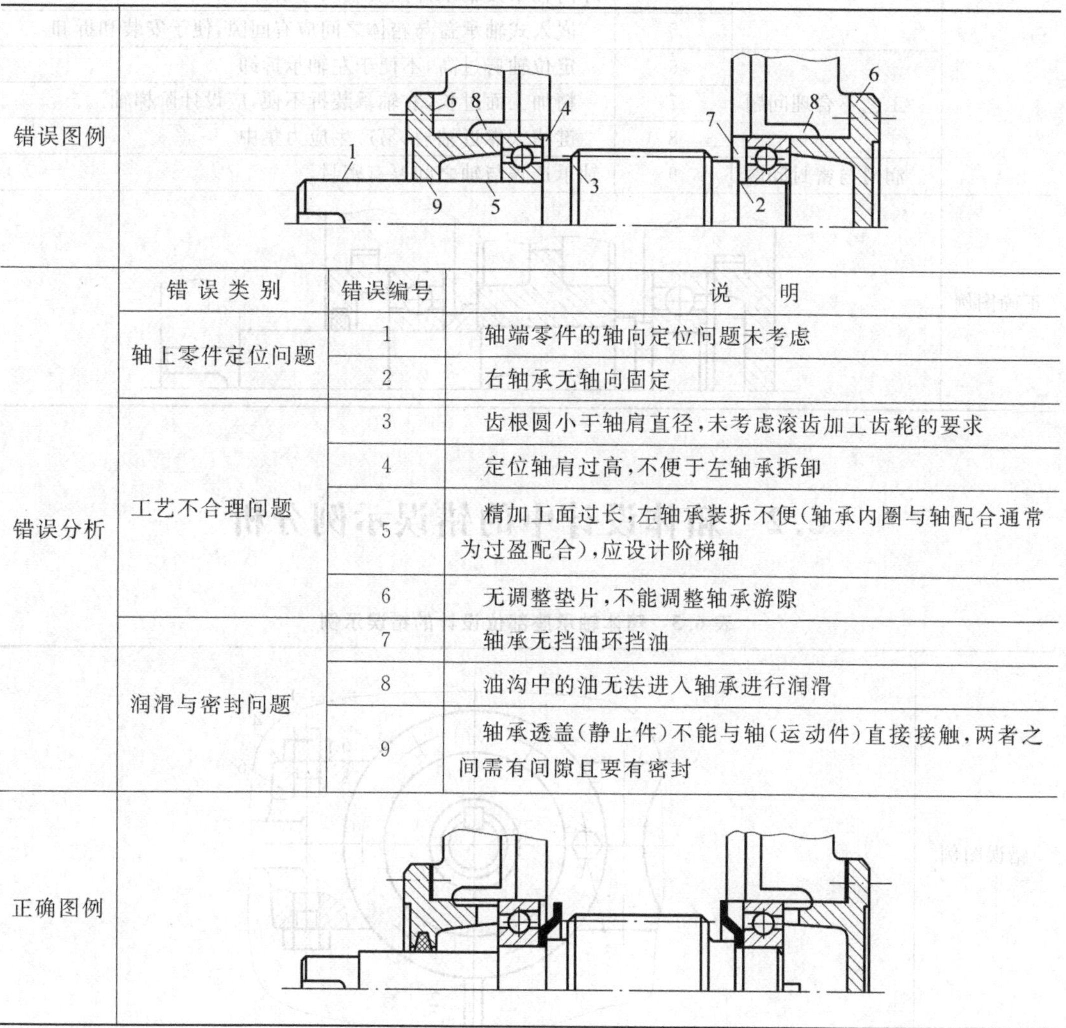

	错误类别	错误编号	说明
错误图例			
错误分析	轴上零件定位问题	1	轴端零件的轴向定位问题未考虑
		2	右轴承无轴向固定
	工艺不合理问题	3	齿根圆小于轴肩直径，未考虑滚齿加工齿轮的要求
		4	定位轴肩过高，不便于左轴承拆卸
		5	精加工面过长，左轴承装拆不便（轴承内圈与轴配合通常为过盈配合），应设计阶梯轴
		6	无调整垫片，不能调整轴承游隙
	润滑与密封问题	7	轴承无挡油环挡油
		8	油沟中的油无法进入轴承进行润滑
		9	轴承透盖（静止件）不能与轴（运动件）直接接触，两者之间需有间隙且要有密封
正确图例			

表 6.2 轴系结构设计的错误示例(2)

	错误类别	错误编号	说明
错误图例			
错误分析	轴上零件的定位和固定问题	1	联轴器没有周向固定
		2	套筒外径太小,对齿轮的轴向固定不可靠
		3	与齿轮配合的轴段长度应小于齿轮宽度,保证套筒能可靠固定齿轮
		4	从滚动轴承标准中可查出轴承内圈、外圈安装尺寸,调整环内径未按轴承外圈安装尺寸设计
		5	嵌入式轴承盖与箱体之间应有间隙,便于安装和拆卸
	工艺不合理问题	6	定位轴肩过高,不便于左轴承拆卸
		7	精加工面过长,右轴承装拆不便,应设计阶梯轴
		8	键槽太靠近轴肩,易产生应力集中
	润滑与密封问题	9	轴承透盖与轴之间要有密封
正确图例			

6.2 箱体设计中的错误示例分析

表 6.3 箱体轴承座部位设计的错误示例

错误图例	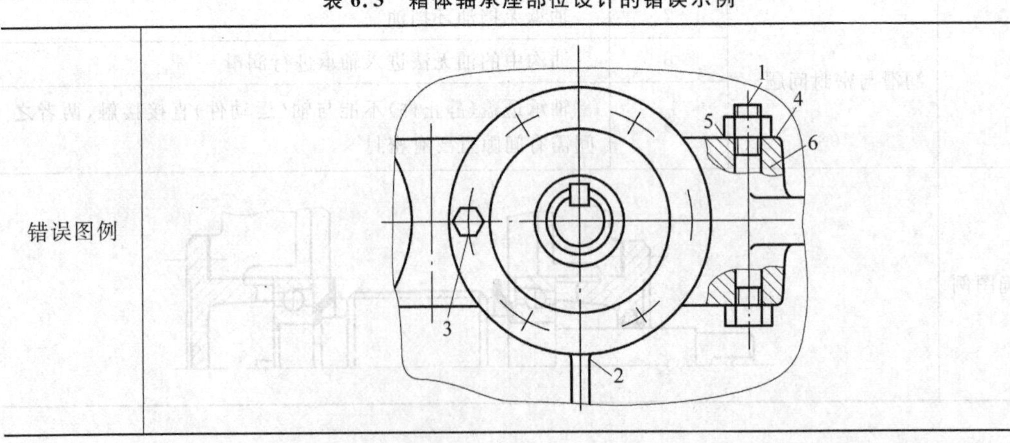

续表

	错误编号	说　　明
错误分析	1	连接螺栓距轴承座中心较远,不利于提高连接刚度
	2	轴承座及加强筋设计未考虑铸件拔模斜度
	3	轴承盖螺钉不能设计在剖分面上
	4	螺母或螺栓头部支承面处应设计加工凸台或沉头座
	5	螺栓连接应考虑防松
	6	普通螺栓连接时,螺栓杆与被连接件孔之间应有间隙；箱体与箱盖为两个零件,其剖面线方向应该相反
正确图例	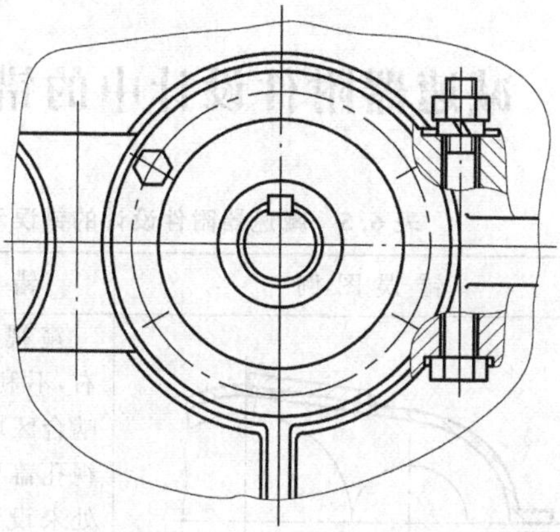	

表 6.4　箱体设计中的错误示例分析

错误编号	错误图例	错误分析	正确图例	说　　明
1	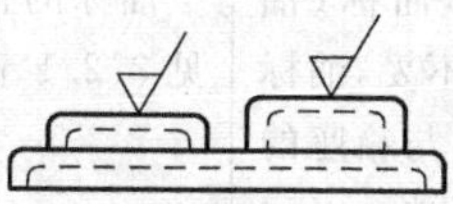	加工面高度不同导致加工工序多	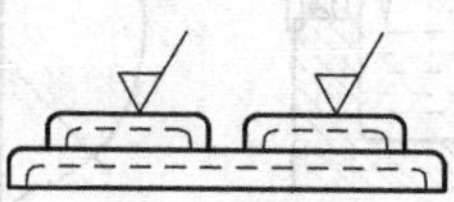	加工面设计成同一高度,可一次进行加工
2	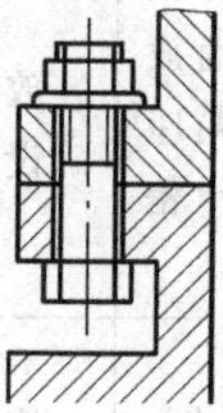	装拆空间不够,不便甚至不能装配	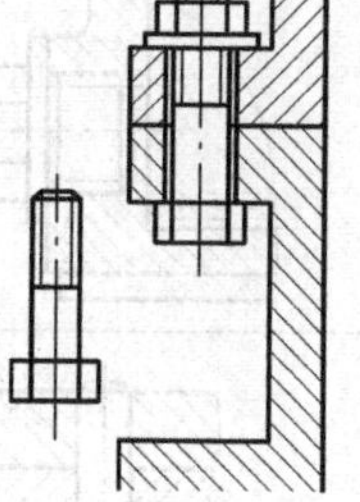	保证螺栓有必要的装拆空间
3	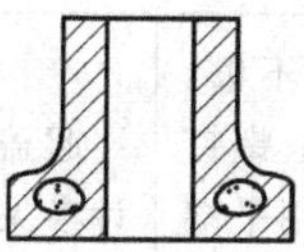	铸件壁厚不均匀,易出现缩孔	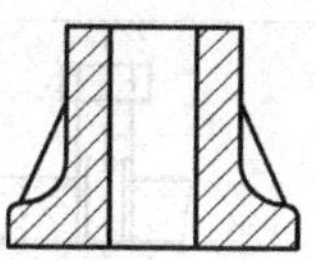	铸件壁厚尽可能一致,并用加强筋

续表

错误编号	错误图例	错误分析	正确图例	说明
4		铸件内、外壁无拔模斜度		铸件内、外壁有拔模斜度
5		铸件壁厚急剧变化		铸件壁厚应采用圆角逐渐过渡变化

6.3 减速器附件设计中的错误示例分析

表6.5 减速器附件设计的错误示例

附件名称	错误图例	错误分析	正确图例
窥视孔及视孔盖		窥视孔的位置偏右，不利于检查齿轮啮合区域的情况；窥视孔盖与箱盖的结合处未设计加工凸台，未考虑密封	窥视孔及窥视孔盖的正确设计参见图3.13
油标	(a)圆形油标 (b)杆形油标	圆形油标安放位置偏高，无法显示最低油面；杆形油标(油标尺)位置不妥，油标插入取出时与箱座的凸缘产生干涉	油标的正确设计参见3.2.1节和图3.14
放油孔及油塞		放油孔的位置偏高，使箱内的机油放不干净；油塞与箱座的结合处未设计密封件	放油孔及油塞的正确设计参见图3.15
定位销		锥销的长度太短，不利于拆卸	定位销的正确设计参见图3.18
起盖螺钉		螺纹的长度不够，无法顶起箱盖；螺钉的端部不宜采用平端结构	起盖螺钉的正确设计参见图3.19

第 7 章

课程设计例题

7.1 一级减速器设计

1. 设计题目

试设计某工厂螺旋输送机的传动装置。设计的原始数据：输送物料为面粉，输送机螺旋直径 $D=0.3\text{m}$，运输机作用力 $F=4.80\text{kN}$（设合力作用在 1/2 半径处），主轴转速 $n=90\text{r/min}$，连续单向运转，水平输送长度 $L=40\text{m}$，载荷变动小，三班制，使用期限 10 年。试拟定传动方案，计算输送机功率，选择电动机，并计算各轴输入功率，见图 7.1。

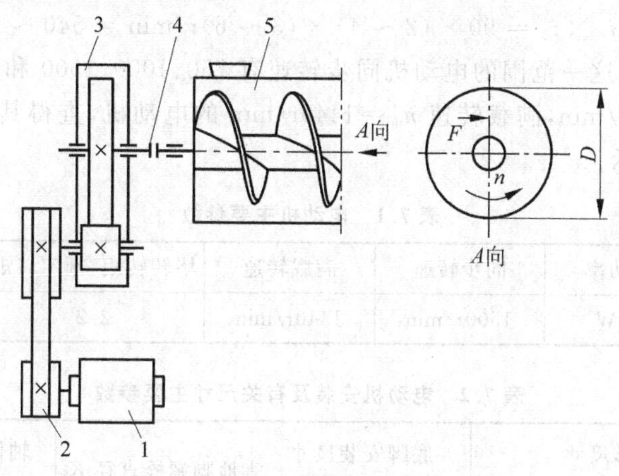

图 7.1 螺旋输送机传动装置简图

1—电动机；2—V 带传动；3—一级圆柱齿轮减速器；4—联轴器；5—螺旋输送器

2. 工作参数计算

1）拟定传动方案

本传动装置采用普通 V 带传动和一级圆柱齿轮减速器，其传动装置如图 7.1 所示。

2）输送机功率计算

（1）1/2 半径处圆周速度计算

$$v=\frac{\pi n_1 D/2}{60}=\frac{\pi\times 90\times 0.3/2}{60}\text{m/s}=0.707\text{m/s}$$

（2）功率计算：工作机所需的功率为

$$P_w = Fv = 4.80 \times 0.707\text{kW} = 3.39\text{kW}$$

3) 电动机设计

(1) 电动机类型：按工作条件和要求，选用 Y 系列三相异步电动机。

(2) 电动机功率：初选带传动为普通 V 带传动；齿轮的精度等级为 7，闭式圆柱斜齿轮；滚动轴承为圆锥滚子滚动轴承；联轴器为十字滑块联轴器。查表 2.3 得总效率为

$$\eta = \eta_1 \eta_2 \eta_3^2 \eta_4 = 0.96 \times 0.97 \times 0.99^2 \times 0.97 = 0.885$$

式中，η_1、η_2、η_3、η_4 分别是普通 V 带传动、齿轮、滚动轴承和联轴器的效率。电动机所需功率为

$$P_d = \frac{3.39}{0.885}\text{kW} = 3.83\text{kW}$$

考虑到在各零件设计时需要有一定的工况系数，取电动机的工况系数为 1.3，则电动机的额定功率

$$P_{ed} \geqslant 1.3P_d = 1.3 \times 3.83\text{kW} = 4.98\text{kW}$$

查表 18.1，选取电动机额定功率 $P_{ed}=5.5$ kW。

(3) 选择电动机：已知工作机转速为 $n_w=90$r/min，根据有关机械传动的常用传动比范围(见表 2.2)，取普通 V 带的传动比 $i_1=2\sim4$，一级圆柱齿轮传动比 $i_2=3\sim6$，可计算电动机转速的合理范围为

$$n_d = n_w \times i_1 \times i_2 = 90 \times (2 \sim 4) \times (3 \sim 6)\text{r/min} = 540 \sim 2160\text{r/min}$$

查表 18.1，符合这一范围的电动机同步转速有 750、1000、1500 和 3000r/min 四种，现选用同步转速 1500r/min，满载转速 $n_m=1440$r/min 的电动机，查得其型号和主要数据如表 7.1 和表 7.2 所示。

表 7.1 电动机主要参数

型号	额定功率	同步转速	满载转速	堵转转矩/额定转矩	最大转矩/额定转矩
Y132S—4	5.5kW	1500r/min	1440r/min	2.2	2.2

表 7.2 电动机安装及有关尺寸主要参数

中心高	外形尺寸 $L\times(AC/2+AD)\times HD$	底脚安装尺寸 $A\times B$	地脚螺栓直径 K	轴伸尺寸 $D\times E$	键公称尺寸 $F\times h$
132	475×480×315	216×140	12	38×80	10×8

4) 传动装置总传动比及其分配

传动装置的总传动比

$$i = \frac{n_m}{n_w} = \frac{1440}{90} = 16$$

取 V 带传动比 $i_1=3.2$，则可得一级圆柱齿轮减速器的传动比 $i_2=\frac{i}{i_1}=\frac{16}{3.2}=5$。

5) 计算传动装置各级传动功率、转速与转矩

(1) 计算各轴输入功率

小带轮轴功率 $P_d=3.83$kW

齿轮轴Ⅰ功率 $P_{Ⅰ}=P_d\eta_1=3.83\times0.96kW\approx3.68kW$

齿轮轴Ⅱ功率 $P_{Ⅱ}=P_{Ⅰ}\times\eta_2\times\eta_3=3.68\times0.97\times0.99kW\approx3.53kW$

(2) 计算各轴转速

小带轮轴转速 $n_d=n_m=1440r/min$

齿轮轴Ⅰ转速 $n_{Ⅰ}=\frac{n_d}{i_{带}}=\frac{1440}{3.2}r/min=450r/min$

齿轮轴Ⅱ转速 $n_{Ⅱ}=\frac{n_{Ⅰ}}{i_1}=\frac{450}{5}r/min=90r/min$

(3) 计算各轴转矩

小带轮轴转矩 $T_d=9550\frac{P_d}{n_d}=9550\times\frac{3.83}{1440}N\cdot m\approx25.40N\cdot m$

齿轮轴Ⅰ转矩 $T_{Ⅰ}=9550\frac{P_{Ⅰ}}{n_{Ⅰ}}=9550\times\frac{3.68}{450}N\cdot m\approx78.10N\cdot m$

齿轮轴Ⅱ转矩 $T_{Ⅱ}=9550\frac{P_{Ⅱ}}{n_{Ⅱ}}=9550\times\frac{3.53}{90}N\cdot m\approx374.57N\cdot m$

上述计算结果列于表 7.3。

表 7.3 各级传动功率、转速与转矩

参 数	输入功率/kW	转速 n/(r/min)	输入转矩 T/N·m	传动比 i	效率 η
电动机轴	3.83	1440	25.40	3.2	0.96
高速轴	3.68	450	78.10		
低速轴	3.53	90	374.57	5	0.96

3. 普通 V 带传动的设计计算

具体普通 V 带传动设计见《机械设计》教材或设计手册。

V 带轮的结构如图 7.2 和图 7.3 所示。

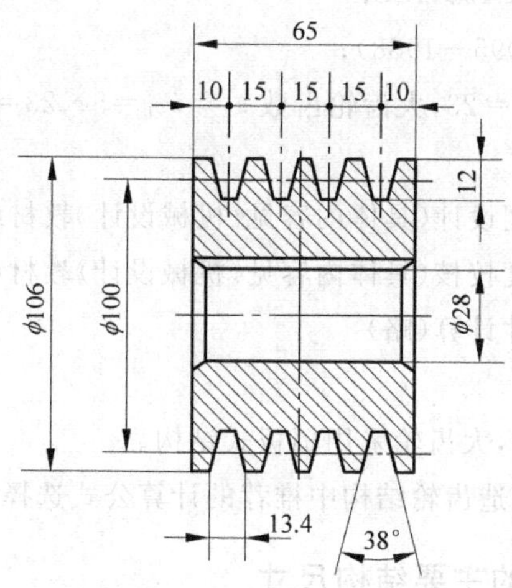

图 7.2 小带轮结构图

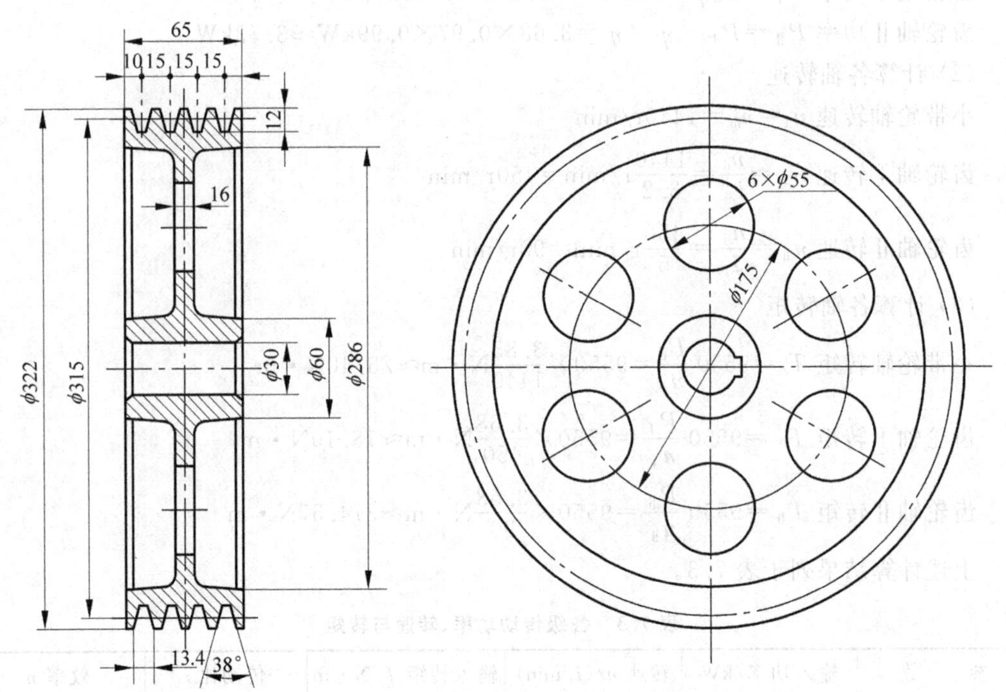

图 7.3 大带轮结构图

4. 齿轮传动设计

1) 选择材料、热处理、精度等级等参数

(1) 选用斜齿圆柱齿轮传动;

(2) 小齿轮选用 45 钢,调质,硬度为 217～255HBS,取 230HBS; 大齿轮选用 45 钢,正火,硬度为 160～217HBS,取 190HBS;

(3) 选 8 级精度(GB10095—1988);

(4) 初选小齿轮齿数 $z_1=23$,大齿轮齿数 $z_2=iz_1=5\times23=115$;

(5) 初选螺旋角 $\beta'=12°$。

2) 按齿面接触疲劳强度设计(具体内容见《机械设计》教材或设计手册)

3) 按齿根弯曲疲劳强度校核(具体内容见《机械设计》教材或设计手册)

4) 齿轮传动的几何尺寸计算(略)

5) 齿轮结构设计

小齿轮采用齿轮轴结构,大齿轮采用辐板式结构。

大齿轮的结构尺寸按锻造齿轮结构中推荐的计算公式选择,具体结构如图 7.4 所示。

5. 减速器铸造箱体的主要结构尺寸

按表 3.15 中经验公式计算,其结果列于表 7.4。

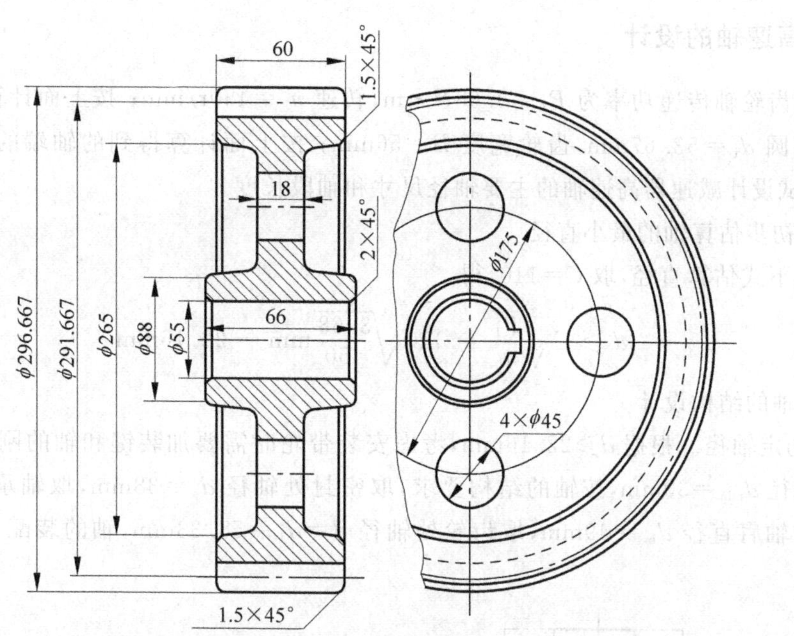

图 7.4　大齿轮结构图

表 7.4　减速器铸造箱体的主要结构尺寸　mm

名　称	符　号	尺寸计算公式	计算结果
底座壁厚	δ	$0.025a+1\geqslant 7.5$	8
箱盖壁厚	δ_1	$(0.8\sim0.85)\delta\geqslant 8$	8
底座上部凸缘厚度	h_0	$(1.5\sim1.75)\delta$	12
箱盖凸缘厚度	h_1	$(1.5\sim1.75)\delta$	12
底座下部凸缘厚度	h_2	$(2.25\sim2.75)\delta_1$	20
底座加强筋厚度	e	$(0.8\sim1)\delta$	8
箱盖加强筋厚度	e_1	$(0.8\sim0.85)\delta_1$	7
地脚螺栓直径	d	2δ 或按表 3.18	16
地脚螺栓数目	n	表 3.18	6
轴承座连接螺栓直径	d_2	$0.75d$	12
箱座与箱盖连接螺栓直径	d_3	$(0.5\sim0.6)d$	10
轴承盖固定螺钉直径	d_4	$(0.4\sim0.5)d$	8
视孔盖固定螺钉直径	d_5	$(0.3\sim0.4)d$	6
轴承盖螺钉分布圆直径	D_1	$D+2.5d_4$	110,130
轴承座凸缘端面直径	D_2	$D_1+2.5d_4$	130,150
螺栓孔凸缘的配置尺寸	c_1,c_2,D_0	表 3.16	$c_1=22,c_2=20,D_0=30$
地脚螺栓孔凸缘的配置尺寸	c_1',c_2',D_0'	表 3.17	$c_1'=25,c_2'=20,D_0'=30$
箱体内壁与齿顶圆的距离	Δ	$\geqslant 1.2\delta$	12
箱体内壁与齿轮端面的距离	Δ_1	$\geqslant\delta$	12
底座深度	H	$0.5d_a+(30\sim50)$	190
外箱壁至轴承座端面距离	l_1	$c_1+c_2+(5\sim10)$	47

6. 高速轴的设计

高速齿轮轴传递功率为 $P_1=3.68\text{N}\cdot\text{m}$,转速 $n_1=450\text{r/min}$;按上面计算结果得到的齿轮分度圆 $d_1=53.67\text{mm}$,齿轮宽度 $B=56\text{mm}$;按上面计算得到的轴端的带轮宽 $B_3=65\text{mm}$。试设计减速器高速轴的主要轴径尺寸和轴段长度。

(1) 初步估算轴的最小直径

根据下式估算直径,取 $C=110$,得

$$d \geqslant C\sqrt[3]{\frac{P_1}{n_1}} = 110\sqrt[3]{\frac{3.68}{450}}\text{mm} = 22.16\text{mm}$$

(2) 轴的结构设计

① 初定轴径。根据 $d\geqslant 22.16\text{mm}$,考虑安装带轮时需要加装键和轴的刚度要求,取装带轮处轴径 $d_{\min}=30\text{mm}$,按轴的结构要求,取密封处轴径 $d_s=38\text{mm}$,取轴承处轴径 $d_b=40\text{mm}$,取轴肩直径 $d_{bs}=49\text{mm}$,取齿轮处轴径 $d=d_1=58.33\text{mm}$,轴的装配草图如图 7.5 所示。

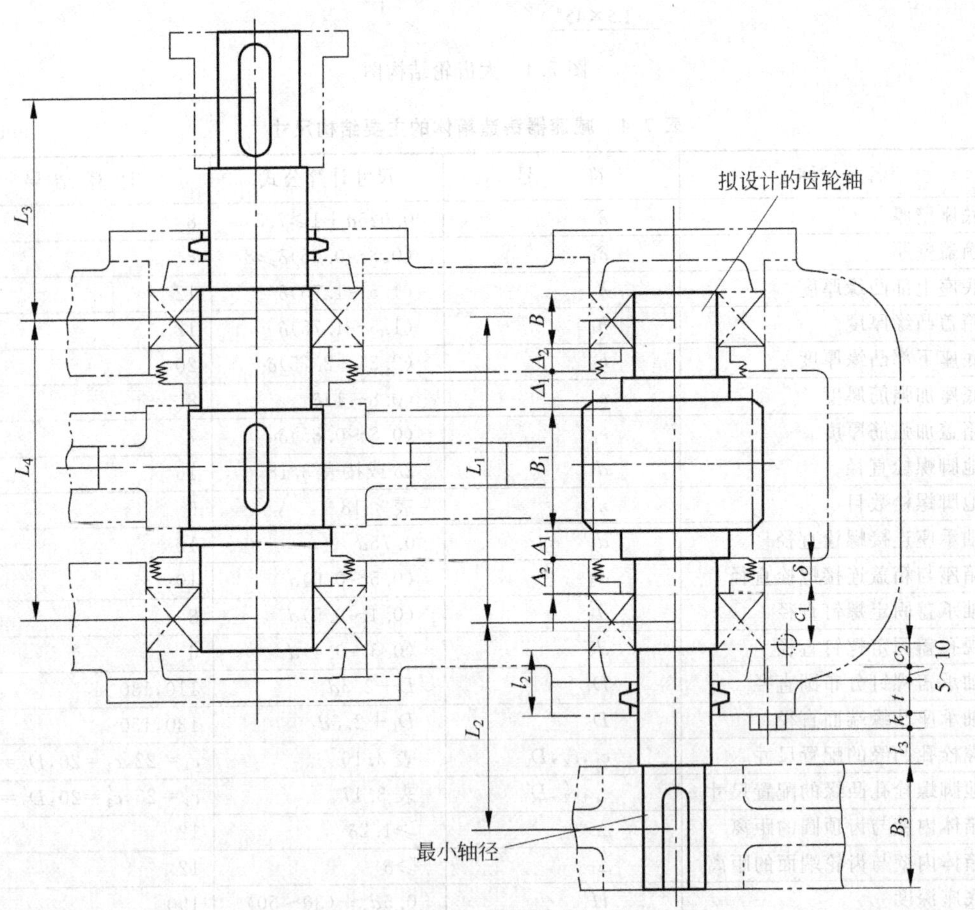

图 7.5 一级齿轮减速器设计草图

② 轴向尺寸。全轴的各参数选取如下：B_3 为带轮宽度，$B_3=65$mm；l_3 为螺栓头端面至带轮端面的距离，取 $l_3=15$mm；k 为轴承盖 M8 螺栓头的高度，查表 11.3 得 $k=5.3$mm；t 为轴承盖凸缘厚度，$t=1.2d_4=1.2\times 8\approx 10$mm；$l_2$ 为轴承盖的高度，$l_2=\delta+c_1+c_2+5+t-\Delta_2-B=8+22+20+5+10-10-23=32$mm；$B$ 为轴承宽度，初选 7308 型角接触球轴承，查表 15.3 有该轴承内径为 40mm、轴承宽 $B=23$mm；Δ_2 为箱体内壁至轴承端面的距离，取 $\Delta_2=10$mm；Δ_1 为箱体内壁与小齿轮端面的间隙，$\Delta_1=12$mm；B_1 为小齿轮齿宽，$B_1=65$mm。这些参数列于表 7.5 中。各轴段的直径与长度计算依据见表 7.6。

表 7.5　结构参数　　mm

B_3	l_3	k	t	δ	c_1	c_2	Δ_2	B	Δ_1	B_1
65	15	5.3	10	8	22	20	10	23	12	65

表 7.6　轴段轴径与长度　　mm

序号	轴段	名称	代号	数值	计算公式
1	带轮轴段	直径	d_{min}	30	见前面的计算
		长度	b_1	65	$b_1=B_3$
2	密封处轴段	轴径	d_s	38	$d_s=d+5$
		轴长	b_2	53	$b_2=l_3+k+\delta+c_1+c_2+5+t-\Delta_2-B$
3	轴承处轴段	轴承宽	B	23	轴承 7308
		轴径	d_b	40	轴承 7308 内径 40mm
		轴长	b_3	35	$b_3=B+\Delta_2+(1\sim 2)$
4	左轴肩轴段	轴径	d_{bs}	49	$d_{bs}=d_b+9$
		轴长	b_4	10	$b_4=\Delta_1-2$
5	齿轮轴段	分度圆直径	d_1	58.33	
		齿轮宽	b_5	65	$b_5=B_1$
6	右轴肩轴段	轴径	d_{bs}	49	同 4
		轴长	b_6	10	$b_6=\Delta_1-2=b_4$
7	轴承处轴段	轴径	d_b	40	同 3
		轴长	b_7	35	$b_7=B+\Delta_2+(1\sim 2)=b_3$
8	轴总长		L	273	$L=b_1+b_2+b_3+b_4+b_5+b_6+b_7$

所设计的轴的结构图如图 7.6。按弯扭合成应力对设计的高速轴进行强度校核，设选择轴的材料为 45 钢，调质处理，硬度 230HBS。

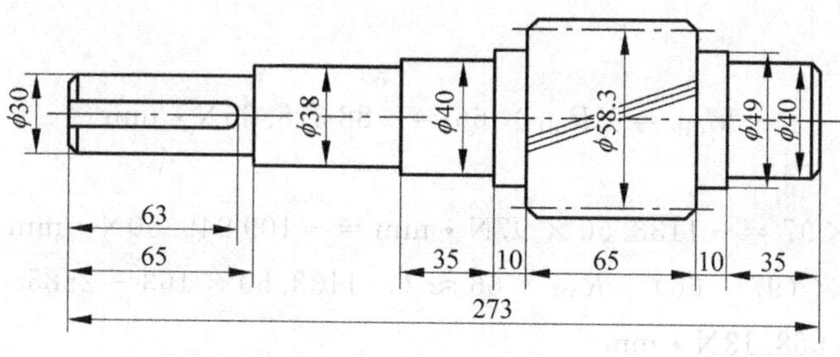

图 7.6　轴的结构尺寸

(3) 绘出轴的计算简图

按图7.7计算受力点的间距如下：

$$L_1 = B_1 + 2\Delta_1 + 2\Delta_2 + B = (65 + 2 \times 12 + 2 \times 10 + 23)\text{mm} = 132\text{mm}$$

$$L_2 = B/2 + l_2 + k + l_3 + B_3/2 = (23/2 + 32 + 5.6 + 15 + 65/2)\text{mm} \approx 97\text{mm}$$

式中，L_1 为两轴承中点间距离；L_2 为悬臂长度。

(4) 计算作用在轴上的力

轴转矩

$$T_1 = 9550\,\frac{P_1}{n_1} = 9550 \times \frac{3.68}{450}\text{N} \cdot \text{mm} = 78\,098\text{N} \cdot \text{mm} = 78.1\text{N} \cdot \text{m}$$

小齿轮受力分析：

圆周力

$$F_{t1} = \frac{2T_1}{d_1} = \frac{2 \times 78\,098}{58.33} = 2677.8\text{N}$$

径向力

$$F_{r1} = \frac{F_{t1}\tan\alpha_n}{\cos\beta} = \frac{2677.8 \times \tan 20^\circ}{\cos 9^\circ 41' 46''}\text{N} = 988.89\text{N}$$

轴向力

$$F_{a1} = F_{t1}\tan\beta = 2677.8 \times \tan 9^\circ 41' 46''\text{N} = 457.59\text{N}$$

带传动作用在轴上的压力：

$$Q = 1133.50\text{N}$$

(5) 计算支反力

水平面

$$R_{AH} = R_{BH} = \frac{F_{t1}}{2} = 1339.07\text{N}$$

垂直面

$$\sum M_B = 0$$

$$R_{AV} = \frac{F_{r1} \times 66 + F_{a1} \times d_1/2 + Q \times (97 + 132)}{132} = 2562.01\text{N}$$

$$\sum F = 0$$

$$R_{BV} = R_{AV} - Q - F_{r1} = 439.61\text{N}$$

(6) 作弯矩图

水平面弯矩

$$M_{CH} = -R_{BH} \times 66 = -88\,378.65\text{N} \cdot \text{mm}$$

垂直面弯矩

$$M_{AV} = -Q \times 97 = -1133.50 \times 97\text{N} \cdot \text{mm} = -109\,949.50\text{N} \cdot \text{mm}$$

$$M_{CV1} = -Q \times (97 + 66) + R_{AV} \times 66 \approx (-1133.50 \times 163 + 2585 \times 66)\text{N} \cdot \text{mm} = -15\,668.13\text{N} \cdot \text{mm}$$

$$M_{CV2} = -R_{BV} \times 66 = -439.61 \times 66\text{N} \cdot \text{mm} \approx -29\,014.48\text{N} \cdot \text{mm}$$

合成弯矩

$$M_A = |M_{AV}| = 109\ 949.50\text{N}\cdot\text{mm}$$

$$M_{C1} = \sqrt{M_{CH}^2 + M_{CV1}^2} = \sqrt{88\ 378.65^2 + 15\ 668.13^2}\ \text{N}\cdot\text{mm} = 89\ 756.76\text{N}\cdot\text{mm}$$

$$M_{C2} = \sqrt{M_{CH}^2 + M_{CV2}^2} = \sqrt{88\ 378.65^2 + 29\ 014.48^2}\ \text{N}\cdot\text{mm} \approx 93\ 019.49\text{N}\cdot\text{mm}$$

(7) 作转矩图

$$T_1 = 78\ 112\text{N}\cdot\text{mm}$$

(8) 作计算弯矩图

当扭转剪应力为脉动循环变应力时，取系数 $\alpha=0.6$，则

$$M_{caD} = \sqrt{M_D^2 + (\alpha T_1)^2} = \sqrt{0^2 + (0.6\times 78\ 112)^2}\ \text{N}\cdot\text{mm} \approx 46\ 867.20\text{N}\cdot\text{mm}$$

$$M_{caA} = \sqrt{M_A^2 + (\alpha T_1)^2} = \sqrt{109\ 949.50^2 + (0.6\times 78\ 112)^2}\ \text{N}\cdot\text{mm} = 119\ 521.66\text{N}\cdot\text{mm}$$

$$M_{caC1} = \sqrt{M_{C1}^2 + (\alpha T_1)^2} = \sqrt{89\ 756.76^2 + (0.6\times 78\ 112)^2}\ \text{N}\cdot\text{mm} = 101\ 256.17\text{N}\cdot\text{mm}$$

$$M_{caC2} = \sqrt{M_{C2}^2 + (\alpha T_1)^2} = \sqrt{93\ 019.49^2 + 0}\ \text{N}\cdot\text{mm} = 93\ 019.49\text{N}\cdot\text{mm}$$

轴的受力、弯矩、扭矩等简图如图 7.7 所示。

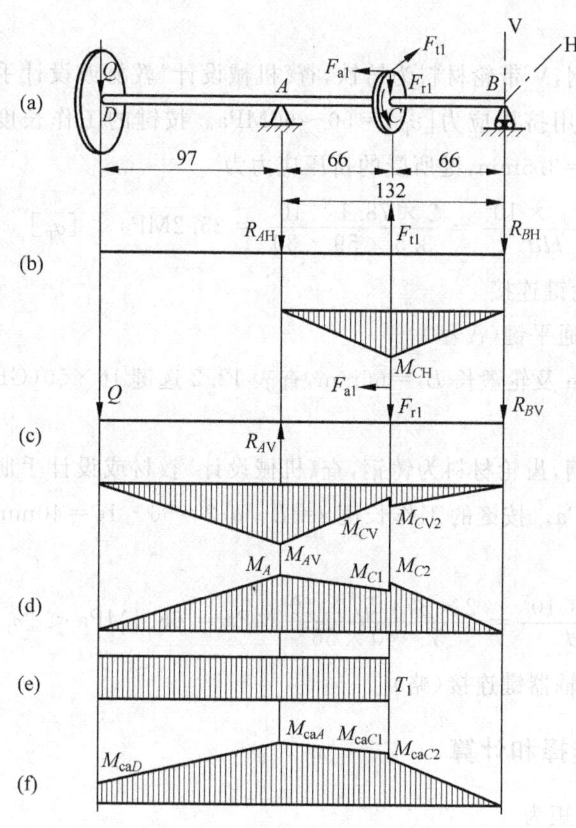

图 7.7 高速轴的弯矩和转矩

(a) 受力简图；(b) 水平面的受力和弯矩图；(c) 垂直面的受力和弯矩图；(d) 合成弯矩图；(e) 转矩图；(f) 计算弯矩图

(9) 按弯扭合成应力校核轴的强度

轴的材料为 45 钢，调质，根据轴的常用材料及其主要力学性能数据可查得，对称循环变应力时的许用应力$[\sigma_{-1}]=60\text{MPa}$。

由计算弯矩图可见，A 剖面的计算弯矩最大，该处轴径为 $d_A=40\text{mm}$ 的计算应力为

$$\sigma_{caA}=\frac{M_{caA}}{W_A}\approx\frac{M_{caA}}{0.1d_A^3}=\frac{119\,521.66}{0.1\times40^3}\text{MPa}=18.68\text{MPa}<[\sigma_{-1}]\quad(\text{安全})$$

D 剖面轴径最小，$d_D=30\text{mm}$，该处的计算应力为

$$\sigma_{caD}=\frac{M_{caD}}{W_D}\approx\frac{M_{caD}}{0.1d_D^3}=\frac{46\,867.20}{0.1\times30^3}\text{MPa}=17.36\text{MPa}<[\sigma_{-1}]\quad(\text{安全})$$

(10) 精确校核轴的疲劳强度(略)

低速轴与滚动轴承的选择和计算从略(具体内容见教材或设计手册)。

7. 键连接的选择和强度校核

1) 高速轴与V带轮键连接

(1) 选用单圆头普通平键(C型)

轴径 $d=30\text{mm}$，轮毂长 $B_3=65\text{mm}$，查表12.2选键C8×63(GB/T 1096—2003)。

(2) 强度校核

键材料选用45钢，V带轮材料为铸铁，查《机械设计》教材或设计手册得轻微冲击下键连接的铸铁材料的许用挤压应力 $[\sigma_p]=50\sim60\text{MPa}$。按键的工作长度 $l=L-b/2=63-8/2=59\text{mm}$，$k=h/2=3.5\text{mm}$，键所受的挤压应力为

$$\sigma_p=\frac{2T_{\text{I}}\times10^3}{kld}=\frac{2\times78.1\times10^3}{3.5\times59\times30}=25.2\text{MPa}<[\sigma_p]\quad(\text{安全})$$

2) 低速轴与齿轮键连接

(1) 选用圆头普通平键(A型)

按轴径 $d=55\text{mm}$ 及轮毂长 $B_2=66\text{mm}$，查表12.2选键16×50(GB/T 1096—2003)。

(2) 强度校核

键材料选用45钢，齿轮材料为铸钢，查《机械设计》教材或设计手册得钢的许用挤压应力 $[\sigma_p]=100\sim120\text{MPa}$。按键的工作长度 $l=L-b/2=56-16=40\text{mm}$，$k=h/2=5\text{mm}$，键所受的挤压应力为

$$\sigma_p=\frac{2T_{\text{II}}\times10^3}{kld}=\frac{2\times374.57\times10^3}{5\times40\times55}\text{MPa}=68.1\text{MPa}<[\sigma_p]\quad(\text{安全})$$

(3) 低速轴与联轴器键连接(略)

8. 联轴器的选择和计算

联轴器的计算转矩为

$$T_{ca}=K_AT_{\text{II}}$$

查表取工作情况系数 $K_A=1.3$，故计算转矩为

$$T_{ca}=1.3\times374.57\text{N}\cdot\text{m}=486.94\text{N}\cdot\text{m}$$

根据工作条件，选用十字滑块联轴器，查表17.7得十字滑块联轴器的公称转矩 $T_n=500\text{N}\cdot\text{m}$，许用转速 $[n]=250\text{r/min}$，配合轴径 $d=40\text{mm}$，配合长度 $L_1=70\text{mm}$。

9. 减速器的润滑

齿轮传动的圆周速度为

$$v=\frac{\pi d_1 n_1}{60\times 1000}=\frac{\pi\times 58.33\times 450}{60\times 1000}\text{m/s}=1.37\text{m/s}$$

因 $v<12\text{m/s}$,所以采用浸油润滑,由表 16.1,选用 L-AN68 全损耗系统用油(GB 443—1989),大齿轮浸入油中的深度约 1~2 个齿高,但不应少于 10mm。

对轴承的润滑,因 $v<2\text{m/s}$,采用脂润滑,由表 16.2 选用钙基润滑脂 L-XAAMHA2(GB 491—1987),只需填充轴承空间的 1/3~1/2,并在轴承内侧设挡油环,使油池中的油不能进入轴承以致稀释润滑脂。

绘制装配图及零件工作图(略)。

7.2 二级减速器设计

1. 设计题目

设计运送原料的带式运输机用的齿轮减速器。根据表 7.7 给定的工况参数,选择适当的电动机、联轴器,设计 V 带传动、二级圆柱齿轮(斜齿)减速器(所有的轴、齿轮、滚动轴承、减速箱体、箱盖以及其他附件)和与输送带连接的联轴器,设计方案如图 7.8 所示。已知滚筒及运输带效率 $\eta=0.94$。工作时,载荷有轻微冲击。室内工作,水分和颗粒为正常状态,产品生产批量为成批生产,允许总速比误差<±4%,要求齿轮使用寿命为 10 年,二班工作制,滚动轴承使用寿命不小于 15 000h。

表 7.7 原始数据

输送带拉力 F/N	输送带速度 v/(m/s)	驱动带轮直径 D/m
4337.12	1.82	1.135

2. 传动方案选择

图 7.8 为传动方案的示意图,在空间和形式均没有要求的情况下,该传动装置的布置可以有如下四种不同的方案:

(1) 电机在带轮右侧,高速齿轮远离带轮(图 7.8(a));

(2) 电机在带轮右侧,高速齿轮靠近带轮(图 7.8(b));

(3) 电机在带轮左侧,高速齿轮远离带轮(图 7.8(c));

(4) 电机在带轮左侧,高速齿轮靠近带轮(图 7.8(d))。

在以上 4 种方案中,方案(3)、(4)的两根轴所受弯矩是一样的,方案(1)和(3)的低速轴所受转矩段略长。而 4 个方案的高速轴则大不相同,其中方案(4)的高速轴所受弯矩最小,因此如果没有特殊要求,该方案更合理些。下面按该方案设计。

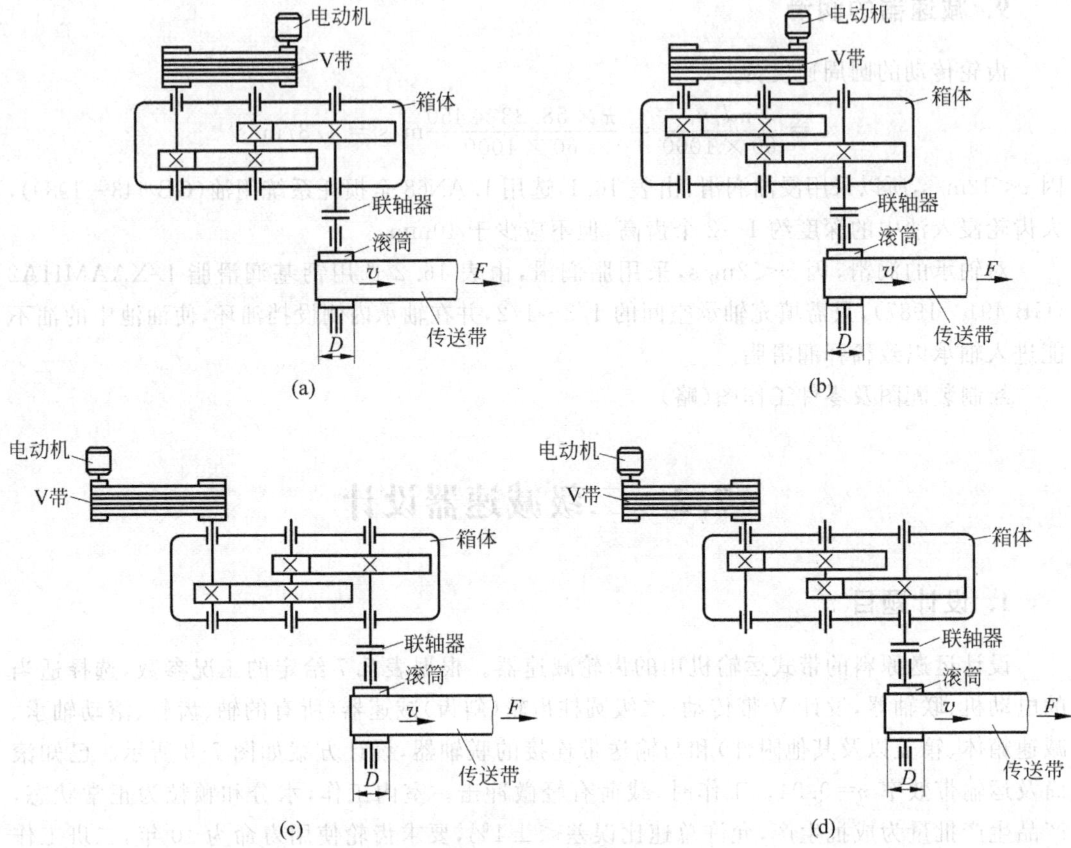

图 7.8　传动装置简图

3. 电动机选择类型、功率与转速

1）按工作条件和要求，选用 Y 系列三相异步电动机

2）选择电动机功率

计算工作机所需的功率

$$P_{\mathrm{w}} = Fv = 4337.12 \times 1.82\mathrm{kW} = 7.89\mathrm{kW}$$

初选：联轴器为弹性联轴器，滚动轴承为圆锥滚子轴承，齿轮为精度等级为 7 的闭式圆柱斜齿轮，带传动为普通 V 带传动。根据查表 2.3，总效率为

$$\eta_{总} = \eta_{带}\ \eta_{齿轮}^{2}\ \eta_{轴承}^{3}\ \eta_{联}\ \eta_{工} = 0.95 \times 0.98^{2} \times 0.98^{3} \times 0.99 \times 0.94 = 0.78$$

电动机所需的功率为

$$P_{\mathrm{d}} = \frac{P_{\mathrm{w}}}{\eta_{总}} = \frac{7.89}{0.78}\mathrm{kW} = 10.12\mathrm{kW}$$

考虑到在各零件设计时需要有一定的工况系数，取电动机的工况系数为 1.3，则电动机的额定功率

$$P_{\mathrm{ed}} \geqslant k_{\mathrm{A}} P_{\mathrm{d}} = 1.3 \times 10.12\mathrm{kW} = 13.15\mathrm{kW}$$

查表 18.1，选取电动机额定功率 $P_{\mathrm{ed}}=15\mathrm{kW}$。

3）选择电动机转速

计算工作机主轴转速

$$n_w = \frac{60\times1000v}{\pi D} = \frac{60\times1000\times1.82}{\pi\times1.135}\text{r/min} = 30.63\text{r/min}$$

根据工作机主轴转速 n_w 及有关机械传动的常用传动比范围（见表 2.2），取普通 V 带的传动比 $i_{带}=2\sim4$，一级圆柱齿轮传动比 $i_1=i_2=3\sim6$，可计算电动机转速的合理范围为

$$n_d = n_w i_1 i_2 i_3 = 30.63\times(2\sim4)\times(3\sim6)\times(3\sim6)\text{r/min} = 551.34\sim4410.72\text{r/min}$$

查表 18.1，符合这一范围的电动机同步转速有 750、1000、1500 和 3000r/min 四种，现选用同步转速 1500r/min、满载转速 $n_m=1460$r/min 的电动机，查得其型号和主要数据如表 7.8 和表 7.9 所示。

表 7.8 电动机主要参数

型号	额定功率	同步转速	满载转速	堵转转矩/额定转矩	最大转矩/额定转矩
Y160L-4	15kW	1500r/min	1460r/min	2.2	2.2

表 7.9 电动机安装及有关尺寸主要参数 mm

中心高	外形尺寸 $L\times(AC/2+AD)\times HD$	地脚安装尺寸 $A\times B$	地脚螺栓直径 K	轴伸尺寸 $D\times E$	键公称尺寸 $F\times h$
160	645×417.5×385	254×254	15	42×110	12×8

4. 确定传动装置总传动比及其分配

传动装置的总传动比

$$i = \frac{n_m}{n_w} = \frac{1460}{30.63} = 47.67$$

取 V 带传动比 $i_{带}=2.4$，可按表 2.4 查得：一级齿轮传动比 $i_1=5.6$，二级齿轮传动比 $i_2=3.55$。

5. 计算传动装置各级传动功率、转速与转矩

1）计算各轴输入功率

小带轮轴功率 $P_d=10.12$kW

齿轮轴Ⅰ功率 $P_{\text{I}}=P_d\eta_{带}=10.12\times0.95\text{kW}=9.61\text{kW}$

齿轮轴Ⅱ功率 $P_{\text{II}}=P_{\text{I}}\eta_{齿轮}\eta_{轴承}=9.61\times0.98\times0.98\text{kW}=9.23\text{kW}$

齿轮轴Ⅲ功率 $P_{\text{III}}=P_{\text{II}}\eta_{齿轮}\eta_{轴承}=9.23\times0.98\times0.98\text{kW}=8.86\text{kW}$

2）计算各轴转速

小带轮轴转速 $n_d=n_m=1460$r/min

齿轮轴Ⅰ转速 $n_{\text{I}}=\frac{n_d}{i_{带}}=\frac{1460}{2.4}\text{r/min}=608.33\text{r/min}$

齿轮轴Ⅱ转速 $n_{\text{II}}=\frac{n_{\text{I}}}{i_1}=\frac{608.33}{5.6}\text{r/min}=108.63\text{r/min}$

齿轮轴Ⅲ转速 $n_{\text{Ⅲ}}=\dfrac{n_{\text{Ⅱ}}}{i_2}=\dfrac{108.63}{3.55}\text{r/min}=30.60\text{r/min}$

3）计算各轴转矩

小带轮轴转矩 $T_d=9550\dfrac{P_d}{n_d}=9550\times\dfrac{10.12}{1460}\text{N}\cdot\text{m}=66.20\text{N}\cdot\text{m}$

齿轮轴Ⅰ转矩 $T_{\text{Ⅰ}}=9550\dfrac{P_{\text{Ⅰ}}}{n_{\text{Ⅰ}}}=9550\times\dfrac{9.61}{608.33}\text{N}\cdot\text{m}=150.86\text{N}\cdot\text{m}$

齿轮轴Ⅱ转矩 $T_{\text{Ⅱ}}=9550\dfrac{P_{\text{Ⅱ}}}{n_{\text{Ⅱ}}}=9550\times\dfrac{9.23}{108.63}\text{N}\cdot\text{m}=811.44\text{N}\cdot\text{m}$

齿轮轴Ⅲ转矩 $T_{\text{Ⅲ}}=9550\dfrac{P_{\text{Ⅲ}}}{n_{\text{Ⅲ}}}=9550\times\dfrac{8.86}{30.60}\text{N}\cdot\text{m}=2765.13\text{N}\cdot\text{m}$

有关数据归纳如表 7.10 所示。

表 7.10　各级传动功率、转速与转矩

参　数	输入功率/kW	转速 n/(r/min)	输入转矩 T/(N·m)	传动比 i	效率 η
电动机轴	10.12	1460	66.20	2.4	0.95
高速轴	9.61	608.33	150.86	5.6	0.96
中间轴	9.23	108.63	811.44	3.55	0.96
低速轴	8.86	30.60	2765.13		

6. V 带传动设计

普通 V 带或窄 V 带设计计算可参考《机械设计》教材中的相关设计内容。这里仅给出按普通 V 带设计的结果，具体步骤从略，见表 7.11 和表 7.12。

表 7.11　普通 V 带设计参数

项　目	数　据
带型	B 型普通 V 带
小带轮基准直径 D_1	132mm
大带轮基准直径 D_2	315mm
基准带长度 L_d	2000mm
中心距 a	642.5mm
小带轮包角 α	162.91°
带根数 z	5 根
预紧力 F_0	228.15N
压轴力 F_Q	2256.17N

表 7.12　带轮结构尺寸　　mm

小带轮外径 d_{a1}	大带轮外径 d_{a2}	基准宽度 b_d	基准线槽深 h_{amin}	基准线下槽深 h_{amax}	槽间距 e	槽边距 f_{min}	最小轮缘厚 δ_{min}	带轮宽 B_3	槽型
139	322	14	3.5	10.8	19	12	7.5	100	B

V带轮采用HT200制造，允许最大圆周速度为25m/s，如图7.9所示。由于轮毂宽B_4的尺寸决定了高速轴伸出段的最小阶梯轴长度，在图7.9中给出了轮毂宽B_4要比带轮宽B_3窄些的情况，取$B_4=90$mm。

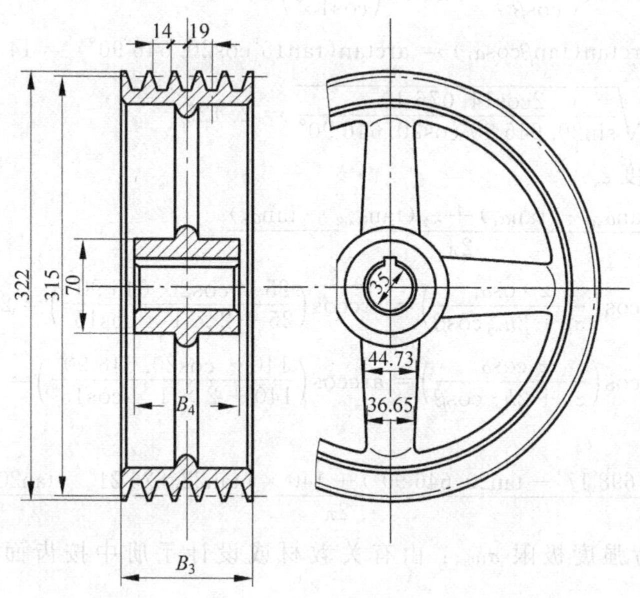

图7.9 V带大带轮简图

7. 齿轮传动设计

1）高速级齿轮设计

（1）选择齿轮类型、材料、精度及参数

① 大、小齿轮都选用硬齿面。选大、小齿轮的材料均为45钢，并经调质后表面淬火，齿面硬度均为45HRC。

② 选取等级精度。初选7级精度(GB/T 10095.1—2001)。

③ 选小齿轮齿数$z_1=25$，大齿轮齿数$z_2=i_2z_1=5.6\times25=140$，取$z_2=140$。

④ 初选螺旋角$\beta=15°$。

（2）按齿面接触疲劳强度设计

考虑到闭式硬齿面齿轮传动失效形式可能是点蚀，也可能为疲劳折断，故按接触疲劳强度设计后，按齿根弯曲强度校核。

按赫兹公式进行试算，有

$$d_1 \geqslant \sqrt[3]{\frac{2KT_1}{\phi_{\mathrm{d}}\varepsilon_\alpha}\cdot\frac{i\pm1}{i}\left(\frac{Z_{\mathrm{H}}Z_{\mathrm{E}}}{[\sigma_{\mathrm{H}}]}\right)^2}$$

下面确定公式内的各计算数值。

① 载荷系数K：试选$K_t=1.5$。

② 小齿轮传递的转矩：$T_{\mathrm{I}}=150.86\mathrm{N}\cdot\mathrm{m}=150\,860\mathrm{N}\cdot\mathrm{mm}$

③ 齿宽系数ϕ_{d}：由有关教材或设计手册中选取$\phi_{\mathrm{d}}=1$。

④ 弹性影响系数Z_{E}：有关教材或设计手册中查得钢材料的$Z_{\mathrm{E}}=189.8\mathrm{MPa}^{1/2}$

⑤ 节点区域系数 Z_H：因为 $Z_H=\sqrt{\dfrac{2\cos\beta_b}{\sin\alpha_t\cos\alpha_t}}$，由 $\tan\alpha_t=\dfrac{\tan\alpha_n}{\cos\beta}$，$\tan\beta_b=\tan\beta\cos\alpha_t$ 得

$$\alpha_t=\arctan\left(\frac{\tan\alpha_n}{\cos\beta}\right)=\arctan\left(\frac{\tan20^\circ}{\cos15^\circ}\right)=20.646\,90^\circ$$

$$\beta_b=\arctan(\tan\beta\cos\alpha_t)=\arctan(\tan15^\circ\cos20.646\,90^\circ)=14.076\,10^\circ$$

$$Z_H=\sqrt{\frac{2\cos14.076\,10^\circ}{\sin20.646\,90^\circ\cos20.646\,90^\circ}}=2.425$$

⑥ 端面重合度 ε_α：

$$\varepsilon_\alpha=\frac{z_1(\tan\alpha_{at1}-\tan\alpha_t)+z_2(\tan\alpha_{at2}-\tan\alpha_t)}{2\pi}$$

$$\alpha_{at1}=\arccos\left(\frac{z_1\cos\alpha_t}{z_1+2h_{an}^*\cos\beta}\right)=\arccos\left(\frac{25\times\cos20.646\,90^\circ}{25+2\times1\times\cos15^\circ}\right)=29.698\,17^\circ$$

$$\alpha_{at2}=\arccos\left(\frac{z_2\cos\alpha_t}{z_2+2h_{an}^*\cos\beta}\right)=\arccos\left(\frac{140\times\cos20.646\,90^\circ}{140+2\times1\times\cos15^\circ}\right)=22.626\,21^\circ$$

代入上式得

$$\varepsilon_\alpha=\frac{25\times(\tan29.698\,17^\circ-\tan20.646\,90^\circ)+140\times(\tan22.626\,21^\circ-\tan20.646\,90^\circ)}{2\pi}=1.662$$

⑦ 接触疲劳强度极限 σ_{Hlim}：由有关教材或设计手册中按齿面硬度查得 $\sigma_{Hlim1}=\sigma_{Hlim2}=1000\text{MPa}$。

⑧ 应力循环次数：

$$N_1=60n_{\mathrm{I}}jL_h=60\times608.33\times1\times(2\times8\times300\times10)=1.752\times10^9$$

$$N_2=\frac{N_1}{i_2}=\frac{1.752\times10^9}{5.6}=3.129\times10^8$$

⑨ 接触疲劳寿命系数 K_{HN}：由有关教材或设计手册中查得 $K_{HN1}=0.87$，$K_{HN2}=0.92$。

⑩ 接触疲劳许用应力 $[\sigma_H]$：取失效概率为1%，安全系数 $S_H=1$，得

$$[\sigma_H]_1=\frac{K_{HN1}\sigma_{Hlim1}}{S_H}=\frac{0.87\times1000}{1}\text{MPa}=870\text{MPa}$$

$$[\sigma_H]_2=\frac{K_{HN2}\sigma_{Hlim2}}{S_H}=\frac{0.92\times1000}{1}\text{MPa}=920\text{MPa}$$

因 $\dfrac{[\sigma_H]_1+[\sigma_H]_2}{2}=895\text{MPa}<1.23[\sigma_H]_2=1131.6\text{MPa}$，故取 $[\sigma_H]=895\text{MPa}$。

⑪ 试算小齿轮分度圆直径 d_{1t}：

$$d_{1t}\geqslant\sqrt[3]{\frac{2KT_1}{\phi_d\varepsilon_\alpha}\cdot\frac{i\pm1}{i}\left(\frac{Z_HZ_E}{[\sigma_H]}\right)^2}=\sqrt[3]{\frac{2\times1.5\times150\,860}{1\times1.662}\times\frac{5.6+1}{5.6}\times\left(\frac{2.425\times189.8}{895}\right)^2}\text{mm}$$
$$=43.947\text{mm}$$

⑫ 计算圆周速度 v：

$$v=\frac{\pi d_{1t}n_{\mathrm{I}}}{60\times1000}=\frac{\pi\times43.947\times608.33}{60\times1000}\text{m/s}=1.399\text{m/s}$$

⑬ 计算齿宽 b：

$$b=\phi_d d_{1t}=1\times43.947\text{mm}=43.947\text{mm}$$

⑭ 计算齿宽与齿高之比 b/h：

$$\frac{b}{h}=\frac{\phi_d d_{1t}}{2.25m_n}=\frac{\phi_d m_t z_1}{2.25m_n}=\frac{\phi_d z_1}{2.25\cos\beta}=\frac{1\times 25}{2.25\times\cos 15^\circ}=11.5$$

⑮ 计算载荷系数 K：根据 $v=1.399\text{m/s}$，7 级精度，由有关教材或设计手册中查得动载系数 $K_v=1.06$；$K_\alpha=1.2$；使用系数 $K_A=1$；$K_{H\beta}$参考 6 级精度公式，估计 $K_{H\beta}>1.34$，$K_{H\beta}=1.0+0.31(1+0.6\phi_d^2)\phi_d^2+0.19\times 10^{-3}b=1.5$，取 $K_{H\beta}=1.55$；径向载荷分布系数 $K_{F\beta}=1.37$。所以载荷系数为

$$K=K_A K_v K_\alpha K_{H\beta}=1\times 1.06\times 1.2\times 1.55=1.972$$

⑯ 按实际的载荷系数修正分度圆直径：

$$d_1=d_{1t}\left(\frac{K}{K_t}\right)^{1/3}=43.947\times\left(\frac{1.972}{1.5}\right)^{1/3}=48.15$$

⑰ 计算模数 m_n：

$$m_n=\frac{d_1\cos\beta}{z_1}=\frac{48.15\times\cos 15^\circ}{25}=1.86$$

取模数 $m_n=2\text{mm}$。

(3) 按齿根弯曲疲劳强度校核

按如下公式进行校核：

$$\frac{2KT_1 Y_\beta\cos^2\beta}{\phi_d\varepsilon_\alpha z_1^2 m_n^3}Y_{F\alpha}Y_{sa}\leqslant[\sigma_F]$$

公式中各参数确定如下。

① 载荷系数 K：因为 $K_A=1, K_v=1.06, K_\alpha=1.2, K_{F\beta}=1.37$，则有

$$K=K_A K_v K_\alpha K_{F\beta}=1\times 1.06\times 1.2\times 1.37=1.743$$

② 齿形系数 $Y_{F\alpha}$ 和应力校正系数 Y_{sa}：小齿轮当量齿数 $z_{v1}=z_1/\cos^3\beta=25/\cos^3 15^\circ=27.8$，大齿轮当量齿数 $z_{v2}=z_2/\cos^3\beta=140/\cos^3 15^\circ=155.3$，由有关教材或设计手册中查得

$$Y_{F\alpha1}=2.62,\quad Y_{sa1}=1.59$$

$$Y_{F\alpha2}=2.148,\quad Y_{sa2}=1.822$$

③ 螺旋角影响系数 Y_β：轴面重合度 $\varepsilon_\beta=0.318\phi_d z_1\tan\beta=0.318\times 1\times 25\times\tan 15^\circ=2.130$，取 $\varepsilon_\beta=1$，则

$$Y_\beta=1-\varepsilon_\beta\times\beta/120^\circ=1-1\times 15^\circ/120^\circ=0.875$$

④ 许用弯曲应力$[\sigma_F]$：由有关教材或设计手册中查得弯曲疲劳寿命系数 $K_{FN1}=0.84$，$K_{FN2}=0.88$，$\sigma_{Flim1}=\sigma_{Flim2}=500\text{MPa}$，取安全系数 $S_F=1.4$，则

$$[\sigma_F]_1=\frac{K_{FN1}\sigma_{Flim1}}{S_F}=\frac{0.84\times 500}{1.4}\text{MPa}=300\text{MPa}$$

$$[\sigma_F]_2=\frac{K_{FN2}\sigma_{Flim2}}{S_F}=\frac{0.88\times 500}{1.4}\text{MPa}=314\text{MPa}$$

⑤ 校核：小齿轮

$$\frac{2KT_1 Y_\beta\cos^2\beta}{\phi_d\varepsilon_\alpha z_1^2 m_n^3}Y_{F\alpha1}Y_{sa1}=\frac{2\times 1.743\times 150\,860\times\cos^2 15^\circ}{1\times 2.13\times 25^2\times 2^3}\times 2.62\times 2.148$$

$$=191.93\leqslant[\sigma_F]_1=300$$

大齿轮

$$\frac{2KT_1Y_\beta\cos^2\beta}{\phi_d\varepsilon_\alpha z_1^2m_n^3}Y_{Fa1}Y_{sa1}=\frac{2\times1.743\times150\,860\times\cos^2 15^\circ}{1\times2.13\times25^2\times2^3}\times2.148\times1.822$$

$$=180.31\leqslant[\sigma_F]_2=314$$

校核结果安全。

(4) 齿轮传动的几何尺寸计算

① 中心距：

$$a=m_n(z_1+z_2)/(2\cos\beta)=2\times(25+140)/(2\cos 15^\circ)\text{mm}=170.82\text{mm}$$

取 $a=171\text{mm}$。

② 修正螺旋角：

$$\beta=\arccos[m_n(z_1+z_2)/(2a)]=\arccos[2\times(25+140)/(2\times171)]=15.22^\circ$$

③ 分度圆直径：

$$d_1=\frac{m_nz_1}{\cos\beta}=\frac{2\times25}{\cos 15.22^\circ}\text{mm}=51.82\text{mm}$$

$$d_2=\frac{m_nz_2}{\cos\beta}=\frac{2\times140}{\cos 15.22^\circ}\text{mm}=290.18\text{mm}$$

④ 齿宽：

$$b=\phi_d d_1=1\times51.82\text{mm}=51.82\text{mm}$$

取 $b_2=55\text{mm}$，$b_1=60\text{mm}$。

具体设计参数如表 7.13 所示。

表 7.13 高速级齿轮几何尺寸

名　　称	代　号	计算公式与结果
法向模数	m_n	2mm
端面模数	m_t	$m_t=m_n/\cos\beta=2.07\text{mm}$
螺旋角	β	15.22°
法向压力角	α_n	20°
端面压力角	α_t	$\alpha_t=\arctan(\tan\alpha_n/\cos\beta)=20.67^\circ$
分度圆直径	d_1，d_2	51.82mm，290.18mm
齿顶高	h_a	$h_a=m_n(h_{an}^*+x_n)=2\text{mm}$
齿根高	h_f	$h_f=m_n(h_{an}^*+c_n^*-x_n)=2.5\text{mm}$
全齿高	h	4.5mm
顶隙	c	0.5mm
齿顶圆直径	d_{a1}，d_{a2}	55.82mm，294.18mm
齿根圆直径	d_{f1}，d_{f2}	46.82mm，285.18mm
中心距	a	171mm
传动比	i	5.6
压力角	α_n	20°
齿数	z_1，z_2	25，140
齿宽	b_1，b_2	60mm，55mm
螺旋方向		小齿轮右旋，大齿轮左旋
大齿轮轮毂宽	B_2	60mm

高速级大齿轮的结构如图 7.10 所示。

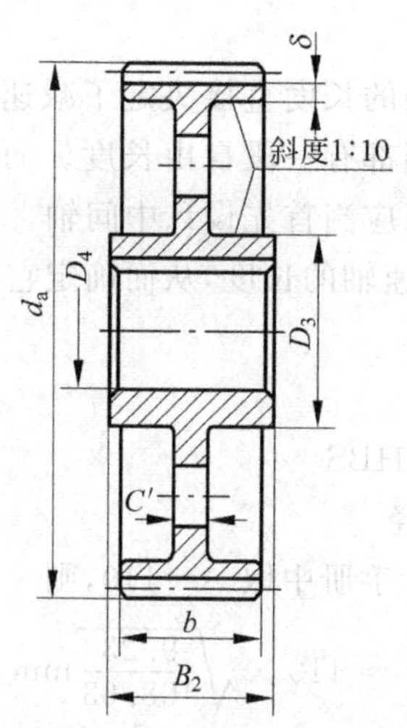

图 7.10　大齿轮的结构图

2）低速级齿轮设计

低速轴大、小齿轮都选用硬齿面。选大、小齿轮的材料均为 45 钢，并经调质后表面淬火，齿面硬度均为 45HRC。选取等级精度，初选 7 级精度(GB/T 10095.1—2001)。这里略去具体设计过程，具体参数如表 7.14 所示。

表 7.14　低速级齿轮几何尺寸

名　　称	代　　号	计算公式与结果
法向模数	m_n	4mm
端面模数	m_t	$m_t=m_n/\cos\beta=4.14$mm
螺旋角	β	14.94°
法向压力角	α_n	20°
端面压力角	α_t	$\alpha_t=\arctan(\tan\alpha_n/\cos\beta)=20.64°$
分度圆直径	d_3，d_4	91.08mm，322.92mm
齿顶高	h_a	$h_a=m_n(h_{an}^*+x_n)=4$mm
齿根高	h_f	$h_f=m_n(h_{an}^*+c_n^*-x_n)=5$mm
全齿高	h	9mm
顶隙	c	1mm
齿顶圆直径	d_{a3}，d_{a4}	99.08mm，330.92mm
齿根圆直径	d_{f3}，d_{f4}	81.08mm，312.92mm
中心距	A	207mm
传动比	i	3.55
压力角	α_n	20°
齿数	z_3，z_4	22，78
齿宽	b_3，b_4	100mm，95mm
螺旋方向		小齿轮左旋，大齿轮右旋
大齿轮轮毂宽	B_2	95mm

8. 轴的结构设计

在二级齿轮减速器设计时，轴的长度直接决定了减速箱的尺寸。因为在高速轴和低速轴上分别只有一个齿轮，所以它们都有一段自由长度。而在中间轴上的两个齿轮宽度就直接决定了减速箱内部的宽度，所以应当首先设计中间轴。在中间轴确定之后，就可以通过确定减速箱内宽而确定高速轴和低速轴的长度，从而确定它们各自的自由段长。

1) 中间轴结构设计

(1) 选择轴材料

选用45钢，调质，硬度为230HBS。

(2) 初步估算中间轴最小直径

根据下式，由有关教材或设计手册中取 $A=110$，则

$$d \geqslant A\sqrt[3]{\frac{P}{n}} = 110 \times \sqrt[3]{\frac{9.23}{108.63}}\,\text{mm} = 48.36\text{mm}$$

因为中间轴两端弯矩和转矩均为零，也没有键槽，所以可选其最小直径 $d=55\text{mm}$。

(3) 中间轴尺寸

考虑轴的结构及轴的刚度，取装滚动轴承处轴径 $d=60\text{mm}$，根据轴的直径初选滚动轴承，选定圆锥滚子轴承，由轴径 $d=60\text{mm}$ 选定滚动轴承30212，正装布置。查表可得，滚动轴承宽度 $T'=23.75\text{mm}$，$B'=22\text{mm}$，$a'=22.40\text{mm}$。

由齿轮设计可知，高速级大齿轮轮毂宽 $B_2=60\text{mm}$，低速级小齿轮宽 $B_3=100\text{mm}$，选两齿轮端面间距 $\Delta=10\text{mm}$，齿轮端面到箱内壁距离 $\Delta_1=12\text{mm}$，滚动轴承端面到箱内壁距离 $\Delta_2=10$，则箱内壁宽为

$$b_{内} = B_2 + B_3 + \Delta + 2\Delta_1 = (60 + 100 + 10 + 24)\text{mm} = 194\text{mm}$$

中间轴总长为

$$L_{中} = b_{内} + 2\Delta_2 + 2T' = (194 + 20 + 47.5)\text{mm} = 261.5\text{mm}$$

具体结构和装配关系如图7.11和图7.12所示。

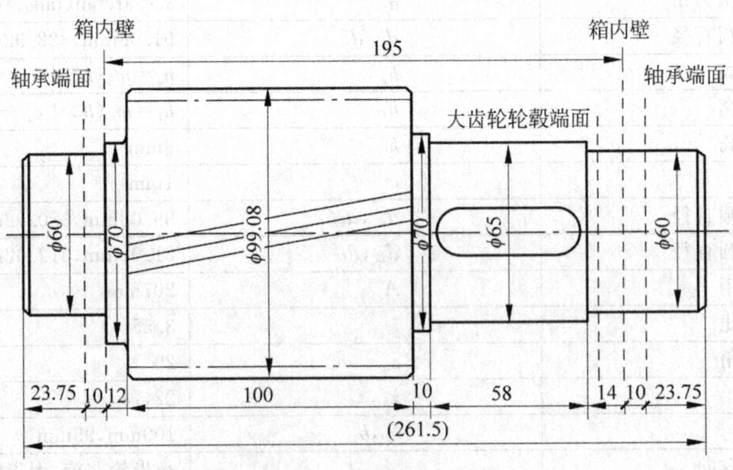

图7.11 中间轴结构图

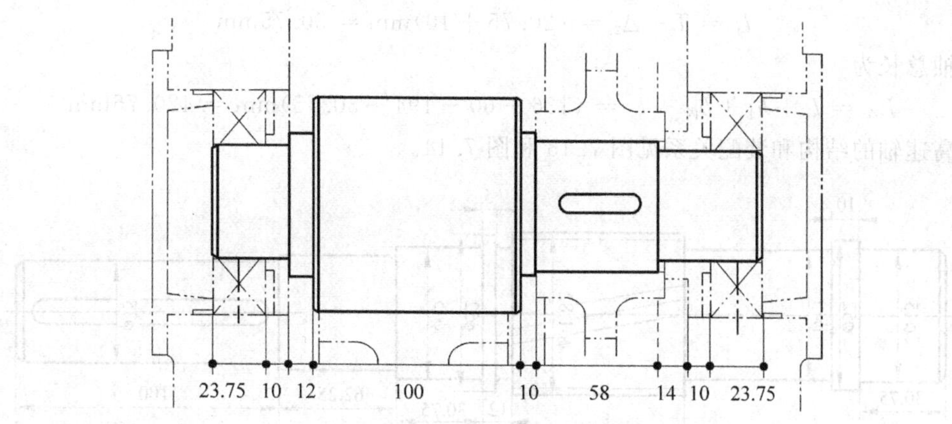

图 7.12 中间轴装配图

选择箱体连接螺栓直径 $d_2=16\text{mm}$，查表 3.16 得 $c_1=26\text{mm}$，$c_2=21\text{mm}$，按壁厚为 $\delta_1=8\text{mm}$，取凸台厚度 5mm，可得，箱体凸缘厚度为

$$h_1 = c_1 + c_2 + \delta_1 + 5 = 60\text{mm}$$

可以得减速箱外壁宽度

$$b_{外} = b_{内} + 2h_1 = (194 + 120)\text{mm} = 314\text{mm}$$

在设计完中间轴的基础上可以接着设计高速轴和低速轴结构。

2）高速轴结构设计

（1）选择轴材料

选用 45 钢，调质，硬度为 230HBS。

（2）初步估算高速轴最小直径

根据下式，由有关教材或设计手册中查取 $A=110$，则

$$d \geqslant A\sqrt[3]{\frac{P}{n}} = 110 \times \sqrt[3]{\frac{9.61}{608.33}}\text{mm} = 27.61\text{mm}$$

（3）高速轴尺寸

考虑带轮需要键槽等结构要求，以及轴的刚度，取装带轮处轴径 $d=35\text{mm}$。取密封处的直径 $d=40\text{mm}$。那么，滚动轴承处轴径 $d=45\text{mm}$。根据轴的直径初选滚动轴承，选定圆锥滚子轴承，由轴颈 $d=45\text{mm}$ 选定滚动轴承 30209，正装布置。查表可得，滚动轴承宽度 $T=20.75\text{mm}$，$B=19\text{mm}$，$a=18.60\text{mm}$。

按滚动轴承 30209 结构，安装尺寸 $d_a=52\text{mm}$。高速齿轮的分度圆直径为 $d_1=55.8\text{mm}$，齿根圆直径为 $d_{f1}=46.82\text{mm}$。因此，选带退刀槽结构的齿轮轴，退刀槽直径为 45mm。

选带轮侧端面距端盖螺钉的距离为 $l_3=20\text{mm}$；端盖螺钉为 M8，对应的螺栓头高度 $k=5.3\text{mm}$；轴承端盖厚度 $t=10\text{mm}$；并由前面已知带轮宽度 $B_3=100\text{mm}$。可以得高速轴各轴段长为

伸出段：

$$l_s = B_3 + l_3 + k + t = (100 + 20 + 5.3 + 10)\text{mm} = 135.3\text{mm}$$

圆整为 136mm，即取 $l_3=20.7\text{mm}$。

取滚动轴承端面到箱内壁的距离 $\Delta_2=10\text{mm}$，则另一未伸出端在箱体凸缘内的长度为

$$l_4 = T + \Delta_2 = (20.75 + 10)\text{mm} = 30.75\text{mm}$$

高速轴总长为

$$L_{高} = l_s + h_1 + b_{内} + l_4 = (136 + 60 + 194 + 30.75)\text{mm} = 420.75\text{mm}$$

高速轴的结构和装配关系见图 7.13 和图 7.14。

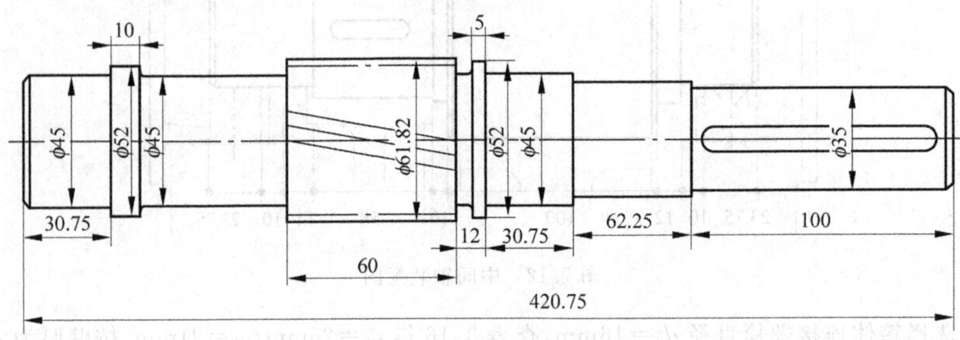

图 7.13 高速轴结构

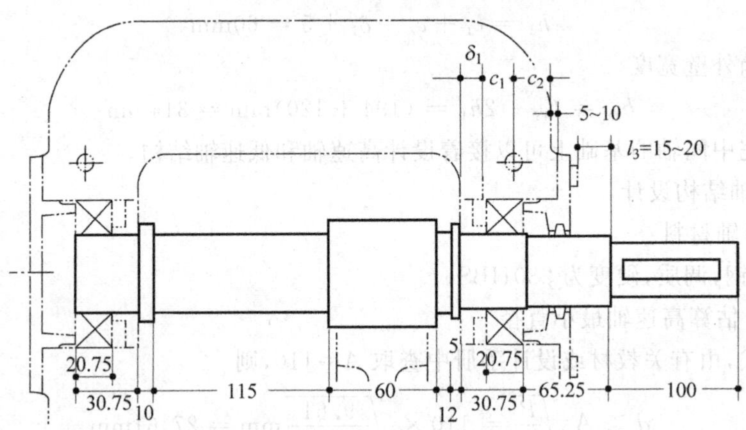

图 7.14 高速轴装配图

3）低速轴结构设计（略）

三根轴在减速箱中的位置和装配情况见图 7.15。

9. 轴强度校核

这里仅校核中间轴，高速轴和低速轴强度校核从略。

1）按弯扭合成校核中间轴的强度

首先计算作用在轴上的力和力矩。

大齿轮受力：

圆周力 $F_{t2} = F_{t1} = 5822.46\text{N}$

径向力 $F_{r2} = F_{r1} = 2196.24\text{N}$

轴向力 $F_{a2} = F_{a1} = 1584.11\text{N}$

小齿轮受力：

圆周力 $F_{t3} = \dfrac{2T_{\text{II}}}{d_3} = \dfrac{2 \times 811\,440}{91.08}\text{N} = 17\,818.18\text{N}$

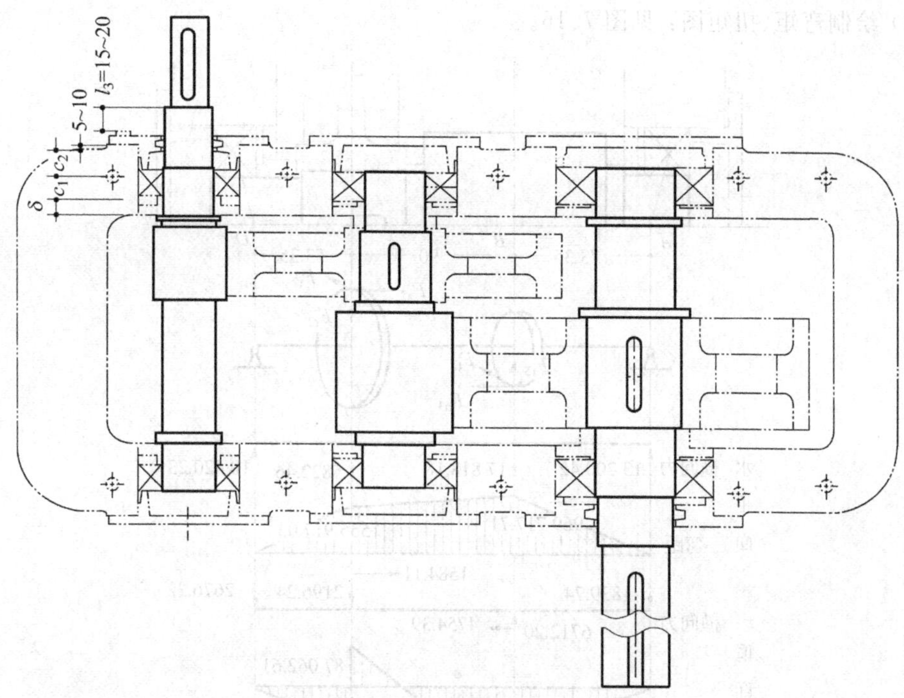

图 7.15 三轴在减速箱中的装配草图

径向力 $F_{r3}=\dfrac{17\,818.2\times\tan20^\circ}{\cos14.94^\circ}=6712.20\text{N}$

轴向力 $F_{a3}=F_{t3}\tan\beta=4754.39\text{N}$

然后校核中间轴的强度。

(1) 水平平面支反力：

$$R_{AH}=13\,220.42\text{N},\quad R_{DH}=10\,420.23\text{N}$$

(2) 垂直平面支反力：

$$R_{AV}=-1839.74\text{N},\quad R_{DV}=-2676.22\text{N}$$

(3) 水平平面弯矩：

$$M_{BH}=969\,717.71\text{N}\cdot\text{mm},\quad M_{CH}=555\,919.03\text{N}\cdot\text{mm}$$

(4) 垂直平面弯矩：

$$M_{BV1}=-134\,944.63\text{N}\cdot\text{mm},\quad M_{BV2}=-351\,459.37\text{N}\cdot\text{mm}$$

$$M_{CV1}=87\,062.61\text{N}\cdot\text{mm},\quad M_{CV2}=-142\,776.57\text{N}\cdot\text{mm}$$

(5) 合成弯矩：

$$M_{B1}=979\,062.05\text{N}\cdot\text{mm},\quad M_{B2}=1\,031\,443.71\text{N}\cdot\text{mm}$$

$$M_{C1}=562\,695.18\text{N}\cdot\text{mm},\quad M_{C2}=573\,960.90\text{N}\cdot\text{mm}$$

(6) 扭矩：

$$T=811\,440\text{N}\cdot\text{mm}$$

(7) 计算弯矩：

$$M_{caB1}=979\,062.05\text{N}\cdot\text{mm},\quad M_{caB2}=1\,140\,575.59\text{N}\cdot\text{mm}$$

$$M_{caC1}=744\,084.96\text{N}\cdot\text{mm},\quad M_{caC2}=573\,960.90\text{N}\cdot\text{mm}$$

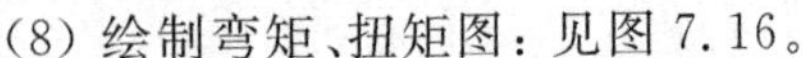

(8) 绘制弯矩、扭矩图：见图 7.16。

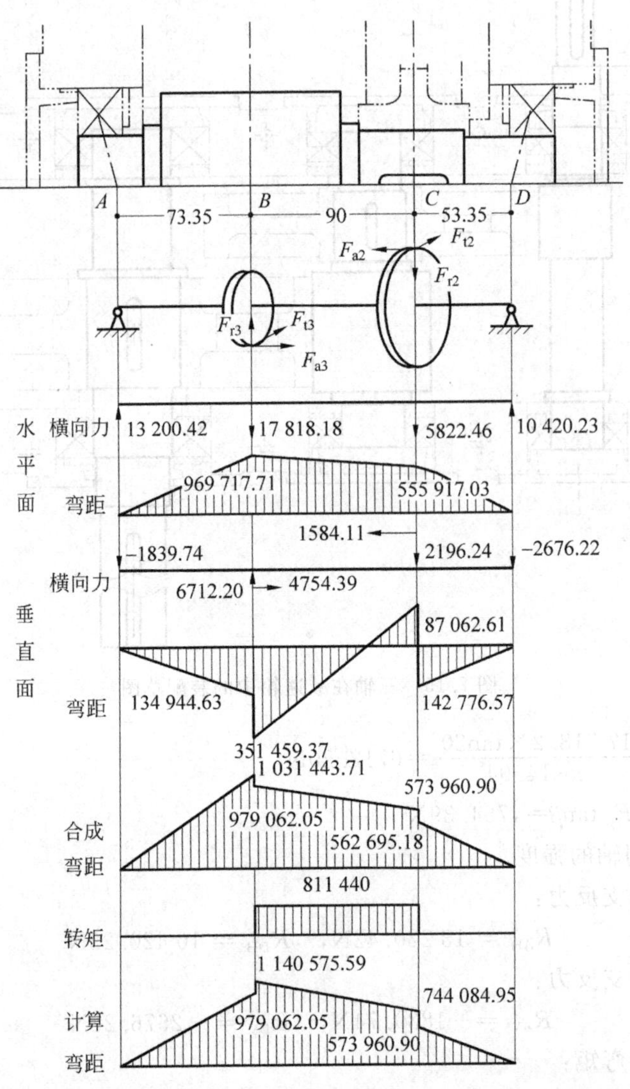

图 7.16 中间轴的受力、弯矩、合成弯矩、转矩、计算弯矩图

(9) 危险截面应力校核：轴材料为 45 钢，经调质处理，由教材或设计手册中查得弯曲疲劳极限$[\sigma_{-1}]=60\text{MPa}$。由图 7.16 可得 B 剖面弯矩最大，$d_B=81\text{mm}$；C 剖面直径偏小，$d_C=65\text{mm}$，弯矩次大，则有

$$\sigma_{caB}=\frac{M_{caB}}{W}=\frac{1\,140\,757.59}{0.1\times 81.08^3}\text{MPa}=21.40\text{MPa}<[\sigma_{-1}]$$

又有

$$\sigma_{caC}=\frac{M_{caC}}{W}=\frac{744\,084.96}{0.1\times 65^3}\text{MPa}=27.09\text{MPa}<[\sigma_{-1}]$$

故安全。

从结果可以看出：最大应力出现在弯矩次大的直径较小处，而不是最大弯矩处。事实上，大齿轮轴段最左侧的截面（Ⅱ—Ⅱ截面）是最危险的截面。下面将给出对该截面进行精

确校核的结果。

2）按精确法校核轴的疲劳强度*

由图 7.16 中的弯矩图和转矩图可知，受载最大的剖面为 B 和 C。虽然剖面 B 上的计算弯矩最大，但该处的直径较大，且无显著的应力集中。从应力集中对轴的疲劳强度的影响来看，剖面 C、Ⅱ—Ⅱ 处直径较小，且过盈配合引起的应力集中在Ⅱ—Ⅱ 处最严重，且该处弯矩大于 C 处，因此只对剖面Ⅱ—Ⅱ 的疲劳强度进行精确校核。

（1）弯矩及弯曲应力

近似认为Ⅱ—Ⅱ 处的弯矩等于两侧弯矩峰值的平均值，即

$$M=\frac{1\,140\,575.59+744\,084.96}{2}\text{N}\cdot\text{mm}=942\,330.27\text{N}\cdot\text{mm}$$

抗弯剖面模量

$$W\approx 0.1d^3=0.1\times(65\text{mm})^3=27\,462.50\text{mm}^3$$

弯曲应力

$$\sigma_b=\frac{M}{W}=34.31\text{MPa}$$

因为弯曲应力为对称循环，因此其应力幅

$$\sigma_a=\sigma_b=34.31\text{MPa}$$

平均应力

$$\sigma_m=0\text{MPa}$$

（2）转矩及扭转应力

转矩

$$T=T_{\text{Ⅱ}}=811\,440\text{N}\cdot\text{mm}$$

抗扭剖面模量

$$W_T\approx 0.2d^3=0.2\times(65\text{mm})^3=54\,925\text{mm}^3$$

扭转剪应力

$$\tau_T=\frac{T}{W_T}=14.77\text{MPa}$$

因为扭转应力为脉动循环，因此其应力的均值和幅值为

$$\tau_a=\tau_m=\frac{1}{2}\tau_T=7.39\text{MPa}$$

（3）各项系数

过盈配合处的有效应力集中系数由教材或设计手册中查得，查表可求得过盈配合 $\phi55\,\frac{\text{H7}}{\text{r6}}$ 处的$\frac{k_\sigma}{\varepsilon_\sigma}=\frac{k_\tau}{\varepsilon_\tau}=3.66$。由图查得尺寸系数 $\varepsilon_\sigma=0.70$，$\varepsilon_\tau=0.70$；表面质量系数，精车加工 $\beta_\sigma=\beta_\tau=0.88$。轴未经表面强化处理，故强化系数 $\beta_q=1$。弯曲疲劳极限的综合影响系数为

$$K_\sigma=\left(\frac{k_\sigma}{\varepsilon_\sigma}+\frac{1}{\beta_\sigma}-1\right)\frac{1}{\beta_q}=3.66+\frac{1}{0.88}-1=3.80$$

$$K_\tau=\left(\frac{k_\tau}{\varepsilon_\tau}+\frac{1}{\beta_\tau}-1\right)\frac{1}{\beta_q}=3.66+\frac{1}{0.88}-1=3.80$$

材料特性系数，对碳钢 $\psi_\sigma=0.1\sim0.2$，取 $\psi_\sigma=0.1$，$\psi_\tau=0.5\psi_\sigma=0.05$。

(4) 计算安全系数

按公式得：

$$S_\sigma = \frac{\sigma_{-1}}{K_\sigma \sigma_a + \psi_\sigma \sigma_m} = \frac{300}{3.80 \times 34.31 + 0.1 \times 0} = 2.35$$

$$S_\tau = \frac{\tau_{-1}}{K_\tau \tau_a + \psi_\tau \tau_m} = \frac{155}{3.72 \times 7.39 + 0.05 \times 7.39} = 4.44$$

$$S_{ca} = \frac{S_\sigma S_\tau}{\sqrt{S_\sigma^2 + S_\tau^2}} = \frac{2.35 \times 4.44}{\sqrt{2.35^2 + 4.44^2}} = 2.07 > S = 1.5$$

安全。

其他剖面计算方法与剖面Ⅱ—Ⅱ相类似，计算过程从略，结果安全。可见精确校核计算表明：轴的疲劳强度是足够的。

10. 滚动轴承的选择和计算

高速轴和低速轴上的滚动轴承设计过程此处略。中间轴上的滚动轴承设计如下。

1）轴上径向、轴向载荷分析

由轴向力 $F_{a2} = F_{a1} = 1584.1\text{N}$ 和 $F_{a3} = F_{t3}\tan\beta = 4754.4\text{N}$ 得

$$F_a = F_{a3} - F_{a2} = 3170.3\text{N}$$

由 $R_{AH} = 13\,241.54\text{N}$，$R_{AV} = -7356.88\text{N}$ 得

$$R_A = \sqrt{R_{AH}^2 + R_{AV}^2} = 15\,148.00\text{N}$$

由 $R_{BH} = 10\,399.16\text{N}$，$R_{BV} = 2840.92\text{N}$ 得

$$R_B = \sqrt{R_{BH}^2 + R_{BV}^2} = 10\,780.18\text{N}$$

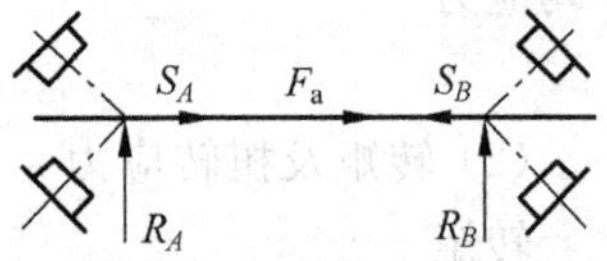

图 7.17 中间轴滚动轴承分析

各受力如图 7.17 所示。

2）轴承选型与安装方式

选用代号为 30212 的圆锥滚子轴承，采用正装安装方式。轴承参数如下：

内径 $d = 60\text{mm}$，外径 $D = 110\text{mm}$，$T = 23.75\text{mm}$，$B = 22\text{mm}$，$a = 22.4\text{mm}$，$e = 0.4$，$Y = 1.5$，$C_r = 97.8\text{kN}$，$C_{0r} = 74.5\text{kN}$。

3）轴承内部轴向力与轴承载荷计算

计算派生轴向力

$$S_A = R_A/2Y = 5049.33\text{N}, \quad S_B = R_B/2Y = 3593.39\text{N}$$

因为 $S_A + F_a > S_B$，所以

$$A_A = S_A = 5049.33\text{N}, \quad A_B = S_A - F_a = 8219.61\text{N}$$

4）轴承当量载荷计算

因为 $A_A/R_A = 0.33 < e = 0.4$，$A_B/R_B = 0.76 > e = 0.4$，所以 $X_A = 1$，$Y_A = 0$；$X_B = 0.4$，$Y_B = 1.5$，则

$$P_A = X_A R_A + Y_A A_A = 5049.33\text{N}$$

$$P_B = X_B R_B + Y_B A_B = 16\,641.48\text{N}$$

5）轴承寿命校核

由于 $P_B > P_A$，按轴承 B 验算寿命

$$L_h = \frac{10^6}{60n}\left(\frac{C}{P_B}\right)^{\frac{10}{3}} = 56\ 198.15\text{h} > 15\ 000\text{h}$$

因此,初选的轴承 30212 满足使用寿命的要求。

其他滚动轴承的选择和计算略,其中在轴结构中设计时选用的各轴承列于表 7.15 中。

表 7.15 滚动轴承参数

参 数	滚动轴承型号	基本额定动载荷/N
高速轴滚动轴承	30209	64 200
中间轴滚动轴承	30212	97 500
低速轴滚动轴承	30218	188 000

11. 铸造减速器箱体的主要结构设计

按表 3.15 所示经验公式计算,铸造减速器箱体部分主要参数列于表 7.16。

表 7.16 铸造减速器箱体主要结构尺寸计算结果

名 称	代 号	公 式	尺寸/mm		
底座壁厚	δ	$0.025a+3\geqslant 8$	8		
箱盖壁厚	δ_1	$(0.8\sim0.85)\delta\geqslant 8$	8		
底座上部凸缘厚度	h_0	$(1.5\sim1.75)\delta$	12		
底座下部凸缘厚度	h_1	$(1.5\sim1.75)\delta$	12		
滚动轴承座连接螺栓凸缘厚度	h_2	$(2.25\sim2.75)\delta_1$	20		
底座加强肋厚度	e	$(0.8\sim1)\delta$	8		
箱底加强肋厚度	e_1	$(0.8\sim0.85)\delta_1$	7		
地脚螺栓直径	d	2δ 或按表 3.18	$\phi20$		
地脚螺栓数目	N	表 3.18	6		
滚动轴承座连接螺栓直径	d_2	$0.75d$	$\phi16$		
底座与箱盖连接螺栓直径	d_3	$(0.5\sim0.6)d$	$\phi12$		
滚动轴承盖固定螺钉直径	d_4	$(0.4\sim0.5)d$	$\phi8$		
视孔盖固定螺钉直径	d_5	$(0.3\sim0.4)d$	$\phi6$		
滚动轴承盖螺钉分布直径	D_1	$D+2.5d_4$	$\phi105$	$\phi120$	$\phi180$
高速滚动轴承座凸缘端面直径	D_2'	$D_1+2.5d_4$	$\phi125$		
中间滚动轴承座凸缘端面直径	D_2''	$D+2.5d_4$	$\phi140$		
低速滚动轴承座凸缘端面直径	D_2'''	$D_1+2.5d_4$	$\phi200$		
螺栓孔凸缘的配置尺寸	c_1,c_2,D_0	表 3.16	26	21	40
地脚螺栓孔凸缘的配置尺寸	c_1',c_2',D_0'	表 3.17	30	25	48
箱体内壁与齿顶圆的距离	Δ	$\geqslant 1.2\delta$	11.5		
箱体内壁与齿轮端面的距离	Δ_1	$\geqslant\delta$	15		
底座深度	H	$0.5d_a+(30\sim50)$	208		
底座高度	H_1		220		
箱盖高度	H_2		185		
外箱壁至滚动轴承座端面距离	l_1	$c_1+c_2+(5\sim10)$	65		
箱底内壁横向宽度	L_1		200		
其他圆角	R_0,r_1,r_2		21		

12. 联轴器的选择和计算

1）联轴器的计算转矩

由教材或设计手册中查得工作情况系数 $K_A=1.5$，因此有

$$T_{ca}=K_A T=1.5\times 2765.13\text{N}\cdot\text{m}=4147.70\text{N}\cdot\text{m}$$

又 $n_{Ⅲ}=30.60\text{r/min}$，可选用弹性柱销联轴器 HL7。

2）许用转速

查表得 $[n]=2240\text{r/min}$。

3）配合轴径

选用 $d=80\text{mm}$。

4）配合长度

查表得 $L_1=132\text{mm}$。

各有关参数列于表 7.17。

表 7.17 联轴器参数

联轴器型号	许用转矩	许用转速	配合轴径	配合长度
HL7 联轴器 $\frac{\text{J}80\times 132}{\text{J}80\times 132}$	6300N·m	2240r/min	80mm	132mm

13. 键连接的选择和强度校核

高速轴和低速轴上的键连接计算略。这里仅对中间轴齿轮用键连接进行设计计算。

1）选用键类型

选用 A 型平键，按轴颈 $d=65\text{mm}$、轮毂长度 $L=58\text{mm}$ 查表 12.2，选键 18×56 GB/T 1096—2003。

2）键的强度校核

键和齿轮的材料为 45 钢，轴的材料为 40Cr 钢，由教材或设计手册中查得，该键连接的许用应力 $[\sigma_p]=100\sim120\text{MPa}$，键的工作长度 $l'=l-b=(56-18)\text{mm}=38\text{mm}$，则工作挤压应力为

$$\sigma_p=\frac{4T}{hld}=\frac{4\times 811\,440}{11\times 38\times 65}=119.46\text{MPa}>[\sigma_p]$$

不安全，应选用双键。改用双键之后的工作挤压应力为

$$\sigma_p=\frac{4T}{nhld}=\frac{4\times 811\,440}{1.5\times 11\times 38\times 65}=79.64\text{MPa}<[\sigma_p]$$

故改用双键后，键的工作挤压应力满足要求。

减速箱上各键的尺寸参数如表 7.18 所示。

表 7.18 各键参数

参数	型号	键长	键宽	键高
高速轴带轮键	A 型	80	10	8
中间轴齿轮键	A 型	56	18	11
低速轴齿轮键	A 型	90	25	14
低速轴联轴器键	C 型	125	22	14

14. 减速器的润滑

1）齿轮传动的圆周速度

$$v=\frac{\pi d_1 n_1}{60\times 1000}=\frac{\pi\times 51.82\times 608.33}{60\times 1000}\text{m/s}=1.65\text{m/s}<2\text{m/s}$$

2）齿轮的润滑方式与润滑油选择

根据齿轮传动的圆周速度可采用浸油润滑，润滑油选择代号为 L-AN68 的全损耗系统用油(GB 443—1989)，大齿轮浸入油中的深度约为 1～2 个齿高，但不少于 10mm。

3）滚动轴承的润滑方式与润滑剂选择

因为浸油齿轮圆周速度 $v<2$m/s，故滚动轴承采用润滑脂润滑，可选用钙基润滑脂 L-XAAMHA2(GB 491—1987)，只需填充滚动轴承空间的 1/3～1/2，并在滚动轴承内侧设置挡油环，使油池中的油不至于进入滚动轴承以致稀释润滑脂。

绘制装配图及零件工作图(略)。

第 2 篇

机械设计常用标准和规范

第 8 章

常用设计标准和数据

表 8.1　国内的部分标准代号

代　　号	名　　称	代　　号	名　　称
GB	国家标准	JC	建材行业标准
GBn	国家内部标准	MT	煤炭行业标准
GBJ	国家工程建设标准	DL	电力行业标准
GJB	国家军用标准	DZ	地质行业标准
JB	机械行业标准	SJ	电子行业标准
ZB	国家专业标准	SD	水电行业标准
YB	冶金行业标准	JJG	国家计量检定规程
HG	化工行业标准	JJF	国家计量技术规范
SY	石油行业标准	SH	石油化工行业标准
YS	有色金属行业标准	FZ	纺织行业标准
QB	轻工行业标准	QC	汽车行业标准

注：在代号后加"/Z"为指导性文件；加"/T"为推荐性文件。

表 8.2　图纸幅画(GB/T 14689—2008)

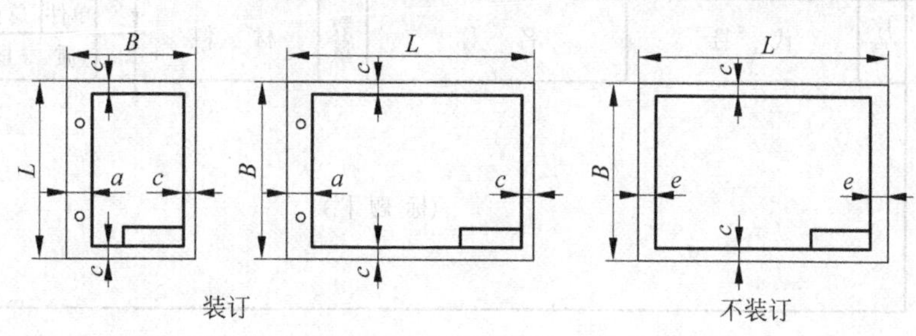

幅面代号	A0	A1	A2	A3	A4
$B\times L$	841×1189	594×841	420×594	297×420	210×297
c	10			5	
a	25				
e	20		10		

注：①表中为基本幅面的尺寸；②必要时可以将表中幅面的边长加长，成为加长幅面。它是由基本幅面的短边成整数倍增加后得出；③加长幅面的图框尺寸，按所选用的基本幅面大一号的图框尺寸确定。

表 8.3 图样比例(GB/T 14690—1993)

原值比例	缩小比例				放大比例		
1∶1	1∶2	1∶5	1∶10		5∶1	2∶1	
	1∶2×10^n	1∶5×10^n	1∶10×10^n		5×10^n∶1	2×10^n∶1	1×10^n∶1
	(1∶1.5	1∶2.5	1∶3	1∶4)	(4∶1	2.5∶1)	
	(1∶1.5×10^n	1∶2.5×10^n	1∶3×10^n	1∶4×10^n)	(4×10^n∶1	2.5×10^n∶1)	

注：①n 为正整数；②括号内的比例，必要时允许选用。

表 8.4 标题栏和明细栏格式(GB/T 10690.1—2008 和 GB/T 10690.2—2009)

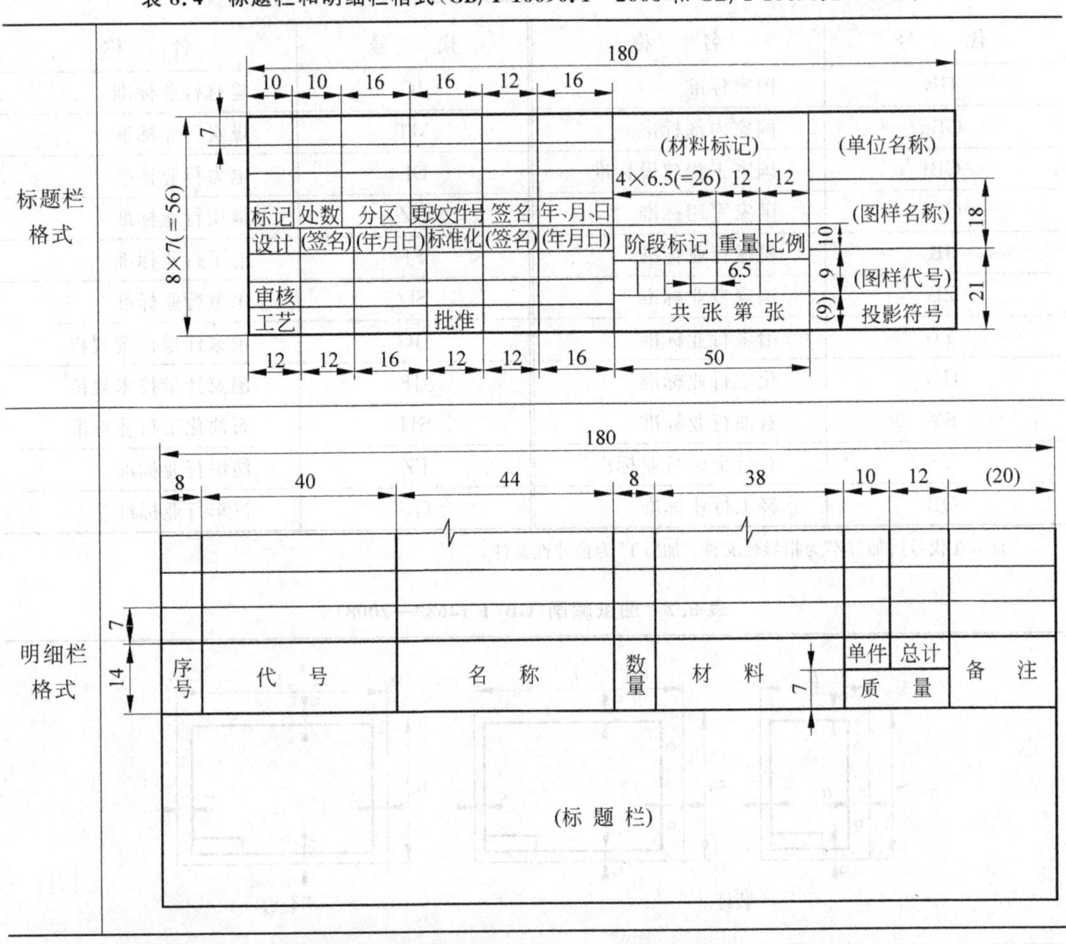

注：主框线型为粗实线 b，横格线型为细实线约 $b/3$。

表 8.5 图线型式及应用(GB/T 17450—1998 和 GB/T 4457.4—2002)

图线名称	图线型式	图线宽度	一般应用
细实线	————	约 $b/3$	尺寸线及尺寸界线、剖面线、重合剖面的轮廓线、螺纹的牙底线及齿轮的齿根线、引出线、分界线及范围线、弯折线、辅助线、不连续的同一表面连线、规律分布的相同要素的连线
粗实线	————	b	可见轮廓线、可见过渡线

续表

图线名称	图线型式	图线宽度	一般应用
波浪线		约 $b/3$	断裂处的边界线、视图和剖视的分界线
双折线		约 $b/3$	断裂处的边界线
虚线		约 $b/3$	不可见的轮廓线、不可见的过渡线
细点画线		约 $b/3$	轴线、对称中心线、轨迹线、节圆及节线
粗点画线		b	有特殊要求的线或表面的表示线
双点画线		约 $b/3$	相邻辅助零件的轮廓线、极限位置的轮廓线、坯料得轮廓线或毛坯图中制品的轮廓线、假想投影轮廓线实验或工艺用结构(成品上不存在)的轮廓线、中断线

表 8.6　铸件最小壁厚

mm

铸造方法	铸件尺寸	铸铜	灰铸铁	球墨铸铁	可锻铸铁	铝合金	铜合金
砂型	～200×200	8	～6	6	6	3	3～5
	～200×200～500×500	10～12	>6～10	12	8	4	6～8
	>500×500	15～20	15～20	—	—	6	—

表 8.7　零件倒圆与倒角(GB/T 6403.4—2008)

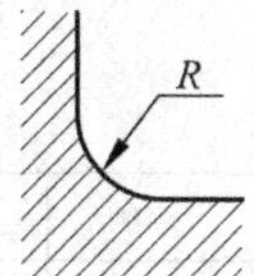

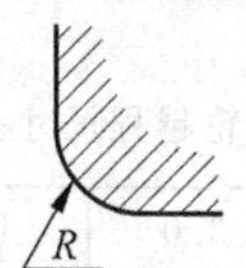

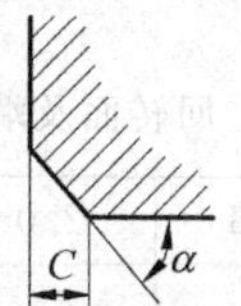

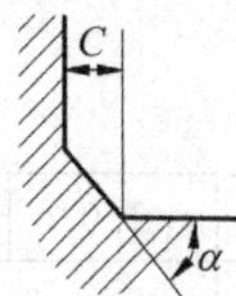

与直径 ϕ 相应的倒角 C、倒圆 R 的推荐值

mm

ϕ	<3	>3～6	>6～10	>10～18	>18～30	>30～50
C 或 R	0.2	0.4	0.6	0.8	1.0	1.6
ϕ	>50～80	>80～120	>120～180	>180～250	>250～320	>320～400
C 或 R	2.0	2.5	3.0	4.0	5.0	6.0
ϕ	>400～500	>500～630	>630～800	>800～1000	>1000～1250	>1250～1600
C 或 R	8.0	10	12	16	20	25

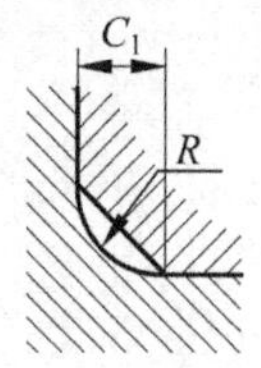

$C_1>R$

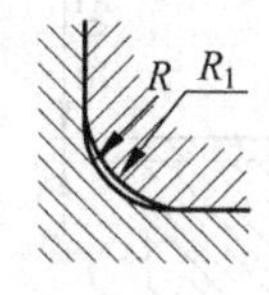

$R_1>R$

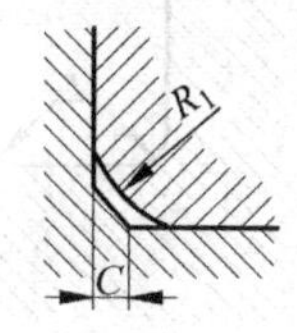

$C<0.58R_1$

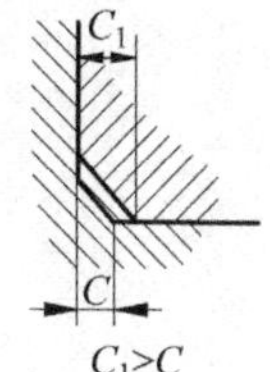

$C_1>C$

内角倒角和外角倒圆时的 C 最大值 C_{max} 与 R_1 的关系

mm

R_1	0.1	0.2	0.3	0.4	0.5	0.6	0.8	1.0	1.2	1.6	2.0
C_{max}	—	0.1	0.1	0.2	0.2	0.3	0.4	0.5	0.6	0.8	1.0
R_1	2.5	3.0	4.0	5.0	6.0	8.0	10	12	16	20	25
C_{max}	1.2	1.6	2.0	2.5	3.0	4.0	5.0	6.0	8.0	10	12

表 8.8 砂轮越程槽(GB/T 6403.5—2008)

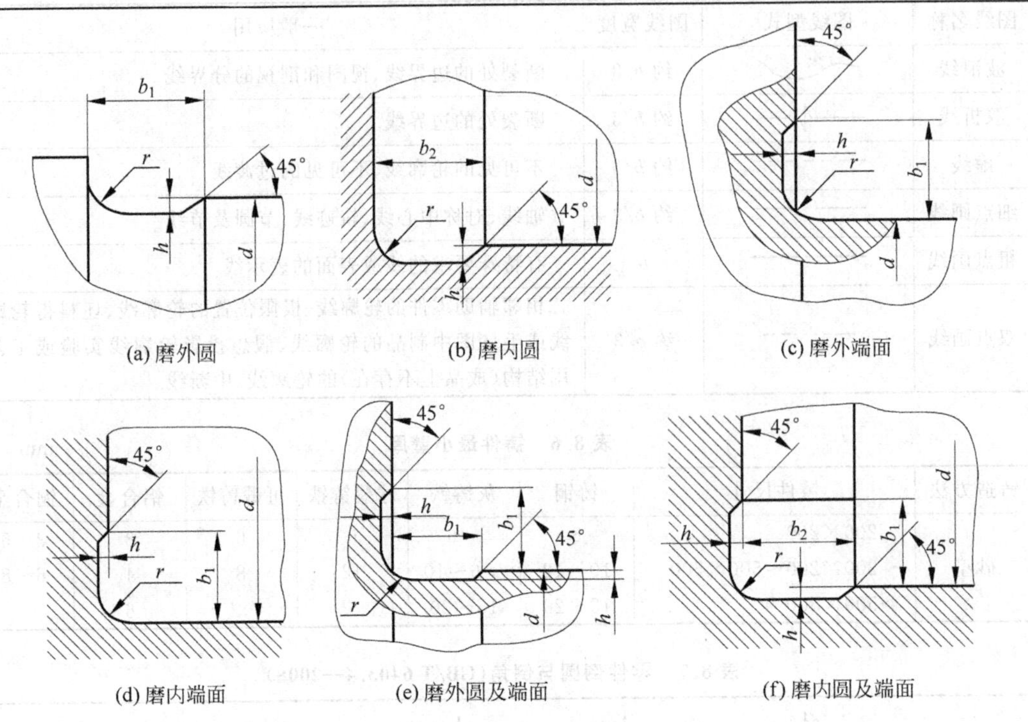

(a) 磨外圆　(b) 磨内圆　(c) 磨外端面

(d) 磨内端面　(e) 磨外圆及端面　(f) 磨内圆及端面

回转面及端面砂轮越程尺寸　mm

b_1	0.6	1.0	1.6	2.0	3.0	4.0	5.0	8.0	10
b_2	2.0	3.0		4.0		5.0		8.0	10
h	0.1	0.2		0.3	0.4		0.6	0.8	1.2
r	0.2	0.5		0.8	1.0		1.6	2.0	3.0
d	～10			10～50		50～100		100	

注：①越程槽内与直线相交处，不允许产生尖角；②越程槽深度 h 与圆弧半径 r 要满足 $r \leqslant 3h$。

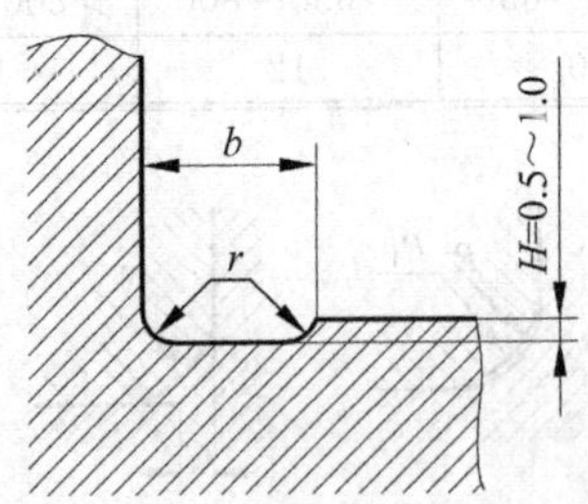

平面砂轮越程尺寸　mm

b	2	3	4	5
r	0.5	1.0	1.2	1.6

续表

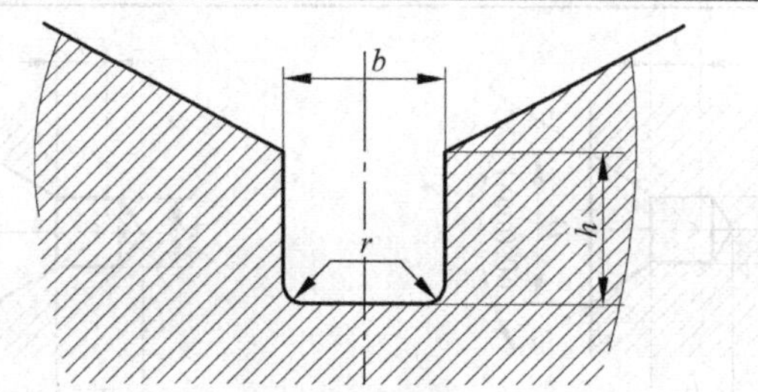

V 形砂轮越程尺寸

mm

b	2	3	4	5
h	1.6	2.0	2.5	3.0
r	0.5	1.0	1.2	1.6

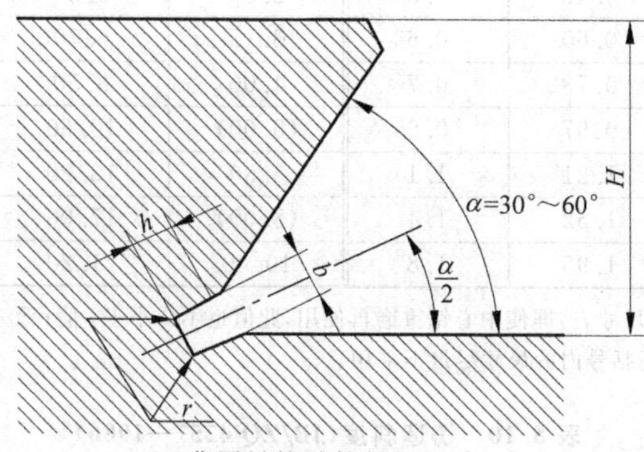

燕尾导轨砂轮越程尺寸

mm

H	<5	6	8	10	12	16	20	25	32	40	50	63	80
b h	1	2		3			4			5			6
r	0.5	0.5		1.0			1.6			1.6			2.0

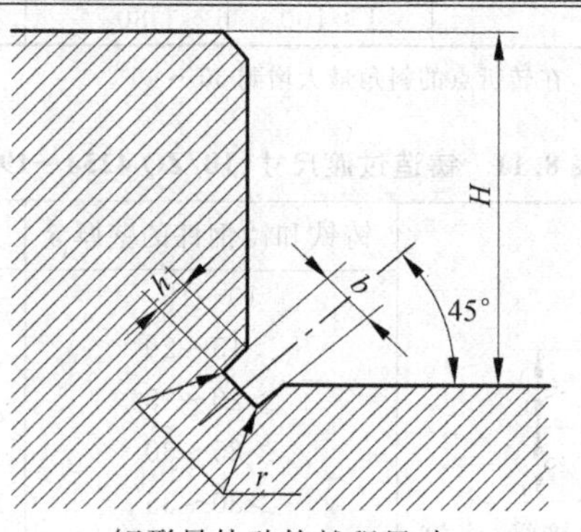

矩形导轨砂轮越程尺寸

mm

H	8	10	12	16	20	25	32	40	50	63	80	100
b	2				3				5		8	
h	1.6				2.0				3.0		5.0	
r	0.5				1.0				1.6		2.0	

表 8.9　中心孔(GB/T 145—2001)

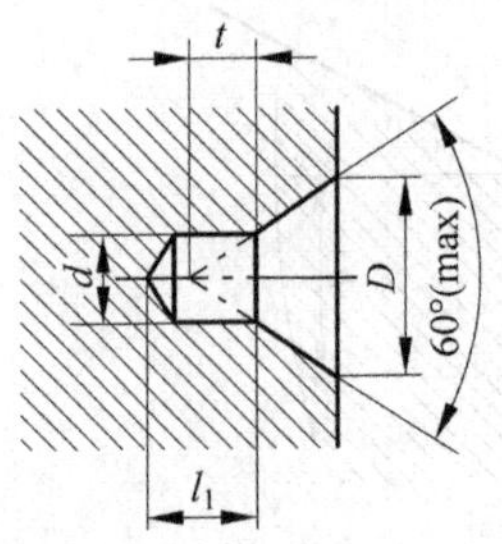

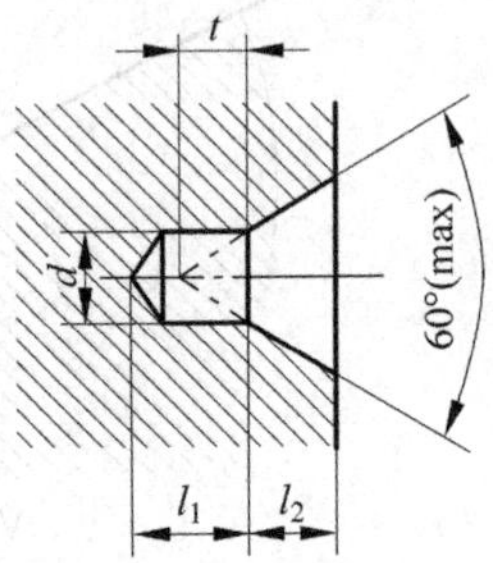

d	D	l_2	t 参考尺寸	d	D	l_2	t 参考尺寸
(0.50)	1.06	0.48	0.5	2.50	5.30	2.42	2.2
(0.63)	1.32	0.60	0.6	3.15	6.70	3.07	2.8
(0.80)	1.70	0.78	0.7	4.00	8.50	3.90	3.5
1.00	2.12	0.97	0.9	(5.00)	10.60	4.85	4.4
(1.25)	2.65	1.21	1.1	6.30	13.20	5.98	5.5
1.60	3.35	1.52	1.4	(8.00)	17.00	7.79	7.0
2.00	4.25	1.95	1.8	10.00	21.20	9.70	8.7

注：①尺寸 l_1 取决于中心尺寸 l_1，即使中心钻重磨再使用，此值也不应小于 t 值；②表中同时列出了 D 和 l_2 尺寸，制造厂可任选其中一个尺寸；③括号内的尺寸尽量不采用。

表 8.10　铸造斜度(JB/ZQ 4257—1986)

斜度 $a:h$	角度 β	使用范围
1∶5	11°30′	h<25mm 时钢和铁的铸件
1∶10	5°30′	h<25～500mm 时钢和铁的铸件
1∶20	3°	
1∶50	1°	h>500mm 时钢和铁的铸件
1∶100	30′	有色金属铸件

注：当设计不同壁厚的铸件时，在转折点的斜角最大增到 30°～45°。

表 8.11　铸造过渡尺寸(JB/ZQ 4254—1986)　　mm

铸铁和铸钢件的壁厚 δ	K	h	R
10～15	3	15	5
>15～20	4	20	5
>20～25	5	25	5
>25～30	6	30	8
>30～35	7	35	8
>35～40	8	40	10
>40～45	9	45	10
>45～50	10	50	10

适用于减速器的机体、机盖、连接管、汽缸以及其他各种连接法兰等铸件的过渡部分尺寸

第 9 章

常用材料

表 9.1　碳素结构钢(GB/T 700—2006)

牌号	等级	机械性能							应　　用
		屈服点 σ_s/ MPa						抗拉强度 σ_b MPa	
		钢材厚度(或直径)/mm							
		≤16	＞16～40	＞40～60	＞60～100	＞100～150	＞150～200		
		不小于							
Q195	—	(195)	(185)	—	—	—	—	315～430	载荷小的零件、螺钉、铆钉、垫圈、地脚螺栓、开口销、拉杆、冲压零件及焊接件
Q215	A B	215	205	195	185	175	165	335～450	结构件、拉杆、套圈、铆钉、螺栓、短轴、心轴、凸轮、吊钩、垫圈、渗碳零件及焊接件
Q235	A B C D	235	225	215	215	195	185	370～500	心部强度不高的渗碳或氰化零件和结构件,吊钩、拉杆、车钩、套筒、汽缸、齿轮、螺栓、螺母、连杆、轮轴、楔、盖、焊接件
Q275	A B C D	275	265	255	245	225	215	410～540	强度较高的零件,转轴、心轴、销轴、链轮、刹车杆、螺栓、螺母、垫圈、连杆、吊钩、楔、齿轮等

表 9.2　优质碳素结构钢(GB 699—1999)

牌号	推荐热处理温度/℃			试件毛坯尺寸/mm	机械性能					钢材交货状态硬度/HB		应用举例
					抗拉强度 σ_b	屈服强度 σ_s	延伸率 δ_s	收缩率 ψ	冲击功(值) $A_k(a_k)$	不大于		
					MPa		%		$J\left(\frac{kgf \cdot m}{cm^2}\right)$			
	正火	淬火	回火		不小于					未热处理	退火钢	
08F	930			25	295	175	35	60		131		用于需塑性好的零件,如管子、垫片垫圈;心部强度要求不高的渗碳和氰化零件,如套筒、短轴、挡块、支架、靠模、离合器盘

续表

牌号	推荐热处理温度/℃			试件毛坯尺寸/mm	机械性能					钢材交货状态硬度/HB		应用举例
					抗拉强度 σ_b	屈服强度 σ_s	延伸率 δ_s	收缩率 ψ	冲击功(值) $A_k(a_k)$	不大于		
					MPa		%		$J\left(\frac{kgf\cdot m}{cm^2}\right)$			
	正火	淬火	回火		不小于					未热处理	退火钢	
10	930			25	335	205	31	55		137		用于制造拉杆、卡头、钢管垫片、垫圈、铆钉。这种钢无回火脆性，焊接性好，用来制造焊接零件
15	920			25	375	225	27	55		143		用于受力不大韧性要求较高的零件，渗碳零件、紧固件、冲模锻件及不需要热处理的低负荷零件，如螺栓、螺钉、拉条、法兰盘及化工贮器、蒸汽锅炉
20	910			25	410	245	25	55		156		用于不经受很大应力而要求很大韧性的机械零件，如杠杆、轴套、螺钉、起重钩等；制造压力＜6MPa、温度＜450℃、在非腐蚀介质中使用的零件，如管子、导管等；表面硬度高而心部强度要求不大的渗碳与氰化零件
25	900	870	600	25	450	275	23	50	71	170		用于制造焊接设备，以及经锻造、热冲压和机械加工的不承受高应力的零件，如轴、辊子、连接器、垫圈、螺栓、螺钉及螺母
35	870	850	600	25	530	315	20	45	55	197		用于制造曲轴、垫圈、螺钉、螺母。这种钢多在正火和调质状态下使用，一般不作焊接
40	860	840	600	25	570	335	19	45	47	217	187	用于制造辊子、轴、曲柄销、活塞杆、圆盘
45	850	840	600	25	600	355	16	40	39	229	197	用于制造齿轮、齿条、链轮、轴、键、销、蒸发透平机的叶轮、压缩机及泵的零件、轧辊等。可代替渗碳钢做齿轮、轴、活塞销等，但要经高频或火焰表面淬火

续表

牌号	推荐热处理温度/℃			试件毛坯尺寸/mm	机械性能					钢材交货状态硬度/HB		应用举例
					抗拉强度 σ_b	屈服强度 σ_s	延伸率 δ_s	收缩率 ψ	冲击功(值) $A_k(a_k)$	不大于		
	正火	淬火	回火		MPa		%		$J\left(\frac{kgf \cdot m}{cm^2}\right)$	未热处理	退火钢	
					不小于							
50	830	830	600	25	630	375	14	40	31	241	207	用于制造齿轮、拉杆、轴辊、轴、圆盘
55	820	820	600	25	645	380	13	35		255	217	用于制造齿轮、连杆、轮圈、轮缘、扁弹簧及轧辊等
60	810			25	675	400	12	35		255	229	用于制造轧辊、轴、轮箍、弹簧圈、弹簧、弹簧垫圈、离合器、凸轮、钢绳等
20Mn	910			25	450	275	24	50		197		用于制造凸轮轴、齿轮、联轴器、铰链、拖杆等
30Mn	880	860	600	25	540	315	20	45	63	217	187	用于制造螺栓、螺母、螺钉、杠杆及制动踏板等
40Mn	860	840	600	25	590	355	17	45	47	229	207	用于制造承受疲劳负荷的零件，如轴、万向联轴器、曲轴、连杆及在高应力下工作的螺栓、螺母等
50Mn	830	830	600	25	645	390	13	40	31	255	217	用于制造耐磨性要求很高，在高负荷作用下的热处理零件，如齿轮、齿轮轴、摩擦盘、凸轮和截面在80mm以下的心轴等
60Mn	810			25	695	410	11	35		269	229	适于制造弹簧、弹簧垫圈，弹簧环、片，以及冷拔钢丝(≤7mm)和发条

表 9.3 合金结构钢(GB/T 3077—1999)

牌号	热处理				试样毛坯尺寸/mm	机械性能					钢材退火或高温回火供应状态的布氏硬度	特性及应用举例
	淬火		回火			抗拉强度 σ_b	屈服强度 σ_s	延伸率 δ_s	收缩率 ψ	冲击吸收功 A_k		
	温度/℃	冷却剂	温度/℃	冷却剂		MPa		%		J		
						≥					≤	
20Mn2	850 880	水、油	200 440	水、空气	15	785	590	10	40	47	187	截面小时与20Cr相当，用于做渗碳小齿轮、小轴、钢套、链板等，渗碳淬火后HRC56～62

续表

牌号	热处理				试样毛坯尺寸	机械性能					钢材退火或高温回火供应状态的布氏硬度	特性及应用举例
	淬火		回火			抗拉强度 σ_b	屈服强度 σ_s	延伸率 δ_s	收缩率 ψ	冲击吸收功 A_k		
	温度/℃	冷却剂	温度/℃	冷却剂	/mm	MPa		%		J		
						≥					≤	
35Mn2	840	水	500	水	25	835	685	12	45	55	207	对于截面较小的零件可代替40Cr，可做直径≤15mm的重要用途的冷镦螺栓及小轴等，表面淬火HRC40～50
45Mn2	840	油	550	水、油	25	885	735	10	45	47	217	用于制造在较高应力与磨损条件下的零件。在直径≤60mm时与40Cr相当。可做万向联轴器、齿轮、齿轮轴、蜗杆、曲轴、连杆、花键轴和摩擦盘等，表面淬火HRC45～55
35SiMn	900	水	570	水、油	25	885	735	15	45	47	229	除了要求低温(－20℃以下)及冲击韧性很高的情况外，可全面代替40Cr做调质钢，亦可部分代替40CrNi，可做中小型轴类、齿轮等零件以及在430℃以下工作的重要紧固件，表面淬火HRC45～55
42SiMn	880	水	590	水	25	885	735	15	45	47	229	与35SiMn钢同。可代替40Cr、35CrMo钢做大齿圈。适于做表面淬火件，表面淬火HRC45～55
20MnV	880	水、油	200	水、空气	15	785	590	10	40	55	187	相当于20CrNi的渗碳钢，渗碳淬火HRC56～62
20MnVB	860	油	200	水、空气	15	1080	885	10	45	55	207	可代替18CrMnTi、20CrMnTi做高级渗碳齿轮等零件，渗碳淬火HRC56～62
40MnB	850	油	500	水、油	25	980	785	10	45	47	207	可代替40Cr做重要调质件，如齿轮、轴、连杆、螺栓等
37SiMn2-MoV	870	水、油	650	水、空气	25	980	835	12	50	63	269	可代替34CrNiMo等做高强度重负荷轴、曲轴、齿轮、蜗杆等零件，表面淬火HRC50～55

续表

牌号	热处理				试样毛坯尺寸/mm	机械性能					钢材退火或高温回火供应状态的布氏硬度	特性及应用举例
	淬火		回火			抗拉强度 σ_b	屈服强度 σ_s	延伸率 δ_s	收缩率 ψ	冲击吸收功 A_k		
	温度/℃	冷却剂	温度/℃	冷却剂		MPa		%		J		
						≥					≤	
20Cr-MnTi	第一次 880 第二次 870	油	200	水、空气	15	1080	850	10	45	55	217	强度韧性均高，是铬镍钢的代用品。用于承受高速、中等或重负荷以及冲击磨损等的重要零件，如渗碳齿轮、凸轮等，渗碳淬火 HRC56～62
20Cr-MnMo	850	油	200	水、空气	15	1180	885	10	45	55	217	用于要求表面硬度高、耐磨，心部有较高强度、韧性的零件，如传动齿轮和曲轴等，渗碳淬火 HRC56～62
38Cr-MoAl	940	水、油	640	水、油	30	981	835	14	50	71	229	用于要求高耐磨性、高疲劳强度和相当高的强度，且热处理变形最小的零件，如镗杆、主轴、蜗杆、齿轮、套筒、套环等，渗氮后，表面硬度 HV1100
20Cr	第一次 880 第二次 800	水、油	200	水、空气	15	835	540	10	40	47	179	用于要求心部强度较高、承受磨损、尺寸较大的渗碳零件，如齿轮、齿轮轴、蜗杆、凸轮、活塞销等；也用于速度较大受中等冲击的调质零件，渗碳淬火 HRC56～62
40Cr	850	油	520	水、油	25	980	785	9	45	47	207	用于承受交变负荷、中等速度、中等负荷、强烈磨损而无很大冲击的重要零件，如重要的齿轮、轴、曲轴、连杆、螺栓、螺母等零件；并用于直径大于 400mm，要求低温冲击韧性的轴与齿轮等，表面淬火 HRC48～55
20Cr-Ni	850	水、油	460	水、油	25	785	10	590	50	63	197	用于制造承受较高载荷的渗碳零件，如齿轮、轴、花键轴、活塞销等
40CrNi	820	油	500	水、油	25	980	785	10	45	55	241	用于制造强度高、韧性高的零件，如齿轮、轴、链条、连杆等

表 9.4 一般工程用铸造碳钢(GB/T 11352—2009)

牌号	抗拉强度 σ_b	屈服强度 σ_s 或 $\sigma_{0.2}$	延伸率 δ_s	根据合同选择 收缩率 ψ	根据合同选择 冲击功(值) $A_{kv}(a_k)$	硬度 正火回火	硬度 表面淬火	应用举例
	MPa	MPa	%	%	J(kgf·/cm²)			
	最小值					HB	HRC	
ZG200～400	400	200	25	40	30(6.0)			各种形状的机件,如机座、变速箱壳等
ZG230～450	450	230	22	32	25(4.5)	≥131		铸造平坦的零件,如机座、机盖、箱体、铁砧台,工作温度在450℃以下的管路附件等。焊接性良好
ZG270～500	500	270	18	25	22(3.5)	≥143	40～45	各种形状的机件,如飞轮、机架、蒸汽锤、桩锤、联轴器、水压机工作缸、横梁等。焊接性尚可
ZG310～570	570	310	15	21	15(3)	≥153	40～50	各种形状的机件,如联轴器、汽缸、齿轮、齿轮圈及重负荷机架等
ZG340～640	640	340	10	18	10(2)	169～229	45～55	起重运输机中的齿轮,联轴器及重要的机件等

表 9.5 灰铸铁(GB/T 9439—2010)

牌号	铸件壁厚/mm >	铸件壁厚/mm ≤	最小抗拉强度 R_m(强制性值)/MPa 单铸试棒	最小抗拉强度 R_m(强制性值)/MPa 附铸试棒或试块	应用举例
HT100	5	4	100	—	盖、外罩、油盘、手轮、手把、支架等
HT150	5	10	150	—	端盖、汽轮泵体、轴承座、阀壳、管子及管路附件、手轮、一般机床底座、床身其他复杂零件、滑座、工作台等
	10	20		—	
	20	40		120	
	40	80		110	
	80	150		100	
	150	300		90	
HT200	5	10	200	—	汽缸、齿轮、底架、机体、飞轮、齿条、衬筒、一般机床铸有导轨的床身及中等压力油缸、液压泵和阀的壳体等
	10	20		—	
	20	40		170	
	40	80		150	
	80	150		140	
	150	300		130	
HT225	5	10	225	—	
	10	20		—	
	20	40		190	
	40	80		170	
	80	150		155	
	150	300		145	
HT250	5	10	250	—	阀壳、油缸、汽缸、联轴器、机体、齿轮、飞轮、衬筒、凸轮、轴承座等
	10	20		—	
	20	40		210	
	40	80		190	
	80	150		170	
	150	300		160	
HT275	10	20	275	—	
	20	40		230	
	40	80		205	
	80	150		190	
	150	300		175	

续表

牌号	铸件壁厚(mm)		最小抗拉强度 R_m(强制性值)/MPa		应用举例
	>	≤	单铸试棒	附铸试棒或试块	
HT300	10	20	300	—	齿轮、凸轮、车床卡盘、剪床、压力机的机身、导板、六角自动车床及其他重负荷机床铸有导轨的床身、高压油缸、液压泵和滑阀的壳体等
	20	40		250	
	40	80		220	
	80	150		210	
	150	300		190	
HT350	10	20	350	—	
	20	40		290	
	40	80		260	
	80	150		230	
	150	300		210	

注：① 当铸件壁厚超过300mm时，其力学性能由供需双方商定。

② 当某牌号的铁液浇注壁厚均匀、形状简单的铸件时，壁厚变化引起抗拉强度的变化，可从本表查出参考数据；当铸件壁厚不均匀或有型芯时，此表只能给出不同壁厚处大致的抗拉强度值，铸件的设计应根据关键部位的实测值进行。

表9.6 球墨铸铁(GB/T 1348—2009)

牌号	参考壁厚 e/mm	抗拉强度 σ_b/MPa	屈服强度 $\sigma_{0.2}$/MPa	延伸率 δ_s %	冲击值(室温23℃) $A_k(a_k)$/(J/cm²)	供参考 布氏硬度/HB	用途
		最小值					
QT400-18		400	250	18	14	130～175	1. 制造轧辊。不仅在冶金工业上应用，造纸、玻璃、橡胶、面粉等工业也在不断地改用球墨铸铁 2. 制造轴类零件，如曲轴、凸轮轴及水泵轴等 3. 制造减速器箱体，合适的铸件壁厚为10～75mm 4. 制造活塞环、摩擦片、汽车后轿等零件 5. 制造中压阀门、低压阀门、轴承座、千斤顶底座、球磨机及各种机床零件和医疗器材等零件
QT400-15		400	250	15	—	120～180	
QT450-10		450	310	10	—	160～210	
QT500-7		500	320	7	—	170～230	
QT600-3		600	370	3	—	190～270	
QT700-2		700	420	2	—	225～305	
QT800-2		800	480	2	—	245～335	
QT900-2		900	600	2	—	280～360	
QT400-18A	≤30	400	250	18	—	120～175	
	30～60	390	250	15	—		
	60～200	370	240	12	—		
QT400-15A	≤30	400	250	15	—	120～180	
	30～60	390	250	14	—		
	60～200	370	240	11	—		
QT500-7A	≤30	500	320	7	—	170～230	
	>30～60	450	300	7	—		
	>60～200	420	290	5	—		
QT600-3A	≤30	600	370	3	—	190～270	
	>30～60	600	360	2	—		
	>60～200	550	340	1	—		
QT700-2A	≤30	700	420	2	—	225～305	
	>30～60	700	400	2	—		
	>60～200	650	380	1	—		

表 9.7 工程塑料

品种	机械性能							热性能				应用举例
	抗拉强度 σ_s/MPa	抗压强度/MPa	抗弯强度/MPa	延伸率 δ/%	冲击值/(MJ/m^3)	弹性模量/($\times 10^3$MPa)	硬度	熔点/℃	马丁耐热/℃	脆化温度/℃	线胀系数/($\times 10^{-5}$/℃)	
尼龙 6	53~77	59~88	69~98	150~250	带缺口 0.0031	0.83~2.6	HRR 85~114	215~223	49~50	−20~−30	7.9~8.7	具有优良的机械强度和耐磨性，广泛用作机械、化工及电气零件。例如，轴承、齿轮、凸轮、滚子、辊轴、泵叶轮、风扇叶轮、蜗轮、螺钉、螺母、垫圈、高压密封圈、阀座、输油管、储油容器等。尼龙粉末还可喷涂于各种零件表面，以提高耐磨损性能和密封性能
尼龙 9	57~64		79~84		无缺口 0.25~0.30	0.97~1.2		209~215	12~48		8~12	
尼龙 66	66~82	88~118	98~108	60~200	带缺口 0.039	1.4~3.3	HRR 100~118	265	50~60	−25~−30	9.1~10.0	
尼龙 610	46~59	69~88	69~98	100~240	带缺口 0.0035~0.0055	1.2~2.3	HRR 90~113	210~223	51~56		9.0~12.0	
尼龙 1010	51~54	108	81~87	100~250	带缺口 0.0040~0.0050	1.6	HB7.1	200~210	45	−60	10.5	
MC 尼龙（无填充）	90	105	156	20	无缺口 0.520~0.624	3.6（拉伸）	HB 21.3		55		8.3	强度特高，适于制造大型齿轮、蜗轮、轴套，大型阀门密封面，导向环、导轨、滚动轴承保持架、船尾轴承、起重汽车吊索绞盘蜗轮、水压机辊道轴瓦等
聚甲醛（均聚物）	69（屈服）	125	96	15	带缺口 0.0076	2.9（弯曲）	HB 17.2		60~64		8.1	具有良好的减摩耐磨性能，尤其是优越的干摩擦性能，用于制造轴承、齿轮、凸轮辊子、阀杆螺母、垫圈、法兰垫片、泵叶轮、鼓风机叶片、弹簧、管道等

续表

品种	机械性能							热性能				应用举例
	抗拉强度 σ_s/MPa	抗压强度/MPa	抗弯强度/MPa	延伸率 δ/%	冲击值/(MJ/m³)	弹性模量/(×10³ MPa)	硬度	熔点/℃	马丁耐热/℃	脆化温度/℃	线胀系数/(×10⁻⁵/℃)	
聚碳酸酯	65～69	82～86	104	100	带缺口 0.064～0.075	2.2～2.5(拉伸)	HB 9.7～10.4	220～230	110～130	−100	6～7	具有高的冲击韧性和优异的尺寸稳定性，用于制造齿轮、蜗轮、齿条、凸轮、心轴、轴承、滑轮、铰链、传动链、螺栓、螺母、垫圈、铆钉、泵叶轮、汽车化油器部件、节流阀、各种外壳等
聚砜	84(屈服)	87～95	106～125	20～100	带缺口 0.0070～0.0081	2.5～2.8(拉伸)	HRR 120		156	−100	5.0～5.2	具有高的热稳定性，长期使用温度可达 150～174℃，是一种高强度材料，可做齿轮、凸轮、电表上的接触器、线圈骨架、仪器仪表零件、计算机和洗涤机零件及各种薄膜、板材、管道等

注：① 尼龙 6、尼龙 66 和尼龙 610 等由于吸水性很大，因此其各项性能上、下限差别很大。

② 塑料轴承的 PV 极限值和塑料齿轮的许用弯曲应力及许用接触应力的确定，参考上海人民出版社 1971 年 8 月出版的《工程塑料应用》一书。

第 10 章

极限与配合、形状与位置公差和表面粗糙度

10.1 极限与配合

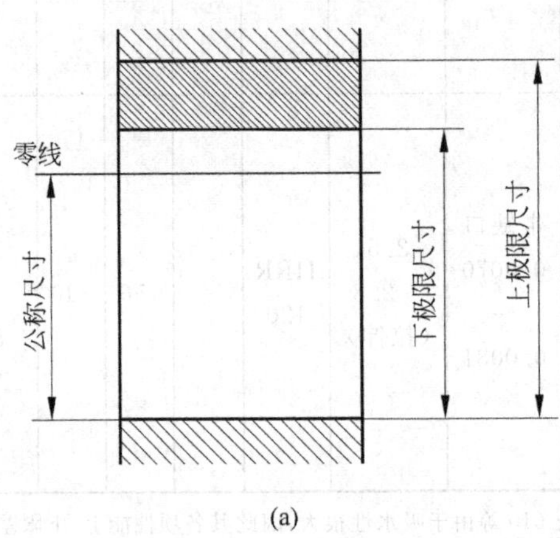

(a)

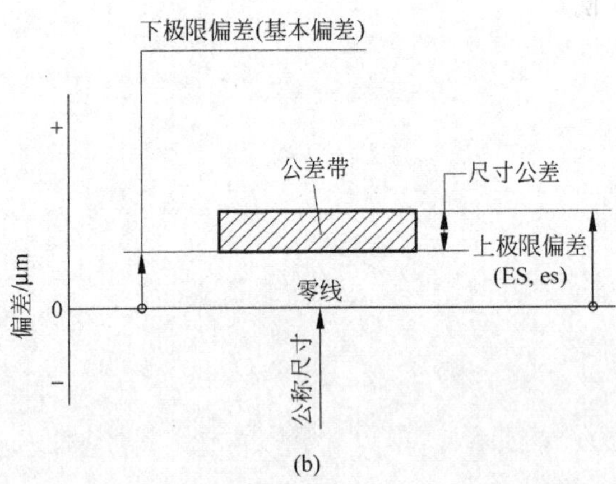

(b)

图 10.1 极限与配合部分术语及相应关系

(a) 公称尺寸、上极限尺寸和下极限尺寸；(b) 公差带

注：① 基本偏差是确定公差带相对零线位置的极限偏差，它可以是上偏差或下偏差，一般为靠近零线的偏差，如图 10-1(b)的基本偏差为下偏差。

② 基本偏差代号，对孔用大写字母 A,B,…,ZC 表示，对轴用小写字母 a,b,…,zc 表示。

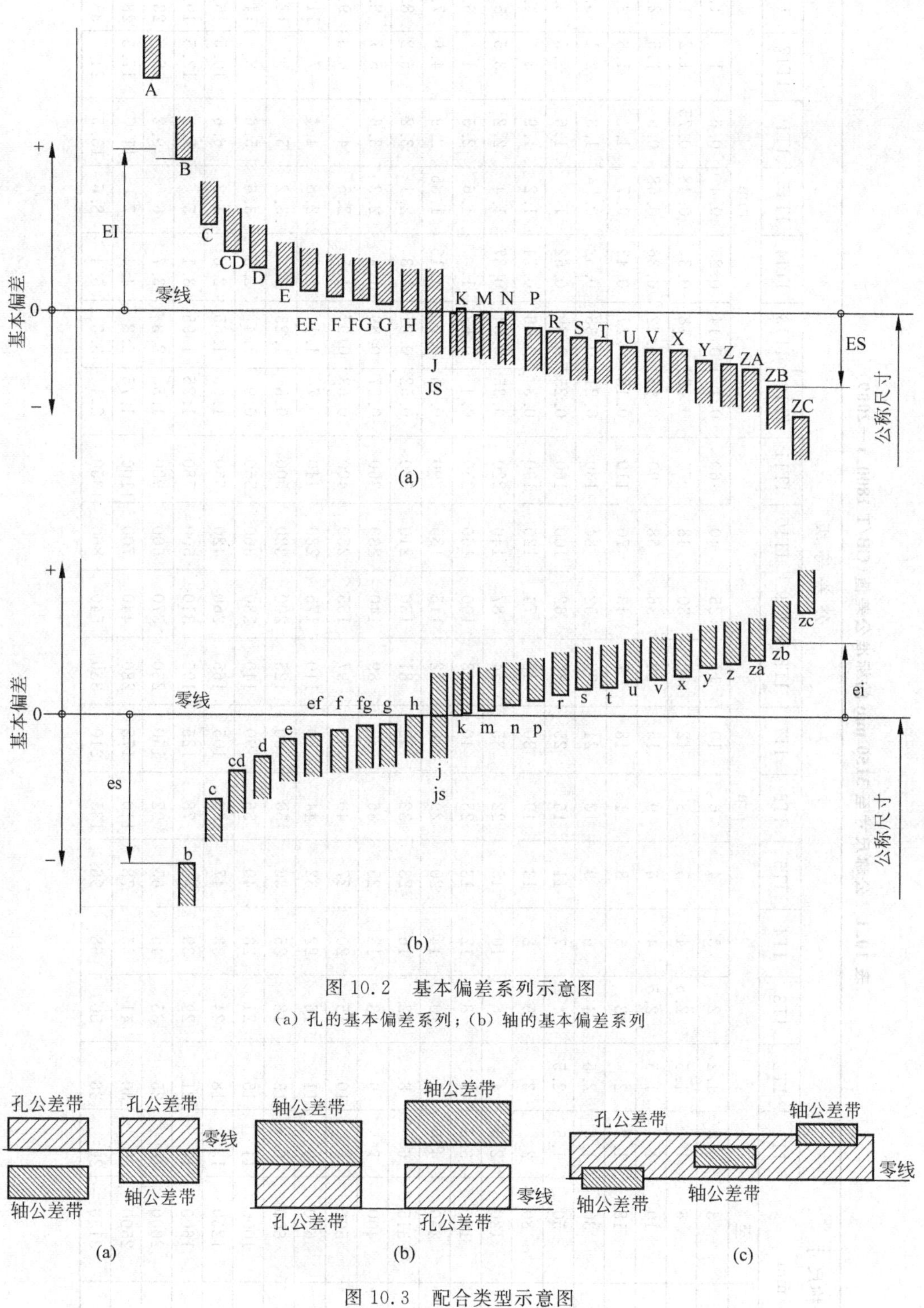

图 10.2　基本偏差系列示意图

(a) 孔的基本偏差系列；(b) 轴的基本偏差系列

图 10.3　配合类型示意图

(a) 间隙配合；(b) 过盈配合；(c) 过渡配合

表 10.1 公称尺寸至 3150 mm 的标准公差值(GB/T 1800.1—2009)

公称尺寸/mm		公差等级																	
		IT1	IT2	IT3	IT4	IT5	IT6	IT7	IT8	IT9	IT10	IT11	IT12	IT13	IT14	IT15	IT16	IT17	T18
大于	至	μm											mm						
—	3	0.8	1.2	2	3	4	6	10	14	25	40	60	0.1	0.14	0.25	0.4	0.6	1	1.4
3	6	1	1.5	2.5	4	5	8	12	18	30	48	75	0.12	0.18	0.3	0.48	0.75	1.2	1.8
6	10	1	1.5	2.5	4	6	9	15	22	36	58	90	0.15	0.22	0.36	0.58	0.9	1.5	2.2
10	18	1.2	2	3	5	8	11	18	27	43	70	110	0.18	0.27	0.43	0.7	1.1	1.8	2.7
18	30	1.5	2.5	4	6	9	13	21	33	52	84	130	0.21	0.33	0.52	0.84	1.3	2.1	3.3
30	50	1.5	2.5	4	7	11	16	25	39	62	100	160	0.25	0.39	0.62	1	1.6	2.5	3.9
50	80	2	3	5	8	13	19	30	46	74	120	190	0.3	0.46	0.74	1.2	1.9	3	4.6
80	120	2.5	4	6	10	15	22	35	54	87	140	220	0.35	0.54	0.87	1.4	2.2	3.5	5.4
120	180	3.5	5	8	12	18	25	40	63	100	160	250	0.4	0.63	1	1.6	2.5	4	6.3
180	250	4.5	7	10	14	20	29	46	72	115	185	290	0.46	0.72	1.15	1.85	2.9	4.6	7.2
250	315	6	8	12	16	23	32	52	81	130	210	320	0.52	0.81	1.3	2.1	3.2	5.2	8.1
315	400	7	9	13	18	25	36	57	89	140	230	360	0.57	0.89	1.4	2.3	3.6	5.7	8.9
400	500	8	10	15	20	27	40	63	97	155	250	400	0.63	0.97	1.55	2.5	4	6.3	9.7
500	630	9	11	16	22	32	44	70	110	175	280	440	0.7	1.1	1.75	2.8	4.4	7	11
630	800	10	13	18	25	36	50	80	125	200	320	500	0.8	1.25	2	3.2	5	8	12.5
800	1000	11	15	21	28	40	56	90	140	230	360	560	0.9	1.4	2.3	3.6	5.6	8	14
1000	1250	13	18	24	33	47	66	105	165	260	420	660	1.05	1.65	2.6	4.2	6.6	10.5	16.5
1250	1600	15	21	29	39	55	78	125	195	310	500	780	1.25	1.95	3.1	5	7.8	12.5	19.5
1600	2000	18	25	35	46	65	92	150	230	370	600	920	1.5	2.3	3.7	6	9.2	15	23
2000	2500	22	30	41	55	78	110	175	280	440	700	1100	1.75	2.8	4.4	7	11	17.5	28
2500	3150	26	36	50	68	96	135	210	330	540	860	1350	2.1	3.3	5.4	8.6	13.5	21	33

表 10.2　IT01 和 IT0 的标准公差数值(GB/T 1800.1—2009)

公称尺寸/mm		标准公差等级	
		IT01	IT0
大于	至	公差/μm	
—	3	0.3	0.5
3	6	0.4	0.6
6	10	0.4	0.6
10	18	0.5	0.8
18	30	0.6	1
30	50	0.6	1
50	80	0.8	1.2
80	120	1	1.5
120	180	1.2	2
180	250	2	3
250	315	2.5	4
315	400	3	5
400	500	4	6

表 10.3　孔的极限偏差(公称尺寸由大于 10 至 315mm)(GB/T 1800.2—2009)　μm

基本偏差代号	公差等级	公称尺寸/mm							
		>10～18	>18～30	>30～50	>50～80	>80～120	>120～180	>180～250	>250～315
D	8	+77	+98	+119	+146	+174	+208	+242	+271
		+50	+65	+80	+100	+120	+145	+170	+190
	▼9	+93	+117	+142	+174	+207	+245	+285	+320
		+50	+65	+80	+100	+120	+145	+170	+190
	10	+120	+149	+180	+220	+260	+305	+355	+400
		+50	+65	+80	+100	+120	+145	+170	+190
	11	+160	+195	+240	+290	+340	+395	+460	+510
		+50	+65	+80	+100	+120	+145	+170	+190
E	6	+43	+53	+66	+79	+94	+110	+129	+142
		+32	+40	+50	+60	+72	+85	+100	+110
	7	+50	+61	+75	+90	+107	+125	+146	+162
		+32	+40	+50	+60	+72	+85	+100	+110
	8	+59	+73	+89	+106	+126	+148	+172	+191
		+32	+40	+50	+60	+72	+85	+100	+110
	9	+75	+92	+112	+134	+159	+185	+215	+240
		+32	+40	+50	+60	+72	+85	+100	+110
	10	+102	+124	+150	+180	+212	+245	+285	+320
		+32	+40	+50	+60	+72	+85	+100	+110

续表

基本偏差代号	公差等级	公称尺寸/mm							
		>10～18	>18～30	>30～50	>50～80	>80～120	>120～180	>180～250	>250～315
F	6	+27 +16	+33 +20	+41 +25	+49 +30	+58 +36	+68 +43	+79 +50	+88 +56
	7	+34 +16	+41 +20	+50 +25	+60 +30	+71 +36	+83 +43	+96 +50	+108 +56
	▼8	+43 +16	+53 +20	+64 +25	+76 +30	+90 +36	+106 +43	+122 +50	+137 +56
	9	+59 +16	+72 +20	+87 +25	+104 +30	+123 +36	+143 +43	+165 +50	+186 +56
H	6	+11 0	+13 0	+16 0	+19 0	+22 0	+25 0	+29 0	+32 0
	▼7	+18 0	+21 0	+25 0	+30 0	+35 0	+40 0	+46 0	+52 0
	▼8	+27 0	+33 0	+39 0	+46 0	+54 0	+63 0	+72 0	+81 0
	▼9	+43 0	+52 0	+62 0	+74 0	+87 0	+100 0	+115 0	+130 0
	10	+70 0	+84 0	+100 0	+120 0	+140 0	+160 0	+185 0	+210 0
	▼11	+110 0	+130 0	+160 0	+190 0	+220 0	+250 0	+290 0	+320 0
K	6	+2 −9	+2 −11	+3 −13	+4 −15	+4 −18	+4 −21	+5 −24	+5 −27
	▼7	+6 −12	+6 −15	+7 −18	+9 −21	+10 −25	+12 −28	+13 −33	+16 −36
	8	+8 −19	+10 −23	+12 −27	+14 −32	+16 −38	+20 −43	+22 −50	+25 −56
N	6	−9 −20	−11 −28	−12 −24	−14 −33	−16 −38	−20 −45	−22 −51	−25 −57
	▼7	−5 −23	−7 −28	−8 −33	−9 −39	−10 −45	−12 −52	−14 −60	−14 −66
	8	−3 −30	−3 −36	−3 −42	−4 −50	−4 −58	−4 −67	−5 −77	−5 −86
P	6	−15 −26	−18 −31	−21 −37	−26 −45	−30 −52	−36 −61	−41 −70	−47 −79
	▼7	−11 −29	−14 −35	−17 −42	−21 −51	−24 −59	−28 −68	−33 −79	−36 −88

注：标注▼者为优先公差等级，应优先选用。

表 10.4 轴的极限偏差(公称尺寸由大于10至315mm)(GB/T 1800.2—2009) μm

基本偏差代号	公差等级	公称尺寸/mm							
		>10~18	>18~30	>30~50	>50~80	>80~120	>120~180	>180~250	>250~315
d	6	−50 −61	−65 −78	−80 −96	−100 −119	−120 −142	−145 −170	−170 −199	−190 −222
	7	−50 −68	−65 −86	−80 −105	−100 −130	−120 −155	−145 −185	−170 −216	−190 −242
	8	−50 −77	−65 −98	−80 −119	−100 −146	−120 −174	−145 −208	−170 −242	−190 −271
	▼9	−50 −93	−65 −117	−80 −142	−100 −174	−120 −207	−145 −245	−170 −285	−190 −320
	10	−50 −120	−65 −149	−80 −180	−100 −220	−120 −260	−145 −305	−170 −355	−190 −400
f	▼7	−16 −34	−20 −41	−25 −50	−30 −60	−36 −71	−43 −83	−50 −96	−56 −108
	8	−16 −43	−20 −53	−25 −64	−30 −76	−36 −90	−43 −106	−50 −122	−56 −137
	9	−16 −59	−20 −72	−25 −87	−30 −104	−36 −123	−43 −143	−50 −165	−56 −186
g	5	−6 −14	−7 −16	−9 −20	−10 −23	−12 −27	−14 −32	−15 −35	−17 −40
	▼6	−6 −17	−7 −20	−9 −25	−10 −29	−12 −34	−14 −39	−15 −44	−17 −49
	7	−6 −24	−7 −28	−9 −34	−10 −40	−12 −47	−14 −54	−15 −61	−17 −69
h	5	0 −8	0 −9	0 −11	0 −13	0 −15	0 −18	0 −20	0 −23
	▼6	0 −11	0 −13	0 −16	0 −19	0 −22	0 −25	0 −29	0 −32
	▼7	0 −18	0 −21	0 −25	0 −30	0 −35	0 −40	0 −46	0 −52
	8	0 −27	0 −33	0 −39	0 −46	0 −54	0 −63	0 −72	0 −81
	▼9	0 −43	0 −52	0 −62	0 −74	0 −87	0 −100	0 −115	0 −130
js	5	±4	±4.5	±5.5	±6.5	±7.5	±9	±10	±11.5
	6	±5.5	±6.5	±8	±9.5	±11	±12.5	±14.5	±16
	7	±9	±10	±12	±15	±17	±20	±23	±26

续表

基本偏差代号	公差等级	公称尺寸/mm							
		>10～18	>18～30	>30～50	>50～80	>80～120	>120～180	>180～250	>250～315
k	5	+9 +1	+11 +2	+13 +2	+15 +2	+18 +3	+21 +3	+24 +4	+27 +4
	▼6	+12 +1	+15 +2	+18 +2	+21 +2	+25 +3	+28 +3	+33 +3	+36 +4
	7	+19 +1	+23 +2	+27 +2	+32 +2	+38 +3	+43 +3	+50 +4	+56 +4
m	5	+15 +7	+17 +8	+20 +9	+24 +11	+28 +13	+33 +15	+37 +17	+43 +20
	6	+18 +7	+21 +8	+25 +9	+30 +11	+35 +13	+40 +15	+46 +17	+52 +20
	7	+25 +7	+29 +8	+34 +9	+41 +11	+48 +13	+55 +15	+63 +17	+72 +20
n	5	+20 +12	+24 +15	+28 +17	+33 +22	+38 +23	+45 +27	+51 +31	+57 +34
	▼6	+23 +12	+28 +15	+33 +17	+39 +20	+45 +23	+52 +27	+60 +31	+66 +34
	7	+30 +12	+36 +15	+42 +17	+50 +20	+58 +23	+67 +27	+77 +31	+86 +34
p	5	+26 +18	+31 +22	+37 +26	+45 +32	+52 +37	+61 +43	+70 +50	+79 +56
	▼6	+29 +18	+35 +22	+42 +26	+51 +32	+59 +37	+68 +43	+79 +50	+88 +56
	7	+36 +18	+43 +22	+51 +26	+62 +32	+72 +37	+83 +43	+96 +50	+108 +56

	公差等级	公称尺寸/mm							
		>10～18	>18～30	>30～50	>50～65	>65～80	>80～100	>100～120	>120～140
r	5	+31 +23	+37 +28	+45 +34	+54 +41	+56 +43	+66 +51	+69 +54	+81 +63
	6	+34 +23	+41 +28	+50 +34	+60 +41	+62 +43	+73 +51	+76 +54	+88 +63
	7	+41 +23	+49 +28	+59 +34	+71 +41	+72 +43	+86 +51	+89 +54	+103 +63
s	5	+36 +28	+44 +35	+54 +43	+66 +53	+72 +59	+86 +71	+91 +79	+110 +92
	6	+39 +28	+48 +35	+59 +43	+72 +53	+78 +59	+93 +71	+104 +79	+117 +92
	7	+46 +28	+56 +35	+68 +43	+83 +53	+89 +59	+106 +71	+114 +79	+132 +92

注：标注▼者为优先公差等级，应优先选用。

表 10.5　基孔制与基轴制优先配合的极限间隙或极限过盈(GB/T 1801—2009)　μm

基孔制	H7/g6	H7/h6	H8/f7	H8/h7	H9/d9	H9/h9	H11/c11	H11/h11	H7/k6	H7/n6	H7/p6	H7/S6	H7/u6
基轴制	G7/h6	H7/h6	F8/h7	H8/h7	D9/h9	H9/h9	C11/h11	H11/h11	K7/h6	N7/h6	P7/h6	S7/h6	U7/h6
公称尺寸/mm >24～30	+41 +7	+34 0	+74 +20	+54 0	+169 +65	+104 0	+370 +110	+260 0	+19 −15	+6 −28	−1 −35	−14 −48	−27 −61
>30～40	+50 +9	+41 0	+89 +25	+64 0	+204 +80	+124 0	+440 +120	+320 0	+23 −18	+8 −33	−1 −42	−18 −59	−35 −76
>40～50							+450 +130						−45 −86
>50～65	+59 +10	+49 0	+106 +30	+76 0	+248 +100	+148 0	+520 +140	+380 0	+28 −21	+10 −39	−2 −51	−23 −72	−57 −106
>65～80							+530 +150					−29 −78	−72 −121
>80～100	+69 +12	+57 0	+125 +36	+89 0	+294 +120	+174 0	+610 +170	+440 0	+32 −25	+12 −45	−2 −59	−36 −93	−89 −146
>100～120							+620 +180					−44 −101	−109 −166
>120～140							+700 +200					−52 −117	−130 −195
>140～160	+79 +14	+65 0	+146 +43	+103 0	+345 +145	+200 0	+710 +210	+500 0	+37 −28	+13 −52	−3 −68	−60 −125	−150 −215
>160～180							+730 +230					−68 −133	−170 −235

表 10.6　未注公差线性尺寸的极限偏差数值(GB/T 1804—2000)　mm

公差等级	基本尺寸分段							
	0.5～3	>3～6	>6～30	>30～120	>120～400	>400～1000	>1000～2000	>2000～4000
精密 f	±0.05	±0.05	±0.1	±0.15	±0.2	±0.3	±0.5	—
中等 m	±0.1	±0.1	±0.2	±0.3	±0.5	±0.8	±1.2	±2
粗糙 c	±0.2	±0.3	±0.5	±0.8	±1.2	±2	±3	±4
最粗 v	—	±0.5	±1	±1.5	±2.5	±4	±6	±8

10.2 几何公差

表 10.7 几何公差的分类、特征项目及符号(GB/T 1182—2008)

公差类型	几何特征	符号	有基准
形状公差	直线度	—	无
	平面度	⏥	无
	圆度	○	无
	圆柱度	⌭	无
	线轮廓度	⌒	无
	面轮廓度	⌓	无
方向公差	平行度	//	有
	垂直度	⊥	有
	倾斜度	∠	有
	线轮廓度	⌒	有
	面轮廓度	⌓	有
位置公差	同心度(用于中心点)	◎	有
	同轴度(用于轴线)	◎	有
	对称度	⌯	有
	位置度	⌖	有或无
	线轮廓度	⌒	有
	面轮廓度	⌓	有
跳动公差	圆跳动	↗	有
	全跳动	⌰	有

表 10.8 直线度、平面度公差(GB/T 1184—1996) μm

项目名称及符号	直线度—		平面度⏥	
主参数 L 图例	L	L	L	L

公差等级	主要参数 L/mm ≤10	>10~16	>16~25	>25~40	>40~63	>63~100	>100~160	>160~250	>250~400	>400~630	应用举例
5	2	2.5	3	4	5	6	8	10	12	15	普通精度的机床导轨
6	3	4	5	6	8	10	12	15	20	25	
7	5	6	8	10	12	15	20	25	30	40	轴承体的支承面,减速器的壳体,轴系支承轴承的接合面
8	8	10	12	15	20	25	30	40	50	60	
9	12	15	20	25	30	40	50	60	80	100	辅助机构及手动机械的支承面,液压管件和法兰的连接面
10	20	25	30	40	50	60	80	100	120	150	

表 10.9　圆度和圆柱度公差(GB/T 1184—1996)　μm

项目名称及符号	圆度○											圆柱度⌭
主参数 $d(D)$ 图例												
公差等级	主参数 $d(D)$/mm											应用举例
	>6～10	>10～18	>18～30	>30～50	>50～80	>80～120	>120～180	>180～250	>250～315	>315～400	>400～500	
5	1.5	2	2.5	2.5	3	4	5	7	8	9	10	安装 0、6 级滚动轴承的配合面,通用减速器的轴颈,一般机床的主轴
6	2.5	3	4	4	5	6	8	10	12	13	15	
7	4	5	6	7	8	10	12	14	16	18	20	千斤顶或压力油缸的活塞,水泵及减速器的轴颈,液压传动系统的分配机构
8	6	8	9	11	13	15	18	20	23	25	27	
9	9	11	13	16	19	22	25	29	32	36	40	起重机、卷扬机用滑动轴承等
10	15	18	21	25	30	35	40	46	52	57	63	

表 10.10　平行度、垂直度和倾斜度公差(GB/T 1184—1996)　μm

项目名称及符号	平行度//				垂直度⊥				倾斜度∠		
主参数 L、$d(D)$ 图例											
公差等级	主参数 L、$d(D)$/mm										应用举例
	≤10	>10～16	>16～25	>25～40	>40～63	>63～100	>100～160	>160～250	>250～400	>400～630	
5	5	6	8	10	12	15	20	25	30	40	垂直度用于发动机的轴和离合器的凸缘,装 5、6 级轴承和装 4、5 级轴承之箱体的凸肩
6	8	10	12	15	20	25	30	40	50	60	平行度用于中等精度钻模的工作面,7～10 级精度齿轮传动壳体孔的中心线
7	12	15	20	25	30	40	50	60	80	100	垂直度用于装 6、0 级轴承之壳体孔的轴线,按 h6 与 g6 连接的锥形轴减速机的机体孔中心线
8	20	25	30	40	50	60	80	100	120	150	平行度用于重型机械轴承盖的端面、手动传动装置中的传动轴

表 10.11 同轴度、对称度、圆跳动和全跳动公差(GB/T 1184—1996) μm

项目名称及符号	同轴度◎	对称度⌯	圆跳动↗	全跳动⌰
主参数 $d(D)$、B、L 图例			当被测要素为圆锥面时，$d=\frac{d_1+d_2}{2}$	

公差等级	主参数 $d(D)$、B、L/mm								应用举例
	>3～6	>6～10	>10～18	>18～30	>30～50	>50～120	>120～250	>250～500	
5	3	4	5	6	8	10	12	15	6和7级精度齿轮轴的配合面，较高精度的快速轴，较高精度机床的轴套
6	5	6	8	10	12	15	20	25	
7	8	10	12	15	20	25	30	40	8和9级精度齿轮轴的配合面，普通精度高速轴(100r/min以下)，长度在1m以下的主传动轴，起重运输机的鼓轮配合孔和导轮的滚动面
8	12	15	20	25	30	40	50	60	

表 10.12 直线度、平面度、垂直度、对称度和圆跳动的未注公差值(GB/T 1184—1996)

mm

直线度和平面度未注公差值						
公差等级	基本长度范围					
	≤10	>10～30	>30～100	>100～300	>300～1000	>1000～3000
H	0.02	0.05	0.1	0.2	0.3	0.4
K	0.05	0.1	0.2	0.4	0.6	0.8
L	0.1	0.2	0.4	0.8	1.2	1.6

续表

垂直度未注公差值				
公差等级	基本长度范围			
	≤100	>100～300	>300～1000	>1000～3000
H	0.2	0.3	0.4	0.5
K	0.4	0.6	0.8	1
L	0.6	1	1.5	2

对称度未注公差值				
公差等级	基本长度范围			
	≤100	>100～300	>300～1000	>1000～3000
H	0.5			
K	0.6		0.8	1
L	0.6	1	1.5	2

圆跳动未注公差值	
公差等级	圆跳动公差值
H	0.1
K	0.2
L	0.5

表 10.13 与滚动轴承配合的轴颈和外壳孔的几何公差值(GB/T 275—1993)

基本尺寸/mm		圆柱度 t				端面圆跳动 t_1			
		轴颈		外壳孔		轴肩		外壳孔肩	
		轴承公差等级							
		0	6(6x)	0	6(6x)	0	6(6x)	0	6(6x)
超过	到	公差值/μm							
	6	2.5	1.5	4	2.5	5	3	8	5
6	10	2.5	1.5	4	2.5	6	4	10	6
10	18	3.0	2.0	5	3.0	8	5	12	8
18	30	4.0	2.5	6	4.0	10	6	15	10
30	50	4.0	2.5	7	4.0	12	8	20	12
50	80	5.0	3.0	8	5.0	15	10	25	15
80	120	6.0	4.0	10	6.0	15	10	25	15
120	180	8.0	5.0	12	8.0	20	12	30	20
180	250	10.0	7.0	14	10.0	20	12	30	20
250	315	12.0	8.0	16	12.0	25	15	40	25
315	400	13.0	9.0	18	13.0	25	15	40	25
400	500	15.0	10.0	20	15.0	25	15	40	25

表 10.14 矩形花键对称度公差值(GB/T 1144—2001) mm

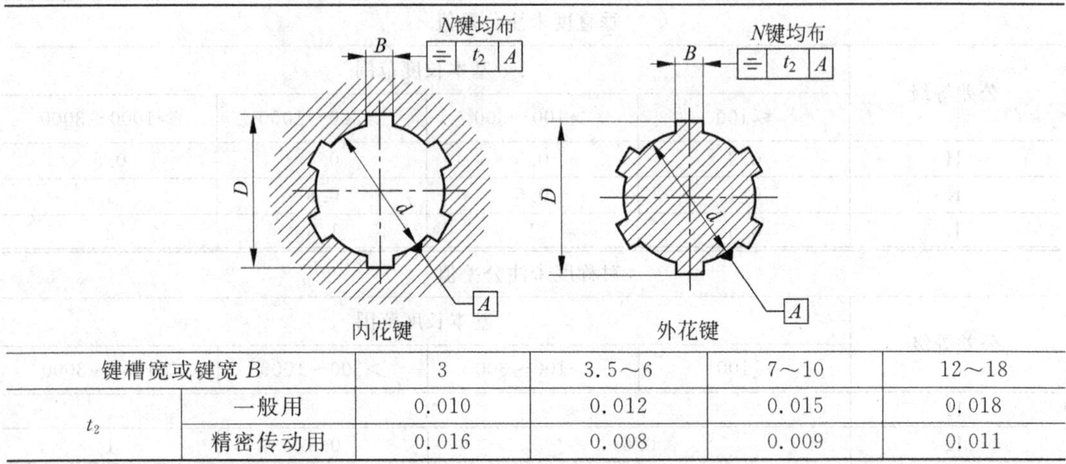

键槽宽或键宽 B		3	3.5～6	7～10	12～18
t_2	一般用	0.010	0.012	0.015	0.018
	精密传动用	0.016	0.008	0.009	0.011

表 10.15 矩形花键位置度公差值(GB/T 1144—2001) mm

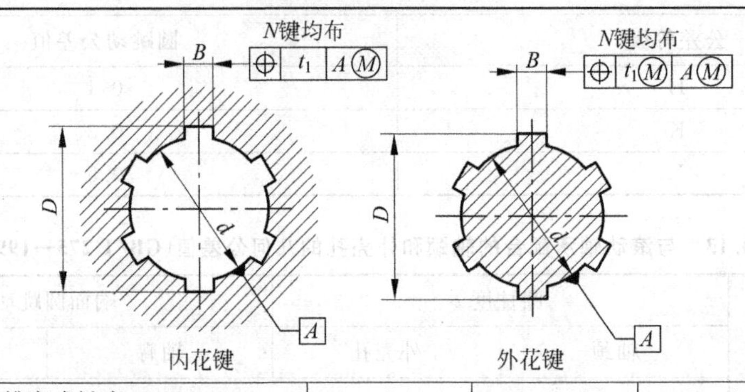

键槽宽或键宽 B			3	3.5～6	7～10	12～18
t_1	键槽宽		0.010	0.015	0.020	0.025
	键宽	滑动、固定	0.010	0.015	0.020	0.025
		紧滑动	0.006	0.010	0.013	0.016

10.3 表面粗糙度

表 10.16 轮廓的算数平均偏差 Ra 的数值(GB/T 1031—2009) μm

基本系列	补充系列	基本系列	补充系列	基本系列	补充系列	基本系列	补充系列
0.012			0.125		1.25	12.5	
	0.016		0.160	1.6			16.0
	0.020	0.2			2.0		20
0.025			0.25		2.5	25	
	0.032		0.32	3.2			32
	0.040	0.40			4.0		40
0.050			0.50		5.0	50	
	0.063		0.63	6.3			63
	0.080	0.80			8.0		80
0.100			1.00		10.0	100	

表 10.17　轮廓的最大高度 Rz 的数值(GB/T 1031—2009)

μm

基本系列	补充系列	基本系列	补充系列	基本系列	补充系列	基本系列	补充系列
0.025			0.250		2.5	25	
	0.032		0.320	3.2			32
	0.040	0.40			4.0		40
0.050			0.50		5.0	50	
	0.063		0.63	6.3			63
	0.080	0.8			8.0		80
0.10			1.00		10.0	100	
	0.125		1.25	12.5			125
	0.160	1.6			16.0		160
0.20			2.0		20.0		200

表 10.18　轮廓单元的最大宽度 Rsm 的数值(GB/T 1031—2009)

μm

基本系列	补充系列	基本系列	补充系列	基本系列	补充系列	基本系列	补充系列
	0.002		0.020	0.2			2.0
	0.003	0.025	0.023		0.25		2.5
					0.32	3.2	
	0.004		0.040	0.4			4.0
	0.005	0.05			0.50		5.0
0.006			0.063		0.63	6.3	
	0.008		0.080	0.8			8.0
	0.010	0.1			1.00		10.0
0.0125			0.125		1.25	12.5	
	0.016		0.160	1.6			

表 10.19　Ra、Rz 和 Rsm 的标准取样长度和标准评定长度(GB/T 1031—2009 和 GB/T 10610—2009)

Ra/μm	Rz/μm	Rsm/mm	标准取样长度		标准评定长度
			λ_s/mm	l_r/mm	$l_n=5\times l_r$/mm
≥0.008～0.02	≥0.025～0.1	≥0.013～0.04	0.0025	0.08	0.4
>0.02～0.1	>0.1～0.5	>0.04～0.13	0.0025	0.25	1.25
>0.1～2	>0.5～10	>0.13～0.4	0.0025	0.8	4
>2～10	>10～50	>0.4～1.3	0.008	2.5	12.5
>10～80	>50～320	>1.3～4	0.025	8	40

表 10.20 加工方法与表面粗糙度 *Ra* 值的关系

加工方法		*Ra*	加工方法		*Ra*	加工方法		*Ra*
砂模铸造		80～20*	铰孔	粗铰	40～20	齿轮加工	插齿	5～1.25*
模型锻造		80～10		半精铰，精铰	2.5～0.32*		滚齿	2.5～1.25*
车外圆	粗车	20～10	拉削	半精拉	2.5～0.63		剃齿	1.25～0.32
	半精车	10～2.5		精拉	0.32～0.16	切螺纹	板牙	10～2.5
	精车	1.25～0.32	刨削	粗刨	20～10		铣	5～1.25*
镗孔	粗镗	40～10		精刨	1.25～0.63		磨削	2.5～0.32*
	半精镗	2.5～0.63*	钳工加工	粗锉	40～10	镗磨		0.32～0.04
	精镗	0.63～0.32		细锉	10～2.5	研磨		0.63～0.16
圆柱铣和端铣	粗铣	20～5*		刮削	2.5～0.63	精研磨		0.08～0.02
	精铣	1.25～0.63*		研磨	1.25～0.08	抛光	一般抛	1.25～0.16
钻孔，扩孔		20～5	插削		40～2.5		精抛	0.08～0.04
锪孔，锪端面		5～1.25	磨削		5～0.01*			

注：① 表中数据系指钢材加工而言；
② * 为该加工方法可达到的 *Ra* 极限值。

表 10.21 表面粗糙度符号代号及其注法(GB/T 131—2006)

表面粗糙度符号及意义		表面粗糙度数值及其有关的规定在符号中注写的位置
符号	意义及说明	
√	基本符号，表示表面可用任何方法获得，当不加注粗糙度参数值或有关说明(例如表面处理、局部热处理状况等)时，仅适用于简化代号标注	c a e d b *a*—下列符号和数值排成一行：上、下限值符号；传输带数值/幅度参数符号；评定长度值；极限值判断规则(空格)幅度参数极限值，μm *b*—附加评定参数(如 *R*sm，mm) *c*—加工方法 *d*—表面纹理 *e*—加工余量，mm
	基本符号上加一短划，表示表面是用去除材料方法获得的，如车、铣、钻、磨、剪切、抛光、腐蚀、电火花加工、气割等	
	基本符号上加一小圆，表示表面是用不去除材料的方法获得的，如铸、锻、冲压变形、热轧、冷轧、粉末冶金等；或者是用于保持原供应状况的表面(包括保持上道工序的状况)	
	在上述3个符号的长边上均可加一横线，用于标注有关参数和说明	
	在上述3个符号上均可加一小圆，表示所有表面具有相同的表面粗糙度要求	

表 10.22 表面粗糙度 *Ra* 值的应用范围

粗糙度代号		光洁度代号	表面形状、特征	加工方法	应用范围
Ⅰ	Ⅱ				
	∽		除净毛刺	铸，锻，冲压，热轧，冷轧	保持原供应状况的表面
Ra 25	*Ra* 12.5	▽3	微见刀痕	粗车，刨，立铣，平铣，钻	毛坯粗加工后的表面

续表

粗糙度代号		光洁度代号	表面形状、特征	加工方法	应用范围
Ⅰ	Ⅱ				
√Ra 12.5	√Ra 6.3	▽4	可见加工痕迹	车,镗,刨,钻,平铣,立铣,锉,粗铰,磨,铣齿	比较精确的粗加工表面,如车端面、倒角
√Ra 6.3	√Ra 3.2	▽5	微见加工痕迹	车,镗,刨,铣,刮 1～2 点/cm^2,拉,磨,锉,滚压,铣齿	不重要零件的非结合面,如轴、盖的端面,倒角,齿轮及皮带轮的侧面,平键及键槽的上下面,轴或孔的退刀槽
√Ra 3.2	√Ra 1.6	▽6	看不见加工痕迹	车,镗,刨,铣,铰,拉,磨,滚压,铣齿,刮 1～2 点/cm^2	IT12 级公差的零件的结合面,如盖板、套筒等与其他零件连接但不形成配合的表面,齿轮的非工作面,键与键槽的工作面,轴与毡圈的摩擦面
√Ra 1.6	√Ra 0.8	▽7	可辨加工痕迹的方向	车,镗,拉,磨,立铣,铰,滚压,刮 3～10 点/cm^2	IT8～IT12 级公差的零件的结合面,如皮带轮的工作面,普通精度齿轮的齿面,与低精度滚动轴承相配合的箱体孔
√Ra 0.8	√Ra 0.4	▽8	微辨加工痕迹的方向	铰,磨,镗,拉,滚压,刮 3～10 点/cm^2	IT6～IT8 级公差的零件的结合面,与齿轮、蜗轮、套筒等的配合面,与高精度滚动轴承相配合的轴颈,7 级精度大小齿轮的工作面,滑动轴承轴瓦的工作面,7～8 级精度蜗杆的齿面
√Ra 0.4	√Ra 0.2	▽9	不可辨加工痕迹的方向	布轮磨,磨,研磨,超级加工	IT5、IT6 级公差的零件的结合面,与 C 级精度滚动轴承配合的轴颈,3、4、5 级精度齿轮的工作面
√Ra 0.2	√Ra 0.1	▽10	暗光泽面	超级加工	仪器导轨表面,要求密封的液压传动的工作面,塞的外表面,活塞汽缸的内表面

注:① 粗糙度代号Ⅰ为第一种过渡方式。它是取新国标中相应最靠近的下一挡的第一系列值,如原光洁度(旧国标)为▽5,*Ra* 的最大允许值取 6.3。因此,在不影响原表面粗糙度要求的情况下,取该值有利于加工。

② 粗糙度代号Ⅱ为第二种过渡方式。它是取新国标中相应最靠近的上一挡的第一系列值,如原光洁度为▽5,*Ra* 的最大允许值取 3.2。因此,取该值提高了原表面粗糙度的要求和加工的成本。

表 10.23　与滚动轴承配合的轴颈和外壳孔的表面粗糙度(GB/T 275—1993)

轴或轴承座直径/mm		轴或外壳配合表面直径公差等级								
		IT7			IT6			IT5		
		表面粗糙度								
超过	到	*Rz*	*Ra*		*Rz*	*Ra*		*Rz*	*Ra*	
			磨	车		磨	车		磨	车
	80	10	1.6	3.2	6.3	0.8	1.6	4	0.4	0.8
80	500	16	1.6	3.2	10	1.6	3.2	6.3	0.8	1.6
端面		25	3.2	6.3	25	3.2	6.3	10	1.6	3.2

表10.24 表面粗糙度标注方法示例(GB/T 131—2006)

标注规定	图例
表面粗糙度符号、代号一般标注在可见轮廓线、尺寸界线、引出线或它们的延长线上。符号的尖端必须从材料外指向表面	Ra 1.6; Rz 6.3; Rz 6.3; Rz 6.3; Ra 6.3; φ
在不引起误解的前提下，表面粗糙度轮廓代号可以标注在特征尺寸的尺寸线上	C2; A; A; Ra 6.3; A—A; Ra 3.2
粗糙度代号可以标注在几何公差框格的上方	Rz 6.3; φ10±0.1; φ0.2 A B
当零件的某些表面(或多数表面)具有相同的表面粗糙度轮廓技术要求时，则对这些表面的技术要求可以统一标注在零件图的标题栏附近，省略对这些表面进行分别标注	Rz 6.3; Rz 1.6; Ra 3.2 (√)
可用带字母的完整符号，以等式的形式，在图形或标题栏附近，对有相同表面结构要求的表面进行简化标注	z; y; √z = U Rz 1.6 =L Ra 0.8; √y = Ra 3.2
由几种不同的工艺方法获得的同一表面，当需要明确每种工艺方法的表面结构要求时，可分别给出标注(图中同时给出了镀覆前后的表面结构要求的注法)	Fe/Ep·Cr25b Ra 0.8; Rz 1.6; φ50 h7

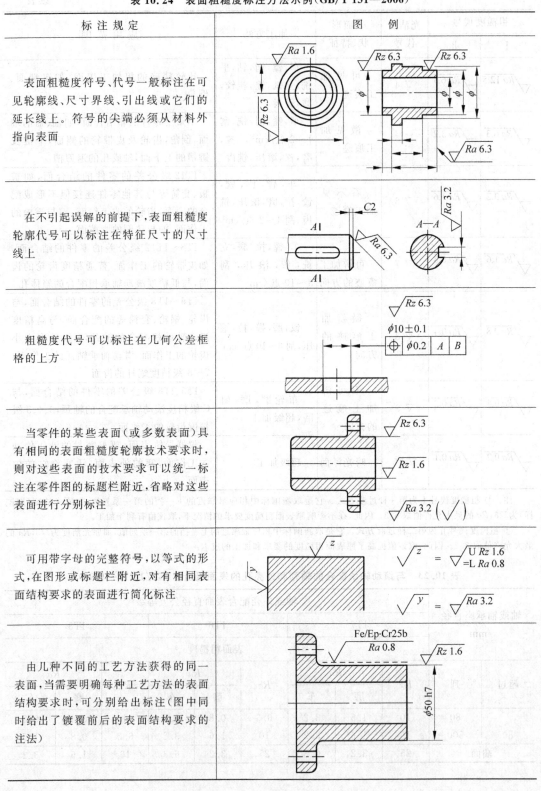

第 11 章

螺纹与螺纹零件

表 11.1 普通螺纹基本尺寸(GB/T 196—2003 和 GB/T 9144—2003) mm

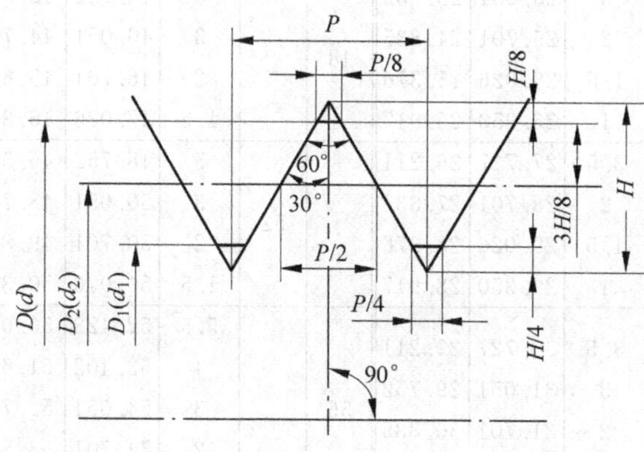

$H=0.866P$

$d_2=d-2\times\frac{3}{8}H=d-0.6495P$

$d_1=d-2\times\frac{5}{8}H=d-1.825P$

图中：

D—内螺纹大径；d—外螺纹大径；

D_2—内螺纹中径；d_2—外螺纹中径；

D_1—内螺纹小径；d_1—外螺纹小径；

P—螺距；H—原始三角形高度

标记示例

公称直径为 10mm、螺纹为右旋、中径及顶径公差带代号均为 6g、螺纹旋合长度为 N 的粗牙普通螺纹：M10—6g

公称直径为 10mm、螺距为 1mm、螺纹为右旋、中径及顶径公差带代号均为 6H、螺纹旋合长度为 N 的细牙普通内螺纹：M10×1—6H

公称直径为 20mm、螺距为 2mm、螺纹为左旋、中径及顶径公差带代号分别为 5g 和 6g、螺纹旋合长度为 S 的细牙普通螺纹：M20×2—5g6g—S—LH

公称直径为 20mm、螺距为 2mm、螺纹为右旋、内螺纹中径及顶径公差带代号均为 6H、外螺纹中径及顶径公差带代号均为 6g、螺纹旋合长度为 N 的细牙普通螺纹的螺纹副：M20×2—6H/6g

公称直径 D、d		螺距 P	中径 D_2 或 d_2	小径 D_1 或 d_1	公称直径 D、d		螺距 P	中径 D_2 或 d_2	小径 D_1 或 d_1	公称直径 D、d		螺距 P	中径 D_2 或 d_2	小径 D_1 或 d_1
第 1 选择	第 2 选择				第 1 选择	第 2 选择				第 1 选择	第 2 选择			
5		0.8	4.480	4.134	20		2.5	18.376	17.294		39	4	36.402	34.670
		0.5	4.675	4.459			2	18.701	17.835			3	37.051	35.752
6		1	5.350	4.917			1.5	19.026	18.376			2	37.701	36.835
		0.75	5.513	5.188			1	19.350	18.917			1.5	38.026	37.376
8		1.25	7.188	6.647		22	2.5	20.376	19.294	42		4.5	39.077	37.129
		1	7.350	6.917			2	20.701	19.835			3	40.051	38.752
		0.75	7.518	7.188			1.5	21.026	20.376			2	40.701	39.835
							1	21.350	20.917			1.5	41.026	40.376

续表

公称直径 D、d 第1选择	公称直径 D、d 第2选择	螺距 P	中径 D_2 或 d_2	小径 D_1 或 d_1
10		1.5	9.026	8.376
		1.25	9.188	8.647
		1	9.350	8.917
		0.75	9.513	9.188
12		1.75	10.863	10.106
		1.5	11.026	10.376
		1.25	11.188	10.674
		1	11.350	10.917
	14	2	12.701	11.835
		1.5	13.026	12.376
		(1.25)	13.188	12.647
		1	13.350	12.917
16		2	14.701	13.835
		1.5	15.026	14.376
		1	15.350	14.917
	18	2.5	16.376	15.294
		2	16.701	15.835
		1.5	17.026	16.376
		1	17.350	16.917

公称直径 D、d 第1选择	公称直径 D、d 第2选择	螺距 P	中径 D_2 或 d_2	小径 D_1 或 d_1
24		3	22.051	20.752
		2	22.701	21.835
		1.5	23.026	22.376
		1	23.350	22.917
	27	3	25.051	23.752
		2	25.701	24.835
		1.5	26.026	25.376
		1	26.350	25.917
30		3.5	27.727	26.211
		2	28.701	27.835
		1.5	29.026	28.376
		1	29.350	28.917
	33	3.5	30.727	29.211
		3	31.051	29.752
		2	31.701	30.835
		1.5	32.026	31.376
36		4	33.402	31.670
		3	34.051	32.752
		2	34.701	33.835
		1.5	35.026	34.376

公称直径 D、d 第1选择	公称直径 D、d 第2选择	螺距 P	中径 D_2 或 d_2	小径 D_1 或 d_1
	45	4.5	42.077	40.129
		3	43.051	41.752
		2	43.701	42.835
		1.5	44.026	43.376
48		5	44.752	42.587
		3	46.051	44.752
		2	46.701	45.835
		1.5	47.026	46.376
	52	5	48.752	46.587
		3	50.051	48.752
		2	50.701	49.835
		1.5	51.026	50.376
56		5.5	52.428	50.046
		4	53.402	51.670
		3	54.051	52.752
		2	54.701	53.835
		1.5	55.026	54.376
60		5.5	56.428	54.046
		4	57.402	55.670
		3	58.051	56.752
		2	58.701	57.835
		1.5	59.026	58.376

注：① $d \leqslant 68$mm，P 项第一个数字为粗牙螺距，后几个数字为细牙螺距。

② M14×1.25 仅用于火花塞。

表 11.2 梯形螺纹基本尺寸（GB/T 5796.3—2005） mm

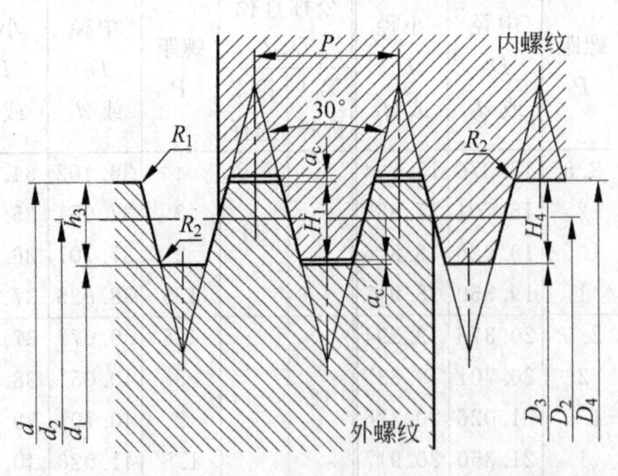

图中：

D_4—内螺纹大径；d—外螺纹大径；

D_2—内螺纹中径；d_2—外螺纹中径；

D_3—内螺纹小径；d_1—外螺纹小径；

P—螺距；H—原始三角形高度

续表

公称直径			螺距 P	中径 d_2 $(=D_2)$	大径 D_4	小径	
第一系列	第二系列	第三系列				d_3	D_1
8			1.5	7.250	8.300	6.200	6.500
	9		1.5	8.250	9.300	7.200	7.500
			2	8.000	9.500	6.500	7.000
10			1.5	9.250	10.300	8.200	8.500
			2	9.000	10.500	7.500	8.000
	11		2	10.000	11.500	8.500	9.000
			3	9.500	11.500	7.500	8.000
12			2	11.000	12.500	9.500	10.000
			3	10.500	12.500	8.500	9.000
	14		2	13.000	14.500	11.500	12.000
			3	12.500	14.500	10.500	11.000
16			2	15.000	16.500	13.500	14.000
			4	14.000	16.500	11.500	12.000
	18		2	17.000	18.500	15.500	16.000
			4	16.000	18.500	13.500	14.000
20			2	19.000	20.500	17.500	18.000
			4	18.000	20.500	15.500	16.000
	22		3	20.500	22.500	18.500	19.000
			5	19.500	22.500	16.500	17.000
			8	18.000	23.000	13.000	14.000
24			3	22.500	24.500	20.500	21.000
			5	21.500	24.500	18.500	19.000
			8	20.000	25.000	15.000	16.000
	26		3	24.500	26.500	22.500	23.000
			5	23.500	26.500	20.500	21.000
			8	22.000	27.000	17.000	18.000
28			3	26.500	28.500	24.500	25.000
			5	25.500	28.500	22.500	23.000
			8	24.000	29.000	19.000	20.000
	30		3	28.500	30.500	26.500	27.000
			6	27.000	31.000	23.000	24.000
			10	25.000	31.000	19.000	20.000
32			3	30.500	32.500	28.500	29.000
			6	29.000	33.000	25.000	26.000
			10	27.000	33.000	21.000	22.000

续表

公称直径			螺距 P	中径 d_2 (= D_2)	大径 D_4	小径	
第一系列	第二系列	第三系列				d_3	D_1
	34		3	32.500	34.500	30.500	31.000
			6	31.000	35.000	27.000	28.000
			10	29.000	35.000	23.000	24.000
36			3	34.500	36.500	32.500	33.000
			6	33.000	37.000	29.000	30.000
			10	31.000	37.000	25.000	26.000
	38		3	36.500	38.500	34.500	35.000
			7	34.500	39.000	30.000	31.000
			10	33.000	39.000	27.000	28.000
40			3	38.500	40.500	36.500	37.000
			7	36.500	41.000	32.000	33.000
			10	35.000	41.000	29.000	30.000
	42		3	40.500	42.500	38.500	39.000
			7	38.500	43.000	34.000	35.000
			10	37.000	43.000	31.000	32.000
44			3	42.500	44.500	40.500	41.000
			7	40.500	45.000	36.000	37.000
			12	38.000	45.000	31.000	32.000
	46		3	44.500	46.500	42.500	43.000
			8	42.500	47.000	37.000	38.000
			12	40.000	47.000	33.000	34.000
48			3	46.500	48.500	44.500	45.000
			8	44.000	49.000	39.000	40.000
			12	42.000	49.000	35.000	36.000
	50		3	48.500	50.500	46.500	47.000
			8	46.000	51.000	41.000	42.000
			12	44.000	51.000	37.000	38.000
52			3	50.500	52.500	48.500	49.000
			8	48.000	53.000	43.000	44.000
			12	46.000	53.000	39.000	40.000
	55		3	53.500	55.500	51.500	52.000
			9	50.500	56.000	45.000	46.000
			14	48.000	57.000	39.000	41.000
60			3	58.500	60.500	56.500	57.000
			9	55.500	61.000	50.000	51.000
			14	53.000	62.000	44.000	46.000

表 11.3 六角头螺栓—A 和 B 级(GB/T 5782—2000)
六角头螺栓—全螺纹—A 和 B 级(GB/T 5783—2000)
六角头螺栓—细牙—A 和 B 级(GB/T 5785A—1986)
六角头螺栓—细牙—全螺纹—A 和 B 级(GB/T 5786—2000)

mm

GB/T 5782A, GB/T 5785A

GB/T 5783, GB/T 5786

标记示例

螺纹规格 d=M12、公称长度 e=80mm、性能等级 8.8 级、表面氧化、A 级的六角头螺栓:螺栓 GB/T 5782 M12×80

螺纹规格 d	GB/T 5782A GB/T 5783A		M3	M4	M5	M6	M8	M10	M12	M16	M20	M24	M30	M36	M42	M48	M56	M64
$d\times P$	GB/T 5785A GB/T 5786A		—	—	—	—	M8×1	M10×1	M12×1.5	M16×1.5	M20×2	M24×2	M30×2	M36×3	M42×3	M48×3	M56×4	M64×4
S			5.5	7	8	10	13	16	18	24	30	36	46	55	65	75	85	95
k			2	2.8	3.5	4	5.3	6.4	7.5	10	12.5	15	18.7	22.5	26	30	35	40
e			6.1	7.7	8.8	11.1	14.4	17.9	20	26.8	33.5	40	50.9	60.8	72	82.6	93.6	104.9
r			0.1	0.2	0.2	0.25	0.25	0.4	0.4	0.6	0.8	0.8	1	1	1.2	1.6	2	2
C (max)			0.4	0.4	0.5	0.5	0.6	0.6	0.6	0.8	0.8	0.8	0.8	0.8	1.0	1.0	1.0	1.0
d_w			4.6	5.9	6.9	8.9	11.6	14.6	16.6	22.5	28.2	33.6	—	—	—	—	—	—
a	GB/T 5783A—2000	max	1.5	2.1	2.4	3	4	4.5	5.3	6	7.5	9	10.5	12	13.5	15	16.5	18
		min	0.5	0.7	0.8	1	1.25	1.5	1.75	2	2.5	3	3.5	4	4.5	5	5.5	6
	GB/T 5786A—2000	max	—	—	—	—	3	3	4.5	4.5	4.5	6	6	9	9	9	12	12
		min	—	—	—	—	1	3	1.5	1.5	1.5	2	2	3	3	3	4	4

续表

螺纹规格	GB/T 5782A GB/T 5783A	M3	M4	M5	M6	M8	M10	M12	M16	M20	M24	M30	M36	M42	M48	M56	M64
d $d \times P$	GB/T 5785A GB/T 5786A	—	—	—	—	M8×1	M10×1	M12×1.5	M16×1.5	M20×2	M24×2	M30×2	M36×3	M42×3	M48×3	M56×4	M64×4
b 参考	$l \leqslant 125$	12	14	16	18	22	26	30	38	46	54	66	—	—	—	—	—
	$125 < l \leqslant 200$	18	20	22	24	28	32	36	44	52	60	72	84	96	108	—	—
	$l > 200$	31	33	35	37	41	45	49	57	65	73	85	97	109	121	137	153
l 范围 (GB/T 5785—2000)		20~30	25~40	25~50	30~60	35~80	40~100	45~120	55~160	65~200	80~240	90~240	140~360	160~440	220~480	260~500	260~500
l 范围(全螺纹) (GB/T 5783—2000)		6~30	8~40	10~50	12~60	16~80	20~100	25~100	35~100	40~100	40~200	65~200	70~200	80~200	100~200	110~200	120~200
l 系列		6,8,10,12,16,20,25,30,35,40,45,50,(55),60,(65),70,80,90,100,110,120,130,140,150,160,180,200,220,240,260,280,300,320,340,360,380,400,420,440,460,480,500															

技术条件		材料	钢	不锈钢	螺纹公差6g
	性能等级	GB/T 5782, GB/T 5785, GB/T 5786	$d \leqslant 39$ 时为8.8;$d > 39$ 按协议	$d \leqslant 20$ 时为A2—70;$20 < d \leqslant 39$ 时为A2—50;$d > 39$ 时按协议	
		GB/T 5783	8.8	A2—70	
	表面处理		氧化;镀锌钝化	不处理	

注:① A级用于 $d \leqslant 24$ 和 $l \leqslant 10d$ 或 $\leqslant 150$ 的螺栓;B级用于 $d > 24$ 和 $l > 10d$ 或 > 150 的螺栓。

② M3~M36为商口规格,M42~M64为通用规格,尽量不采用的规格还有M33,M39,M45,M52和M60。

③ A2—70中的A表示奥化体,70表示抗拉强度为700MPa。A2—50的含义类同。

表 11.4 六角头螺栓—C 级(GB/T 5780—2000)、六角头螺栓—全螺纹—C 级(GB/T 5781—2000) mm

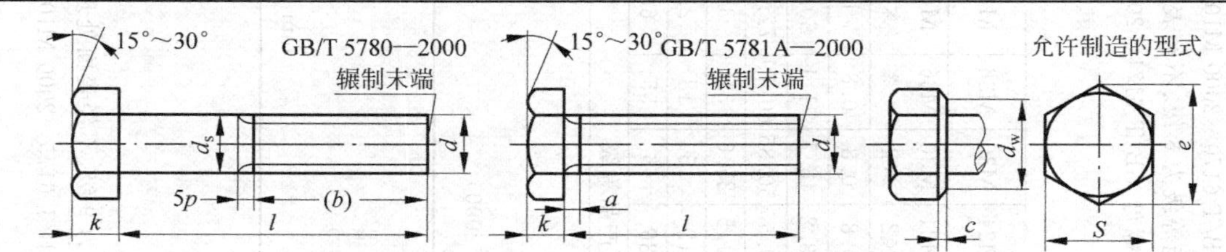

标记示例

螺纹规格 d=M12、公称长度 l=80mm、性能等级为 4.8 级、不经表面处理、C 级的六角头螺栓：螺栓 GB/T 5780—2000 M12×80

螺纹规格 d=M12、公称长度 l=80mm、性能等级为 4.8 级、不经表面处理、全螺纹、C 级的六角头螺栓：螺栓 GB/T 5781A—2000 M12×80

螺纹规格 d		M5	M6	M8	M10	M12	(M14)	M16	(M18)	M20	(M22)	M24	(M27)	M30	(M33)	M36	(M39)	M42	(M45)	M48	(M52)	M56	(M60)	M64
b 参考	l≤125	16	18	22	26	30	34	38	42	46	50	54	60	66	72	—	—	—	—	—	—	—	—	—
	125<l≤200	22	24	28	32	36	40	44	48	52	56	60	66	72	78	84	90	96	102	108	116	—	—	—
	l>200	35	37	41	45	49	53	57	61	65	69	73	79	85	91	97	103	109	115	121	129	137	145	153
p		0.8	1	1.25	1.5	1.75	2	2	2.5	2.5	2.5	3	3	3.5	3.5	4	4	4.5	4.5	5	5	5.5	5.5	6
d_s(max)		5.48	6.48	8.58	10.58	12.7	14.7	16.7	18.7	20.8	22.84	24.84	27.84	30.84	34	37	40	43	46	49	53.2	57.2	61.2	65.2
d_w(min)		6.7	8.7	11.4	14.4	16.4	19.2	22	24.9	27.7	31.4	33.2	38	42.7	46.5	51.1	55.9	60.6	64.7	69.4	74.2	78.7	83.4	88.2
a(max)		2.4	3	4	4.5	5.3	6	6	7.5	7.5	7.5	9	9	10.5	10.5	12	12	13.5	13.5	15	15	16.5	16.5	18
e(min)		8.63	10.89	14.12	17.59	19.85	22.73	26.17	29.56	32.95	37.29	39.55	45.2	50.85	55.37	60.79	66.44	72.02	76.95	82.6	88.25	93.56	99.21	104.86
k(公称)		3.5	4	5.3	6.4	7.5	8.8	10	11.5	12.5	14	15	17	18.7	21	22.5	25	26	28	30	33	35	38	40
r(min)		0.2	0.25	0.4	0.4	0.6	0.6	0.6	0.6	0.8	1	0.8	1	1	1	1	1	1.2	1.2	1.6	1.6	2	2	2
s(max)		8	10	13	16	18	21	24	27	30	34	36	41	46	50	55	60	65	70	75	80	85	90	95
l 范围	GB/T 5780—2000	25~50	30~60	35~80	40~100	45~120	60~140	55~160	80~180	65~200	90~220	80~240	100~260	90~300	130~320	110~300	150~400	160~420	180~440	180~480	200~500	220~500	240~500	260~500
	GB/T 5781—2000	10~40	12~50	16~65	20~80	25~100	30~140	35~100	35~180	40~100	45~220	50~100	55~280	60~100	65~100	70~100	80~400	80~420	90~440	90~480	100~500	110~500	120~500	120~500
l 系列		10,12,16,20~50(5 进位),(55),60,(65),70~160(10 进位),180,220,240,260,280,300,320,340,360,380,400,420,440,460,480,500																						

技术条件	材料	机械性能等级	螺纹公差	公差产品等级	表面处理
	钢	d≤39:4.6、4.8；d>39:按协议	8g	C	不经处理:镀锌钝化

注：① 尽量不采用括号内规格；

② M42、M48、M56、M64 为通用规格，其余为商品规格；

③ GB/T 5781—2000 螺纹公差为 6g。

表 11.5 Ⅰ型六角螺母和六角薄螺母

Ⅰ型六角螺母—A 和 B 级(GB/T 6170—2000),Ⅰ型六角螺母—细牙 A 和 B 级(GB/T 6171—2000)

六角薄螺母—A 和 B 级(GB/T 6172.1—2000),六角薄螺母—细牙—A 和 B 级(GB/T 6173—2000)

mm

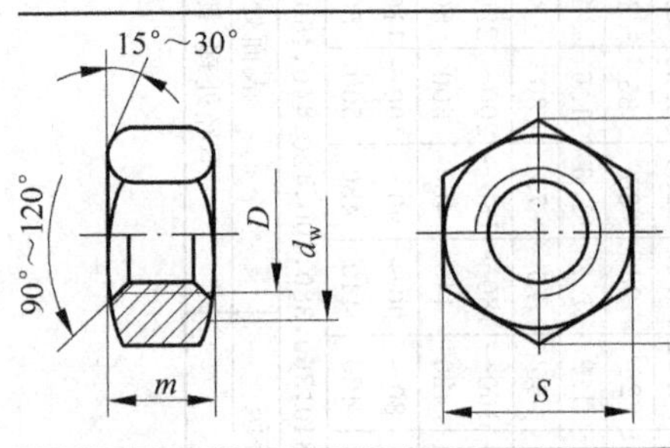

标记示例

螺纹规格 D=M10、性能等级为 10 级、不经表面处理、A 级的Ⅰ型六角螺母：螺母 GB/T 6170—2000 M10

螺纹规格 D=M16×1.5、性能等级为 8 级、不经表面处理、A 级的Ⅰ型六角螺母：螺母 GB/T 6171—2000 M16×1.5

螺纹规格 D GB/T 6170—2000		M5	M6	M8	M10	M12	M16	M20	M24	M30	M36	M42
螺纹规格 D×P GB/T 6171—2000				M8 ×1	M10 ×1	M12 ×1.5	M16 ×1.5	M20 ×2	M24 ×2	M30 ×2	M36 ×3	M42 ×3
C(max)		0.5	0.5	0.6	0.6	0.6	0.8	0.8	0.8	0.8	0.8	1
d_w(min)		6.9	8.9	11.6	14.6	16.6	22.5	27.7	33.2	42.7	51.1	60.6
e (min)		8.79	11.05	14.38	17.77	20.03	26.75	32.95	39.55	50.85	60.79	72.02
m(max)	Ⅰ型	4.7	5.2	6.8	8.4	10.8	14.8	18	21.5	25.6	31	34
	薄螺母	2.7	3.2	4	5	6	8	10	12	15	18	21
S (max)		8	10	13	16	18	24	30	36	46	55	65

技术条件	材料	机械性能等级	螺纹公差	产品等级
	钢	D≤39 时, Ⅰ型：6,8,10; D>39 时,按协议; 薄螺母：04,05	6H	A 用于 D≤16 B 用于 D>16 (GB/T 6175—2000)

表 11.6 Ⅱ型六角螺母

Ⅱ型六角螺母—A 和 B 级(GB/T 6175—2000)

Ⅱ型六角螺母—细牙—A 和 B 级(GB/T 6176—2000)

mm

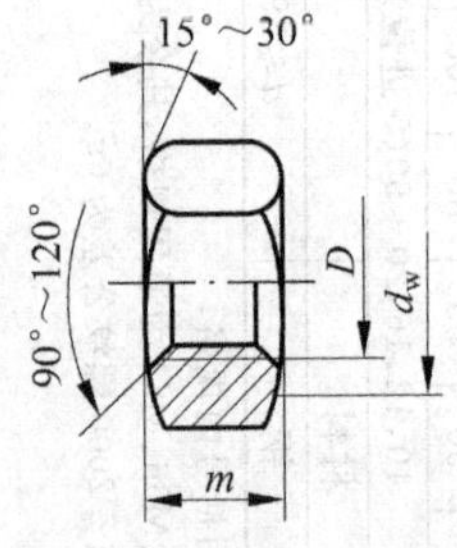

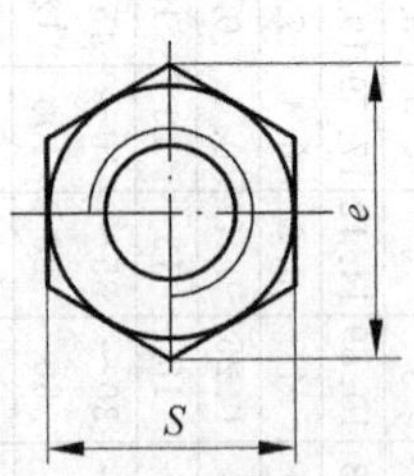

标记示例

螺纹规格 D=M10、性能等级为 9 级、不经表面处理、A 级的Ⅱ型六角螺母：螺母 GB/T 6175—2000 M10

螺纹规格 D	M5	M6	M8	M10	M12	(M14)	M16	M20	M24	M30	M36
e (min)	8.8	11.1	14.4	17.8	20	23.4	26.8	33	39.6	50.9	60.8
S (max)	8	10	13	16	18	21	24	30	36	46	55
m (max)	5.1	5.7	7.5	9.3	12	14.1	15.4	20.3	23.9	28.6	34.7

技术条件	材料：钢	性能等级：9～12	螺纹公差：6H	表面处理：①不经处理；②镀锌钝化

表 11.7 外螺纹收尾、肩距和退刀槽(GB/T 3—1997) mm

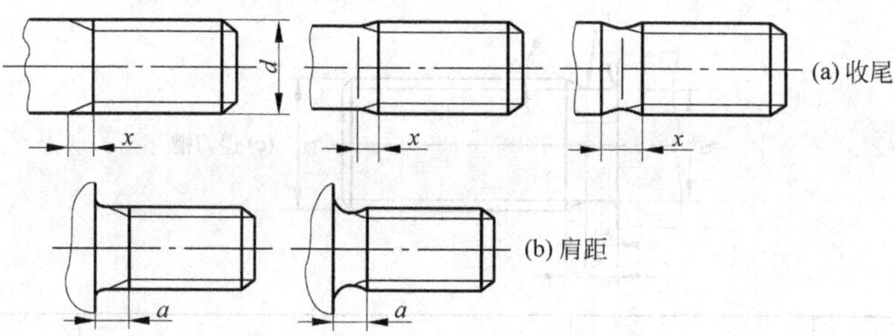

螺距 P	收尾 x(max)		肩距 a(max)		
	一般	短的	一般	长的	短的
0.2	0.5	0.25	0.6	0.8	0.4
0.25	0.6	0.3	0.75	1	0.5
0.3	0.75	0.4	0.9	1.2	0.6
0.35	0.9	0.45	1.05	1.4	0.7
0.4	1	0.5	1.2	1.6	0.8
0.45	1.1	0.6	1.35	1.8	0.9
0.5	1.25	0.7	1.5	2	1
0.6	1.5	0.75	1.8	2.4	1.2
0.7	1.75	0.9	2.1	2.8	1.4
0.75	1.9	1	2.25	3	1.5
0.8	2	1	2.4	3.2	1.6
1	2.5	1.25	3	4	2
1.25	3.2	1.6	4	5	2.5
1.5	3.8	1.9	4.5	6	3
1.75	4.3	2.2	5.3	7	3.5
2	5	2.5	6	8	4
2.5	6.3	3.2	7.5	10	5
3	7.5	3.8	9	12	6
3.5	9	4.5	10.5	14	7
4	10	5	12	16	8
4.5	11	5.5	13.5	18	9
5	12.5	6.3	15	20	10
5.5	14	7	16.5	22	11
6	15	7.5	18	24	12
参考值	$\approx 2.5P$	$\approx 1.25P$	$\approx 3P$	$=4P$	$=2P$

续表

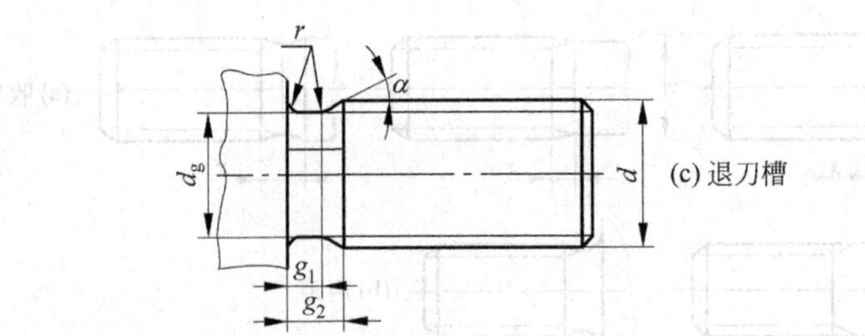

(c) 退刀槽

螺距 P	g_2(max)	g_1(min)	d_g	$r\approx$
0.25	0.75	0.4	$d-0.4$	0.12
0.3	0.9	0.5	$d-0.5$	0.16
0.35	1.05	0.6	$d-0.6$	0.16
0.4	1.2	0.6	$d-0.7$	0.2
0.45	1.35	0.7	$d-0.7$	0.2
0.5	1.5	0.8	$d-0.8$	0.2
0.6	1.8	0.9	$d-1$	0.4
0.7	2.1	1.1	$d-1.1$	0.4
0.75	2.25	1.2	$d-1.2$	0.4
0.8	2.4	1.3	$d-1.3$	0.4
1	3	1.6	$d-1.6$	0.6
1.25	3.75	2	$d-2$	0.6
1.5	4.5	2.5	$d-2.3$	0.8
1.75	5.25	3	$d-2.6$	1
2	6	3.4	$d-3$	1
2.5	7.5	4.4	$d-3.6$	1.2
3	9	5.2	$d-4.4$	1.6
3.5	10.5	6.2	$d-5$	1.6
4	12	7	$d-5.7$	2
4.5	13.5	8	$d-6.4$	2.5
5	15	9	$d-7$	2.5
5.5	17.5	11	$d-7.7$	3.2
6	18	11	$d-8.3$	3.2
参考值	$\approx 3P$	—	—	—

① 应优先选用“一般”长度的收尾和肩距；“短”收尾和“短”肩距仅用于结构受限制的螺纹件上；产品等级为 B 或 C 级的螺纹紧固件可采用“长”肩距。

② d 为螺纹公称直径代号。

③ d 公差为 h13($d>3$mm)，h12($d\leqslant 3$mm)。

表 11.8　内螺纹收尾、肩距和退刀槽(GB/T 3—1997)　mm

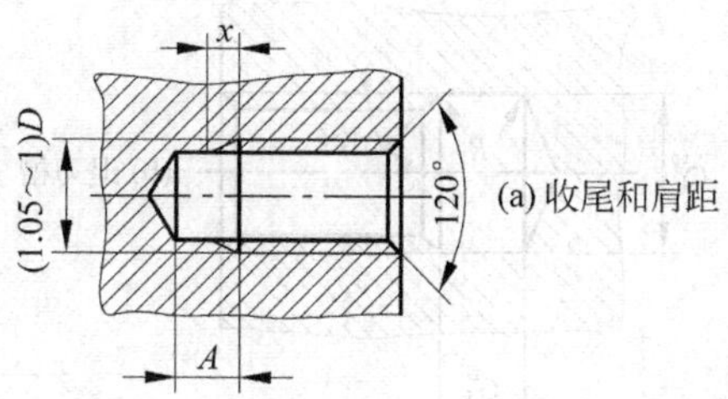

(a) 收尾和肩距

螺距 P	收尾 x(max)		肩距 A	
	一般	短的	一般	长的
0.2	0.8	0.4	1.2	1.6
0.25	1	0.5	1.5	2
0.3	1.2	0.6	1.8	2.4
0.35	1.4	0.7	2.2	2.8
0.4	1.6	0.8	2.5	3.2
0.45	1.8	0.9	2.8	3.6
0.5	2	1	3	4
0.6	2.4	1.2	3.2	4.8
0.7	2.8	1.4	3.5	5.6
0.75	3	1.5	3.8	6
0.8	3.2	1.6	4	6.4
1	4	2	5	8
1.25	5	2.5	6	10
1.5	6	3	7	12
1.75	7	3.5	9	14
2	8	4	10	16
2.5	10	5	12	18
3	12	6	14	22
3.5	14	7	16	24
4	16	8	18	26
4.5	18	9	21	29
5	20	10	23	32
5.5	22	11	25	35
6	24	12	28	38
参考值	$=4P$	$=2P$	$\approx 6\sim5P$	$\approx 8\sim6.5P$

续表

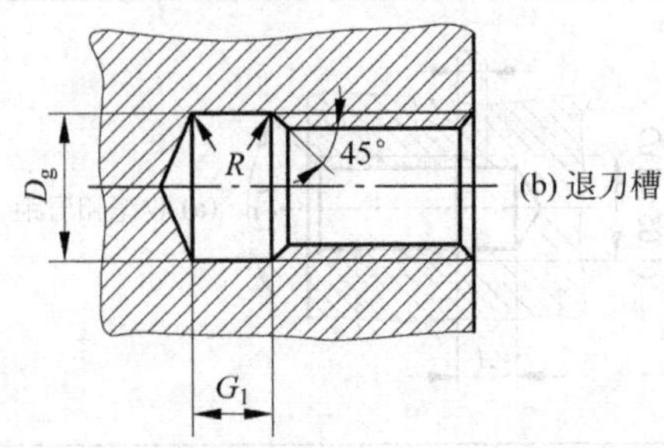

螺距 P	G_1		D_g	$R\approx$
	一般	长的		
0.5	2	1	$D+0.3$	0.2
0.6	2.4	1.2		0.3
0.7	2.8	1.4		0.4
0.75	3	1.5		0.4
0.8	3.2	1.6		0.4
1	4	2	$D+0.5$	0.5
1.25	5	2.5		0.6
1.5	6	3		0.8
1.75	7	3.5		0.9
2	8	4		1
2.5	10	5		1.2
3	12	6		1.5
3.5	14	7		1.8
4	16	8		2
4.5	18	9		2.2
5	20	10		2.5
5.5	22	11		2.8
6	24	12		3
参考值	$=4P$	$=2P$	—	$\approx 0.5P$

注：① 应优先选用“一般”长度的收尾和肩距；容屑需要较大空间时可选用“长”肩距，结构限制时可选用“短”收尾。

② “短”退刀槽仅在结构受限制时使用。

③ D_g 公差为 H13。

④ D 为螺纹公称直径代号。

表 11.9 紧固件通孔和沉头座孔尺寸 mm

螺栓或螺钉用直径 d			4	5	6	8	10	12	14	16	18	20	22	24	27	30
螺栓、螺柱和螺钉用通孔直径 d_t（GB 5277—1985）		精装配	4.3	5.3	6.4	8.4	10.5	13	15	17	19	21	23	25	28	31
		中等装配	4.5	5.5	6.6	9	11	13.5	15.5	17.5	20	22	24	26	30	33
		粗装配	4.8	5.8	6.7	10	12	14.5	16.5	18.5	21	24	26	28	32	35
沉头用沉孔 GB/T 152.2—1988		d_2	9.6	10.6	12.8	17.6	20.3	24.4	28.4	32.4	—	40.4	—	—	—	—
		$t\approx$	2.7	2.7	3.3	4.6	5	6	7	8	—	10	—	—	—	—
		d_1	4.5	5.5	6.6	9	11	13.5	15.5	17.5	—	22	—	—	—	—
圆柱头用沉孔 GB/T 152.3—1988		d_2	8	10	11	15	18	20	24	26	—	33	—	40	—	48
		t	4.6	5.7	6.8	9	11	13	15	17.5	—	21.5	—	25.5	—	32
		d_3	—	—	—	—	—	16	18	20	—	24	—	28	—	36
		d_1	4.5	5.5	6.6	9	11	13.5	15.5	17.5	—	22	—	26	—	33
六角螺母用沉孔 GB/T 152.4—1988		d_2	10	11	13	18	22	26	30	33	36	40	43	48	53	61
		d_3	—	—	—	—	—	16	18	20	22	24	26	28	33	36
		d_1	4.5	5.5	6.6	9	11	13.5	15.5	17.5	20	22	24	26	30	33

注：六角头螺栓六角螺母所用沉孔的 t 值只要能制出与通孔轴线垂直的圆平面即可。

表 11.10 普通粗牙螺纹的余留长度、钻孔余留深度(JB/ZQ 4247—2006) mm

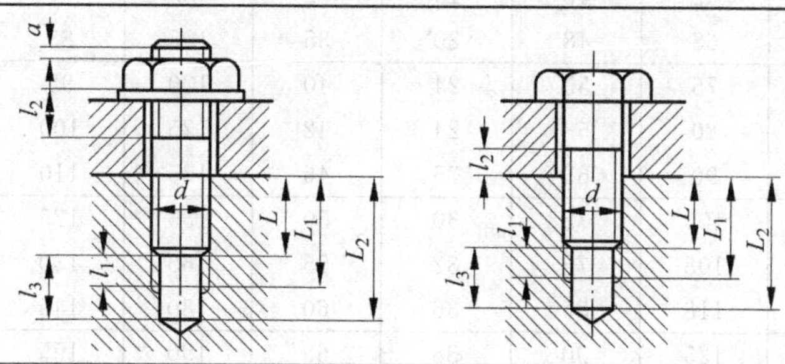

螺距 P	螺纹直径 d	余留长度			末端长度
		内螺纹	外螺纹	钻孔	
		l_1	l_2	l_3	a
0.7 0.8	4 5	1.5	2.5	4 6	1~2
1 1.25	6 8	2 2.5	3.5 4	7 9	1.5~2.5
1.5 1.75	10 12	3 3.5	4.5 5.5	10 13	2~3
2	14 16	4	6	14	2.5~4

注：① 拧入深度 L 由设计者确定（一般钢件及青钢件 $L\approx d$；铸铁件 $L\approx 1.5d$）。

② 钻孔深度 $L_2=L+l_3$。孔深度 $L_1=L+l_1$（不包括螺尾）。

表 11.11 扳手空间(JB/ZQ 4005—1997)

mm

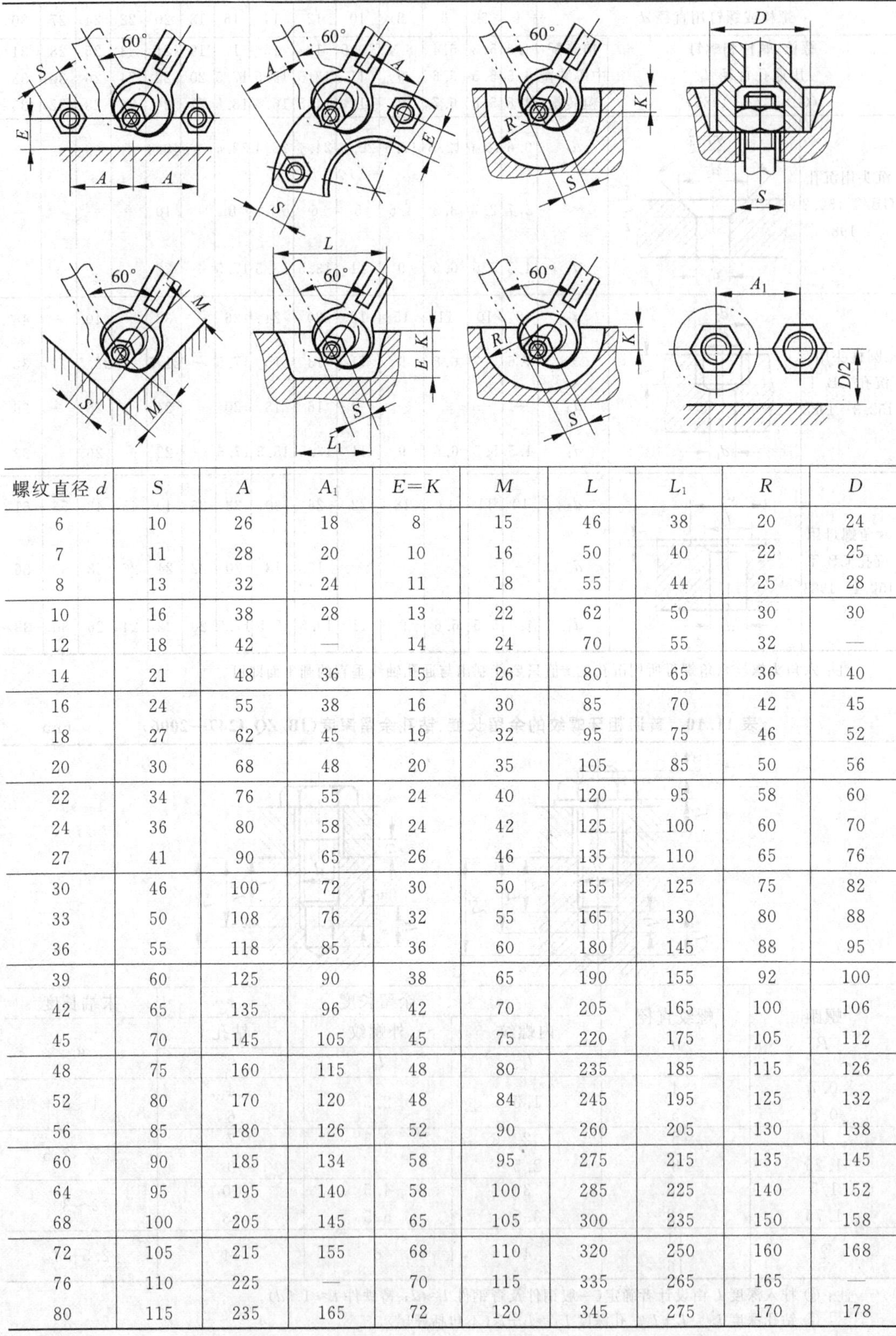

螺纹直径 d	S	A	A_1	$E=K$	M	L	L_1	R	D
6	10	26	18	8	15	46	38	20	24
7	11	28	20	10	16	50	40	22	25
8	13	32	24	11	18	55	44	25	28
10	16	38	28	13	22	62	50	30	30
12	18	42	—	14	24	70	55	32	—
14	21	48	36	15	26	80	65	36	40
16	24	55	38	16	30	85	70	42	45
18	27	62	45	19	32	95	75	46	52
20	30	68	48	20	35	105	85	50	56
22	34	76	55	24	40	120	95	58	60
24	36	80	58	24	42	125	100	60	70
27	41	90	65	26	46	135	110	65	76
30	46	100	72	30	50	155	125	75	82
33	50	108	76	32	55	165	130	80	88
36	55	118	85	36	60	180	145	88	95
39	60	125	90	38	65	190	155	92	100
42	65	135	96	42	70	205	165	100	106
45	70	145	105	45	75	220	175	105	112
48	75	160	115	48	80	235	185	115	126
52	80	170	120	48	84	245	195	125	132
56	85	180	126	52	90	260	205	130	138
60	90	185	134	58	95	275	215	135	145
64	95	195	140	58	100	285	225	140	152
68	100	205	145	65	105	300	235	150	158
72	105	215	155	68	110	320	250	160	168
76	110	225	—	70	115	335	265	165	—
80	115	235	165	72	120	345	275	170	178

表 11.12 紧定螺钉

开槽锥端紧定螺钉(GB/T 71—1985)、开槽平端紧定螺钉(GB/T 73—1985)、开槽长圆柱端紧定螺钉(GB/T 75—1985)

mm

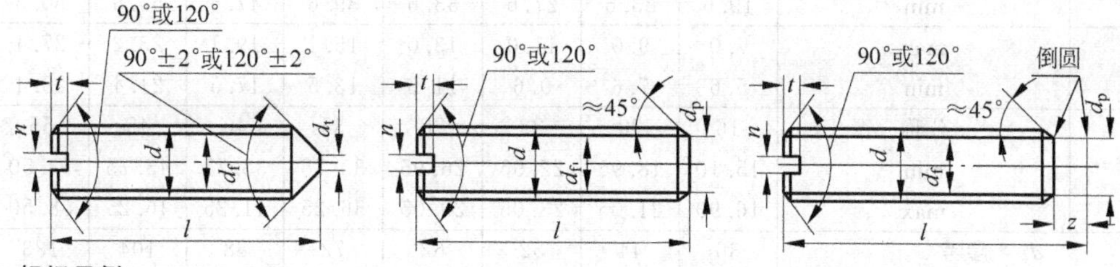

标记示例

螺纹规格 d=M5、公称长度 l=12mm、性能等级为 14H 级、表面氧化的开槽锥端紧定螺钉：螺钉 GB/T 71—1985 M5×12

螺纹规格 d		M3	M4	M5	M6	M8	M10	M12
螺距 P		0.5	0.7	0.8	1	1.25	1.5	1.75
d_f		≈螺纹小径						
d_t	max	0.3	0.4	0.5	1.5	2	2.5	3
	min	—	—	—	—	—	—	—
d_p(GB/T 73—1985, GB/T 75—1985)	max	2	2.5	3.5	4	5.5	7	8.5
	min	1.75	2.25	3.2	3.7	5.2	6.64	8.14
n 公称		0.4	0.6	0.8	1	1.2	1.6	2
t	max	1.05	1.42	1.63	2	2.5	3	3.6
	min	0.8	1.12	1.28	1.6	2	2.4	2.8
z(GB/T 75—1985)	max	1.75	2.25	2.75	3.25	4.3	5.3	6.3
	min	1.5	2	2.5	3	4	5	6
l 系列		4,5,6,8,10,12,(14),16,20~50 (5 进位),(55),60						

注：材料为 Q235,15,35,45 钢。

表 11.13 吊环螺钉(GB/T 825—1988)

mm

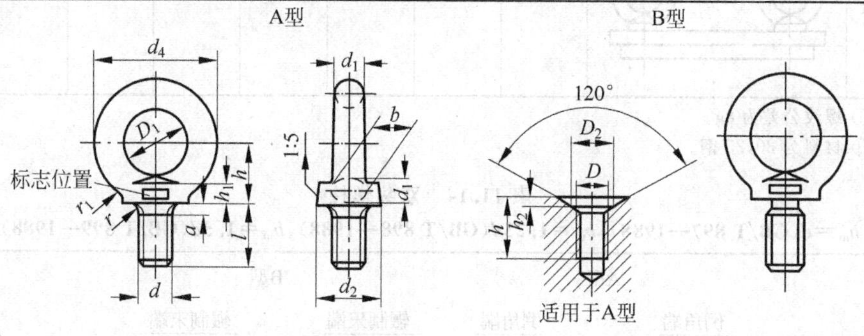

标记示例

螺纹规格 d=M20、材料 20 钢、经正火处理、不经表面处理的 A 型吊环螺钉：螺钉 GB/T 825—1988 M20

规格 d		M8	M10	M12	M16	M20	M24	M30	M36
d_1	max	9.1	11.1	13.1	15.2	17.4	21.4	25.7	30.0
	min	7.6	9.6	11.6	13.6	15.6	19.6	23.5	27.5
D_1	公称	20	24	28	34	40	48	56	67
	min	19.0	23.0	27.0	32.9	38.8	46.8	54.6	65.5
	max	20.4	24.4	28.4	34.5	40.6	48.6	56.6	67.7

续表

规格 d		M8	M10	M12	M16	M20	M24	M30	M36
d_2	max	21.1	25.1	29.1	35.2	41.4	49.4	57.5	69.0
	min	19.6	23.6	27.6	33.6	39.6	47.6	55.5	60.5
h_1	max	7.0	9.0	11.0	13.0	15.1	19.1	23.2	27.4
	min	5.6	7.6	9.6	11.6	13.5	17.5	21.4	25.4
l	公称	16	20	22	28	35	40	45	55
	min	15.10	18.95	22.95	26.95	33.75	38.75	43.75	53.50
	max	16.90	21.05	23.05	29.05	36.25	41.25	46.25	58.50
d_4 参考		36	44	52	62	72	88	104	123
h		18	22	26	31	36	44	53	63
r_1		4	4	6	6	8	12	15	18
r(min)		1	1	1	1	1	2	2	3
a(max)		2.0	3.0	3.5	4.0	5.0	6.0	7.0	8.0
b		10	12	14	16	19	24	28	32
D		M8	M10	M12	M16	M20	M24	M30	M36
D_2	公称(min)	13.00	15.00	17.00	22.00	28.00	32.00	37.00	45.00
	max	13.43	15.43	17.52	22.52	28.52	32.62	38.62	45.62
h_2	公称(min)	2.50	3.00	3.50	4.50	5.00	7.00	8.00	9.50
	max	2.90	3.40	3.98	4.98	5.48	7.58	8.58	10.08
单螺钉起吊重量/t		0.16	0.25	0.4	0.63	1	1.6	2.5	4
双螺钉起吊重量/t	45°(max)	0.08	0.125	0.2	0.32	0.5	0.8	1.25	2

注：① 螺纹公差为 8g。

② 材料为 20,25 钢。

表 11.14 双头螺柱

$b_m=d$(GB/T 897—1988),$b_m=1.25d$(GB/T 898—1988),$b_m=1.5d$(GB/T 899—1988)

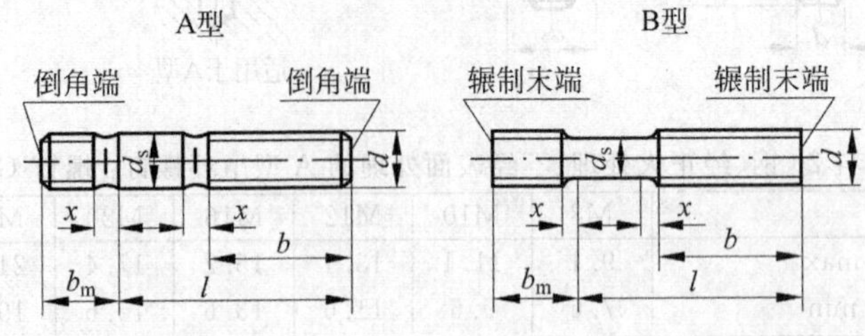

标记示例

两端均为粗牙普通螺纹，螺纹规格 d=M10、l=50mm、性能等级为 4.8 级、不经表面处理、B 型、b_m=1.5d 的双头螺柱：螺柱 GB/T 899 M10×50

续表

mm

<table>
<tr><td colspan="15">末端按 GB/T 2—1985 的规定；d_s≈螺纹中径(B型)</td></tr>
<tr><td colspan="2">螺纹规格 d</td><td>M5</td><td>M6</td><td>M8</td><td>M10</td><td>M12</td><td>(M14)</td><td>(M16)</td><td>(M18)</td><td>(M30)</td><td>(M22)</td><td>(M24)</td><td>(M27)</td><td>(M30)</td></tr>
<tr><td rowspan="3">公称尺寸 b_m</td><td>$b_m=d$</td><td>5</td><td>6</td><td>8</td><td>10</td><td>12</td><td>14</td><td>16</td><td>18</td><td>20</td><td>22</td><td>24</td><td>27</td><td>30</td></tr>
<tr><td>$b_m=1.25d$</td><td>6</td><td>8</td><td>10</td><td>12</td><td>15</td><td></td><td>20</td><td></td><td>25</td><td></td><td>30</td><td></td><td>38</td></tr>
<tr><td>$b_m=1.5d$</td><td>8</td><td>10</td><td>12</td><td>15</td><td>18</td><td>21</td><td>24</td><td>27</td><td>30</td><td>33</td><td>36</td><td>40</td><td>45</td></tr>
<tr><td rowspan="2">d_s</td><td>min</td><td>4.70</td><td>5.70</td><td>7.64</td><td>9.64</td><td>11.57</td><td>13.57</td><td>15.57</td><td>17.57</td><td>19.48</td><td>21.48</td><td>23.48</td><td>26.48</td><td>29.48</td></tr>
<tr><td>max</td><td>5.00</td><td>60.0</td><td>8.00</td><td>10.00</td><td>12.00</td><td>14.00</td><td>16.00</td><td>18.00</td><td>20.00</td><td>22.00</td><td>24.00</td><td>27.00</td><td>30.00</td></tr>
<tr><td colspan="2">x(max)</td><td colspan="13">1.5P</td></tr>
<tr><td colspan="2">公称 l</td><td colspan="13">b</td></tr>
<tr><td colspan="2">16</td><td rowspan="4">10</td><td rowspan="2"></td><td rowspan="2"></td><td rowspan="3"></td><td rowspan="3"></td><td rowspan="5"></td><td rowspan="5"></td><td rowspan="8"></td><td rowspan="8"></td><td rowspan="10"></td><td rowspan="11"></td><td rowspan="12"></td><td rowspan="13"></td></tr>
<tr><td colspan="2">(18)</td></tr>
<tr><td colspan="2">20</td><td rowspan="2">10</td><td rowspan="2">12</td></tr>
<tr><td colspan="2">(22)</td><td rowspan="2">14</td><td rowspan="3">16</td></tr>
<tr><td colspan="2">25</td><td rowspan="9">16</td><td rowspan="3">14</td><td rowspan="3">16</td></tr>
<tr><td colspan="2">(28)</td><td rowspan="4">16</td><td rowspan="3">18</td><td rowspan="4">20</td></tr>
<tr><td colspan="2">30</td><td rowspan="4">20</td></tr>
<tr><td colspan="2">(32)</td><td rowspan="11">18</td><td rowspan="14">22</td></tr>
<tr><td colspan="2">35</td><td rowspan="3">25</td><td rowspan="3">22</td><td rowspan="3">25</td></tr>
<tr><td colspan="2">(38)</td><td rowspan="15">26</td><td rowspan="4">30</td></tr>
<tr><td colspan="2">40</td><td rowspan="14">30</td><td rowspan="2">30</td></tr>
<tr><td colspan="2">45</td><td rowspan="13">34</td><td rowspan="4">35</td><td rowspan="5">35</td><td rowspan="2">30</td></tr>
<tr><td colspan="2">50</td><td rowspan="5">40</td><td rowspan="3">35</td></tr>
<tr><td colspan="2">(55)</td><td rowspan="20"></td><td rowspan="11">38</td><td rowspan="5">45</td><td rowspan="3">40</td></tr>
<tr><td colspan="2">60</td></tr>
<tr><td colspan="2">(65)</td><td rowspan="9">42</td><td rowspan="5">50</td></tr>
<tr><td colspan="2">70</td><td rowspan="8">46</td><td rowspan="5">50</td></tr>
<tr><td colspan="2">(75)</td><td rowspan="7">50</td></tr>
<tr><td colspan="2">80</td><td rowspan="15"></td><td rowspan="6">54</td></tr>
<tr><td colspan="2">(85)</td></tr>
<tr><td colspan="2">90</td><td rowspan="4">60</td></tr>
<tr><td colspan="2">(95)</td><td rowspan="12"></td><td rowspan="3">66</td></tr>
<tr><td colspan="2">100</td></tr>
<tr><td colspan="2">110</td></tr>
<tr><td colspan="2">120</td><td>32</td><td rowspan="9">36</td><td rowspan="9">40</td><td rowspan="9">44</td><td rowspan="9">48</td><td rowspan="9">52</td><td rowspan="9">56</td><td rowspan="9">60</td><td rowspan="9">66</td><td rowspan="9">72</td></tr>
<tr><td colspan="2">130</td><td rowspan="8"></td></tr>
<tr><td colspan="2">140</td></tr>
<tr><td colspan="2">150</td></tr>
<tr><td colspan="2">160</td></tr>
<tr><td colspan="2">170</td></tr>
<tr><td colspan="2">180</td></tr>
<tr><td colspan="2">190</td></tr>
<tr><td colspan="2">200</td></tr>
</table>

注：① 括号内的规格，尽可能不采用。

② P 为粗牙螺距。

③ 折线之间为通用规格范围。

④ 当 $b-b_m \leqslant 5$mm 时，旋螺母一端应制成倒圆端。

⑤ $b_m=1.25d$ 为商品规格，应优先选用。

⑥ 材料为 Q235，35 钢。

表 11.15 小垫圈、平垫圈

小垫圈 A 级(GB/T 848—2002)、平垫圈 A 级(GB/T 97.1—2002)、平垫圈倒角型 A 级(GB/T 97.2—2002)

mm

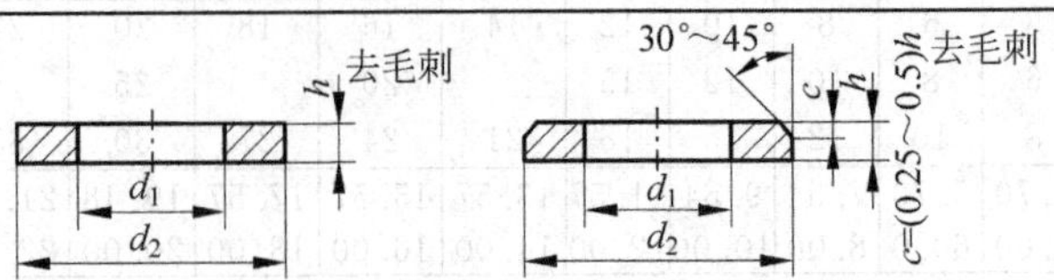

标记示例

小系列、公称规格 8mm、由钢制造的硬度等级为 200HV、不经表面处理、产品等级为 A 级的平垫圈：垫圈 GB/T 848

公称尺寸(螺纹规格 d)		3	4	5	6	8	10	12	14	16	20	24	30
内径 d_1	GB/T 848—2002 GB/T 97.1—2002 GB/T 97.2—2002	3.2	4.3	5.3	6.4	8.4	10.5	13	15	17	21	25	31
外径 d_2	GB/T 848—2002	6	8	9	11	15	18	20	24	28	34	39	50
	GB/T 97.1—2002 GB/T 97.2—2002	7	9	10	12	16	20	24	28	30	37	44	56
厚度 h	GB/T 848—2002	0.5	0.5	1	1.6	1.6	1.6	2	2.5	2.5	3	4	4
	GB/T 97.1—2002 GB/T 97.2—2002	0.5	0.8	1	1.6	1.6	2	2.5	2.5	3	3	4	4

注：① 公称尺寸 $d \leqslant 4$ 的各尺寸不适用于 GB/T 97.2—2002。

② 材料为 Q215、Q235 钢。

表 11.16 弹簧垫圈

标准型弹簧垫圈(GB 93—1987)、轻型弹簧垫圈(GB 859—1987)

mm

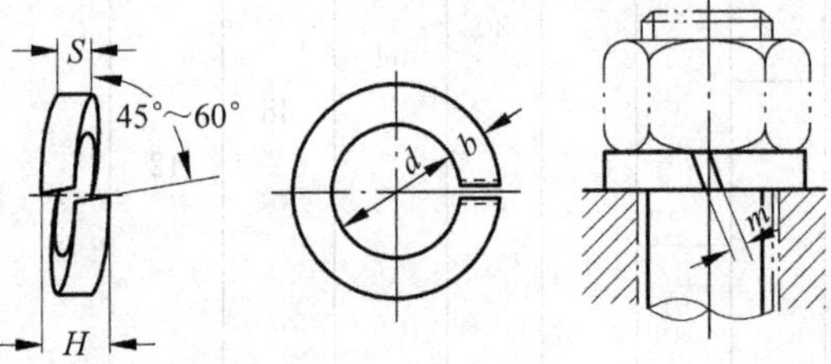

标记示例

规格 16mm、材料为 65Mn、表面氧化的标准型(或轻型)弹簧垫圈：垫圈 GB 93—1987(GB 859—1987) 16

规格(螺纹大径)		3	4	5	6	8	10	12	(14)	16	(18)	20	(22)	24	(27)	30
GB 93—1987	$S(b)$	0.8	1.1	1.3	1.6	2.1	2.6	3.1	3.6	4.1	4.5	5.0	5.5	6.0	6.8	7.5
	H	1.6~2	2.2~2.75	2.6~3.25	3.2~4	4.2~5.25	5.2~6.5	6.2~7.75	7.5~9	8.2~10.15	9~11.25	10~12.5	11~13.75	12~15	13.6~17	15~18.75
	$m \leqslant$	0.4	0.55	0.65	0.8	1.05	1.3	1.55	1.8	2.05	2.25	2.5	2.75	3	3.4	3.75
GB 859—1987	S	0.6	0.8	1.1	1.3	1.6	2	2.5	3	3.2	3.6	4	4.5	5	5.5	6
	b	1	1.2	1.5	2	2.5	3	3.5	4	4.5	5	5.5	6	7	8	9
	H	1.2~1.5	1.6~2	2.2~2.75	2.6~3.25	3.2~4	4~5	5~6.25	6~7.5	6.4~8	7.2~9	8~10	9~11.25	10~12.5	11~13.75	12~15
	$m \leqslant$	0.3	0.4	0.55	0.65	0.8	1.0	1.25	1.5	1.6	1.8	2.0	2.25	2.5	2.75	3.0

注：① 尽可能不采用括号内的规格。

② 材料为 65Mn。

第12章

键和销

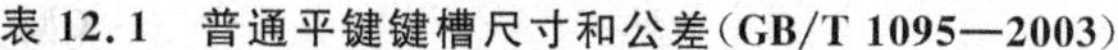

表 12.1　普通平键键槽尺寸和公差(GB/T 1095—2003)　　mm

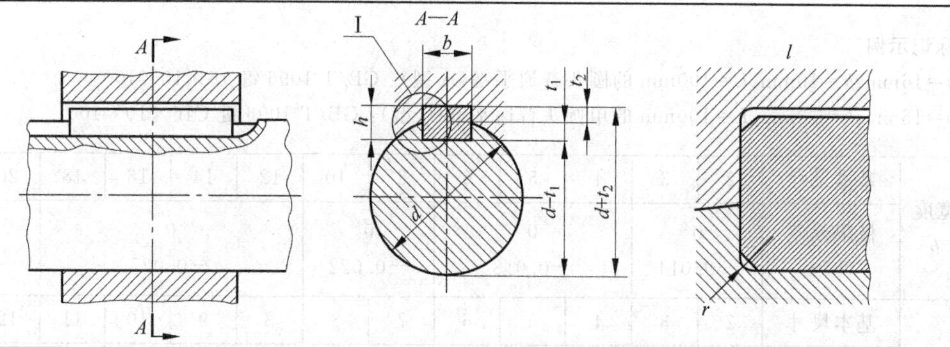

键尺寸 $b\times h$	键槽											
	宽度 b						深度				半径 r	
	基本尺寸	极限偏差					轴 t_1		毂 t_2			
		松连接		正常连接		紧密连接						
		轴 H9	毂 D10	轴 N9	毂 Js9	轴和毂 P9	基本尺寸	极限偏差	基本尺寸	极限偏差	最小	最大
2×2	2	+0.025 0	+0.060 +0.020	−0.004 −0.029	±0.0125	−0.006 −0.031	1.2	+0.10 0	1	+0.10 0	0.08	0.16
3×3	3						1.8		1.4			
4×4	4	+0.030 0	+0.078 +0.030	0 −0.030	±0.015	−0.012 −0.042	2.5		1.8			
5×5	5						3.0		2.3		0.16	0.25
6×6	6						3.5		2.8			
8×7	8	+0.036 0	+0.098 +0.040	0 −0.036	±0.018	−0.015 −0.051	4.0	+0.2 0	3.3	+0.20 0		
10×8	10						5.0		3.3		0.25	0.40
12×8	12	+0.043 0	+0.120 +0.050	0 −0.043	±0.0215	−0.018 −0.061	5.0		3.3			
14×9	14						5.5		3.8			
16×10	16						6.0		4.3			
18×11	18						7.0		4.4			
20×12	20	+0.052 0	+0.149 +0.065	0 −0.052	±0.026	−0.022 −0.074	7.5		4.9		0.40	0.60
22×14	22						9.0		5.4			
25×14	25						9.0		5.4			
28×16	28						10.0		5.4			
32×18	32	+0.062 0	+0.180 +0.080	0 −0.062	±0.031	−0.026 −0.088	11.0		7.4			

注：① d 为相配合孔、轴的公称尺寸；对于任一 d 的孔、轴，皆可按需要选择键尺寸，而不局限于特定的某一键尺寸。

② $(d-t_1)$和$(d+t_2)$两组组合尺寸的极限偏差按相应的 t_1 和 t_2 的极限偏差选取，但$(d-t_1)$极限偏差值应取负号(−)。

③ 在工作图中，轴槽深用 t_1 或$(d-t_1)$标注，轮毂槽深用$(d+t_2)$标注。

④ 轴槽及轮毂槽的宽度对轴及轮毂轴心线的对称度，一般按公差 7～9 级选取。

⑤ 平键轴槽的长度公差用 H14。

⑥ 轴槽、轮毂槽的宽度两侧面粗糙度参数 Ra 值推荐为 1.6～3.2μm。

⑦ 轴槽底面及轮毂槽底面的表面粗糙度参数 Ra 值推荐为 6.3μm。

⑧ 平键的材料通常为 45 钢。

表 12.2　普通平键的尺寸和公差(GB/T 1096—2003)　mm

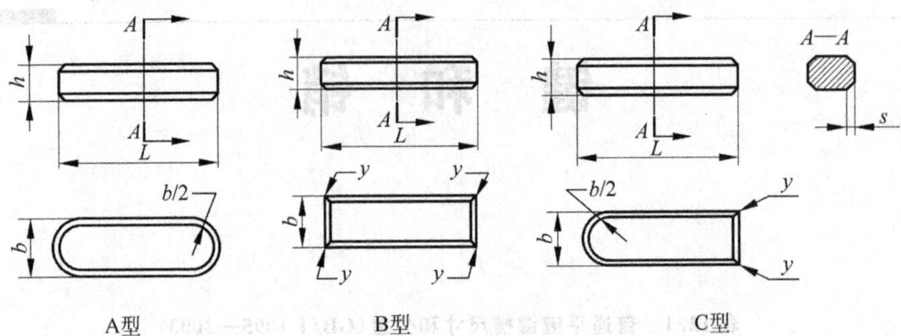

A型　　B型　　C型

标记示例

b=16mm、h=10mm、L=100mm 的圆头普通平键(A 型)：GB/T 1096 键 16×10×100

b=16mm、h=10mm、L=100mm 的单圆头普通平键(C 型)：GB/T 1096 键 C16×10×100

宽度 b	基本尺寸		2	3	4	5	6	8	10	12	14	16	18	20	22
	极限偏差(h8)		0 −0.014		0 −0.018			0 −0.022		0 −0.027				0 −0.033	
高度 h	基本尺寸		2	3	4	5	6	7	8	8	9	10	11	12	14
	极限偏差	矩形(h11)	—		—			0 −0.090					0 −0.110		
		方形(h8)	0 −0.014		0 −0.018			—					—		
倒角或倒圆 s			0.16～0.25			0.25～0.40			0.40～0.60				0.60～0.80		
键的长度系列			6,8,10,12,14,16,18,20,22,25,28,32,36,40,45,50,56,63,70,80,90,100,110,125,140,160,180,200,220,250,280,320,360												

注：① $y \leqslant s_{max}$。

② 键长 L 的公差带为 h14。

表 12.3　矩形花键基本尺寸系列(GB/T 1144—2001)　mm

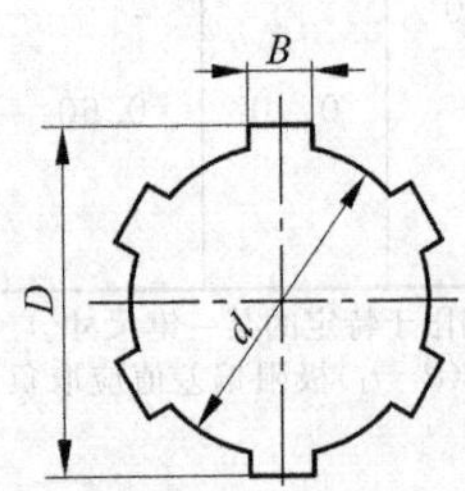

标记示例

花键 $N=6$、$d=23\dfrac{H7}{f7}$、$D=26\dfrac{H10}{a11}$、$B=6\dfrac{H11}{a10}$的标记为：

花键规格　$N \times d \times D \times B$　6×23×26×6

花键副　$6\times23\dfrac{H7}{f7}\times26\dfrac{H10}{a11}\times6\dfrac{H11}{a10}$　GB/T 1144—2001

内花键　6×23H7×26H10×6H11　GB/T 1144—2001

外花键　6×23f7×26a11×6a10　GB/T 1144—2001

续表

轻系列					中系列			
小径 d	规格 $N\times d\times D\times B$	键数 N	大径 D	键宽 B	规格 $N\times d\times D\times B$	键数 N	大径 D	键宽 B
11	—	—	—	—	6×11×14×3	6	14	3
13					6×13×16×3.5		16	3.5
16					6×16×20×4		20	4
18					6×18×22×5		22	5
21					6×21×25×5		25	
23	6×23×26×6	6	26	6	6×23×28×6		28	6
26	6×26×30×6		30		6×26×32×6		32	
28	6×28×32×7		32	7	6×28×34×7		34	7
32	8×32×36×6	8	36	6	8×32×38×6	8	38	6
36	8×36×40×7		40	7	8×36×42×7		42	7
42	8×42×46×8		46	8	8×42×48×8		48	8
46	8×46×50×9		50	9	8×46×54×9		54	9
52	8×52×58×10		58	10	8×52×60×10		60	10
56	8×56×62×10		62		8×56×65×10		65	
62	8×62×68×12		68	12	8×62×72×12		72	12
72	10×72×78×12	10	78		10×72×82×12	10	82	
82	10×82×88×12		88		10×82×92×12		92	
92	10×92×98×14		98	14	10×92×102×14		102	14
102	10×102×108×16		108	16	10×102×112×16		112	16
112	10×112×120×18		120	18	10×112×125×18		125	18

表 12.4　矩形花键键槽的截面尺寸(GB/T 1144—2001)　mm

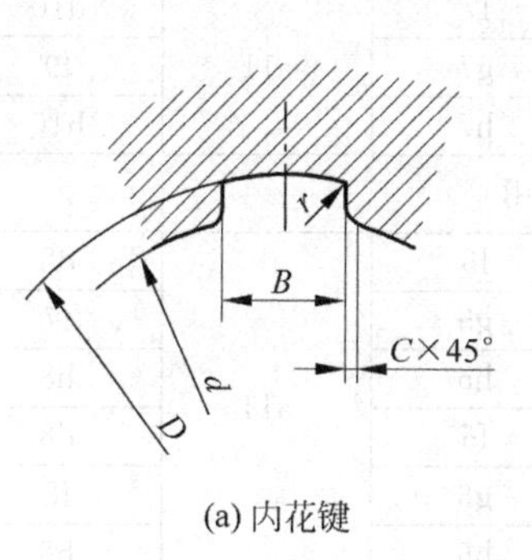

(a) 内花键

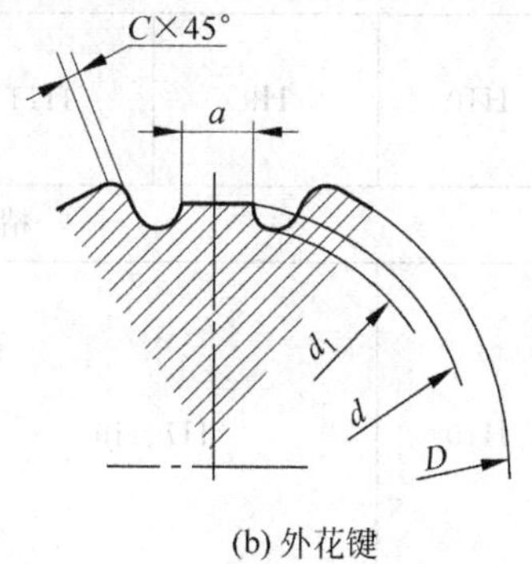

(b) 外花键

续表

轻系列					中系列				
规格 $N\times d\times D\times B$	C	r	$d_{1\min}$ 参考	$a_{\min}$ 参考	规格 $N\times d\times D\times B$	C	r	$d_{1\min}$ 参考	$a_{\min}$ 参考
—	—	—	—	—	6×11×14×3	0.2	0.1	—	—
					6×13×16×3.5				
					6×16×20×4	0.3	0.2	14.4	1.0
					6×18×22×5			16.6	
					6×21×25×5			19.5	2.0
6×23×26×6	0.2	0.1	22	3.5	6×23×28×6			21.2	1.2
6×26×30×6	0.3	0.2	24.5	3.8	6×26×32×6	0.4	0.3	23.6	
6×28×32×7			26.6	4.0	6×28×34×7			25.8	1.4
8×32×36×6			30.3	2.7	8×32×38×6			29.4	1.0
8×36×40×7			34.4	3.5	8×36×42×7			33.4	
8×42×46×8			40.5	5.0	8×42×48×8			39.4	2.5
8×46×50×9			44.6	5.7	8×46×54×9	0.5	0.4	42.6	1.4
8×52×58×10	0.4	0.3	49.6	4.8	8×52×60×10			48.6	2.5
8×56×62×10			53.5	6.5	8×56×65×10			52.0	
8×62×68×12			59.7	7.3	8×62×72×12			57.7	2.4
10×72×78×12			69.5	5.4	10×72×82×12	0.6	0.5	67.7	1.0
10×82×88×12			79.3	8.5	10×82×92×12			77.0	2.9
10×92×98×14			89.5	9.9	10×92×102×14			87.3	4.5
10×102×108×16			99.6	11.3	10×102×112×16			97.7	6.2
10×112×120×18	0.5	0.4	108.8	10.5	10×112×125×18			106.2	4.1

表 12.5 矩形花键内、外花键的尺寸公差带(GB/T 1144—2001)

内花键				外花键			装配型式
d	D	B 拉削后不热处理	B 拉削后热处理	d	D	B	
一般用							
H7	H10	H9	H11	f7	a11	d10	滑动
				g7		f9	紧滑动
				h7		h10	固定
精密传动用							
H5	H10	H7、H9		f5	a11	d8	滑动
				g5		f7	紧滑动
				h5		h8	固定
H6				f6		d8	滑动
				g6		f8	紧滑动
				h6		h8	固定

表 12.6 圆柱销(GB/T 119.1—2000) mm

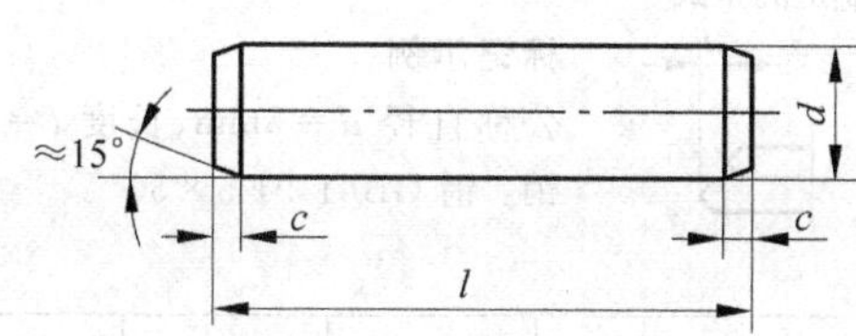

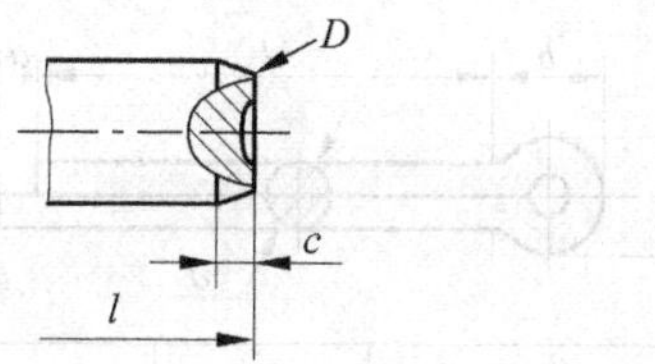

标记示例

公称直径 d=6mm、公差为 m6、公称长度 l=30、材料为 A1 组奥氏体不锈钢、表面简单处理的圆柱销：销 GB/T 119.1 6m6×30—A1

d	0.6	0.8	1	1.2	1.5	2	2.5	3	4	5
$c\approx$	0.12	0.16	0.2	0.25	0.3	0.35	0.4	0.5	0.63	0.8
l	2～6	2～8	4～12	4～14	4～18	6～16	6～26	8～32	8～45	10～55
d	6	8	10	12	16	20	25	30	40	50
$c\approx$	1.2	1.6	2	2.5	3	3.5	4	5	6.3	8
l	12～80	14～85	18～100	22～160	26～200	28～200	28～200	60～200	95～200	65～200
公称长度 l 系列	2,3,4,5,6,8,10,12,14,16,18,20,22,24,26,28,30,32,35,40,45,50,55,60,65,70,75,80,85,90,95,100,120,140,180,200。公称长度大于 200 的，按 20 递增									

注：① d 的公差带公差为 m6 或 h8，其他公差带由供需双方协议。

② 材料为不淬硬钢(硬度 125～245HV30)或奥氏体不锈钢 A1(硬度 210～280HV30)。

③ 公差 m6：$Ra\leqslant 0.8\mu m$；公差 h8：$Ra\leqslant 1.6\mu m$。

表 12.7 圆锥销(GB/T 117—2000) mm

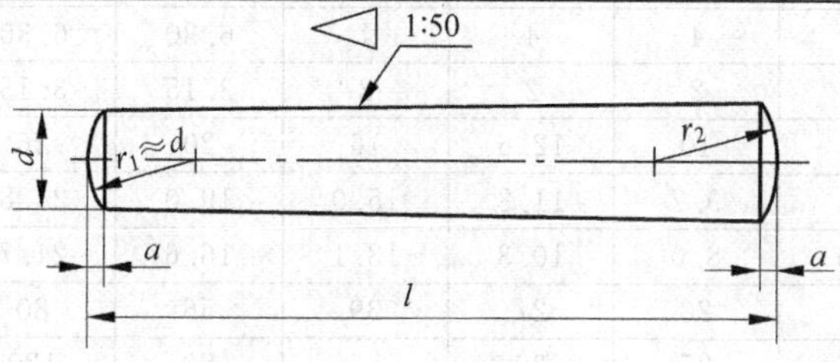

标记示例

公称直径 d=10mm、公称长度 l=60mm、材料为 35 钢、热处理硬度 28～38HRC、表面氧化处理的 A 型圆锥销：销 GB/T 117 10×60

d	0.6	0.8	1	1.2	1.5	2	2.5	3	4	5
$a\approx$	0.08	0.1	0.12	0.16	0.2	0.25	0.3	0.4	0.5	0.63
l	4～8	5～12	6～16	6～20	8～24	10～35	10～35	12～45	14～55	18～60
d	6	8	10	12	16	20	25	30	40	50
$a\approx$	0.8	1	1.2	1.6	2	2.5	3	4	5	6.3
l	22～90	22～120	26～160	32～180	40～200	45～200	50～200	55～200	60～200	65～200
公称长度 l 系列	4,5,6,8,10,12,14,16,18,20,22,24,26,28,30,32,35,40,45,50,55,60,65,70,75,80,85,90,95,100,120,140,180,200。公称长度大于 200，按 20 递增									

注：① $r_2=\frac{a}{2}+d+\frac{(0.02l)^2}{8a}$。

② 材料为易切钢(Y12、Y15)、碳素钢(35(28～38HRC)、45(38～46HRC))、合金钢(30CrMnSiA(35～41HRC))或不锈钢(1Cr13、2Cr13、Cr17Ni2、0Cr18Ni9Ti)。

③ d 的公差带默认为 h10，其他公差带如 a11、c11 和 f8 由供需双方协议。

④ A 型(磨削)：锥面表面粗糙度 $Ra=0.8\mu m$；B 型(切削或冷镦)：锥面表面粗糙度 $Ra=3.2\mu m$；端面粗糙度 $Ra=6.3\mu m$。

表 12.8　开口销(GB/T 91—2000)　　mm

允许制造的型式

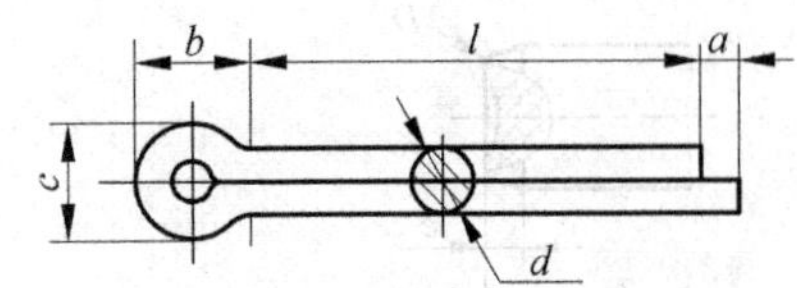

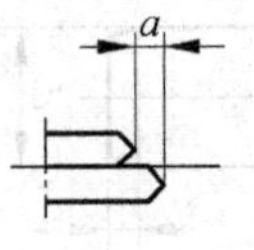

标记示例

公称直径 $d=5$mm、长度 $l=50$mm 的开口销：销 GB/T 91 5×50

公称规格			0.6	0.8	1	1.2	1.6	2	2.5	3.2
d		max	0.5	0.7	0.9	1.0	1.4	1.8	2.3	2.9
		min	0.4	0.6	0.8	0.9	1.3	1.7	2.1	2.7
a		max	1.6	1.6	1.6	2.50	2.50	2.50	2.50	3.2
		min	0.8	0.8	0.8	1.25	1.25	1.25	1.25	1.6
$b\approx$			2	2.4	3	3	3.2	4	5	6.4
c		max	1.0	1.4	1.8	2.0	2.8	3.6	4.6	5.8
		min	0.9	1.2	1.6	1.7	2.4	3.2	4.0	5.1
适用的直径	螺栓	>	—	2.5	3.5	4.5	5.5	7	9	11
		⩽	2.5	3.5	4.5	5.5	7	9	11	14
	U 形销	>	—	2	3	4	5	6	8	9
		⩽	2	3	4	5	6	8	9	12
公称规格			4	5	6.3	8	10	13	16	20
d		max	3.7	4.6	5.9	7.5	9.5	12.4	15.4	19.3
		min	3.5	4.4	5.7	7.3	9.3	12.1	15.1	19.0
a		max	4	4	4	4	6.30	6.30	6.30	6.30
		min	2	2	2	2	3.15	3.15	3.15	3.15
$b\approx$			8	10	12.6	16	20	26	32	40
c		max	7.4	9.2	11.8	15.0	19.0	24.8	30.8	38.5
		min	6.5	8.0	10.3	13.1	16.6	21.7	27.0	33.8
适用的直径	螺栓	>	14	20	27	39	56	80	120	170
		⩽	20	27	39	56	80	120	170	—
	U 形销	>	12	17	23	29	44	69	110	160
		⩽	17	23	29	44	69	110	160	—
l 系列			10,12,14,16,18,20,22,24,26,28,32,36,40,45,50,56,63,71,80,90,100,112,125,140,160,180,200,224,250,280							

注：材料为碳素钢(Q215、Q235)、铜合金(H63)和不锈钢(1Cr17Ni7、0Cr18Ni9Ti)。

第 13 章

紧固件

表 13.1　轴端挡圈（GB 891～892—1986）　　mm

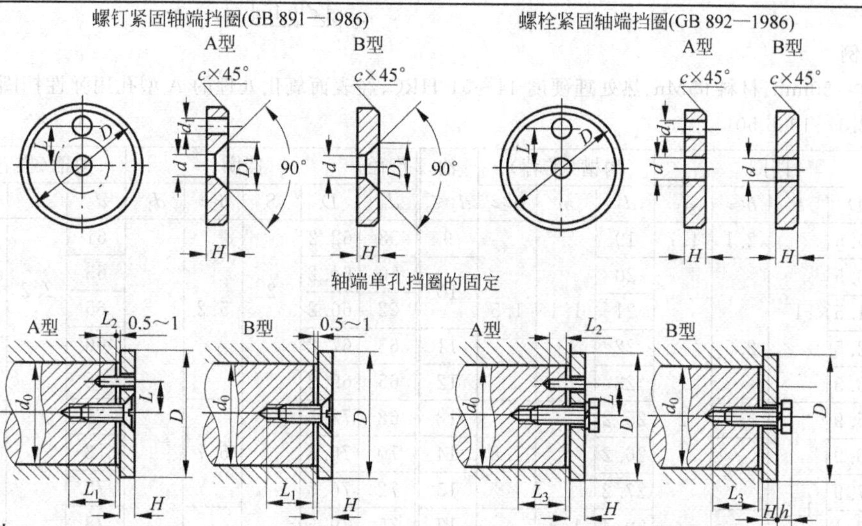

标记示例

公称直径 D＝45mm、材料为 Q235、不经表面处理的 A 型螺钉紧固轴端挡圈：挡圈 GB 891—86—45

公称直径 D＝45mm、材料为 Q235、不经表面处理的 B 型螺钉紧固轴端挡圈：挡圈 GB 891—86—B45

轴径≤	公称直径 D	H	L	d	d_1	c	螺钉紧固轴端挡圈			螺栓紧固轴端挡圈			安装尺寸			
							D_1	螺钉 GB 819—1985（推荐）	圆柱销 GB/T 119—1986（推荐）	螺栓 GB/T 5783—1985（推荐）	圆柱销 GB/T 119—1986（推荐）	垫圈 GB 93—1987（推荐）	L_1	L_2	L_3	h
14	20															
16	22		—													
18	25	4		5.5	2.1	0.5	11	M5×12	A×10	M5×16	A2×10	5	14	6	16	5.1
20	28		7.5													
22	30															
25	32															
28	35		10													
30	38															
32	40	5		6.6	3.2	1	13	M6×16	A3×12	M6×20	A3×12	6	18	7	20	6
35	45		12													
40	50															
45	55															
50	60		16													
55	65															
60	70	6		9	4.2	1.5	17	M8×20	A4×14	M8×25	A4×14	8	22	8	24	8
65	75		20													
70	80															

注：材料为 Q235、35、45 钢。

表 13.2 孔用弹性挡圈—A型(GB 893.1—1986) mm

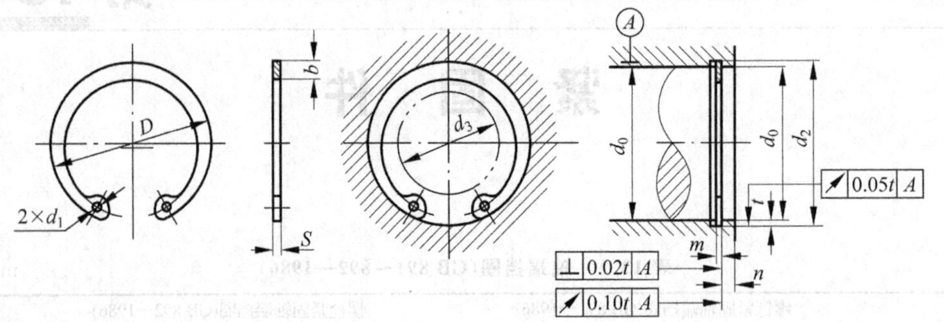

标记示例

孔径 d_0=50mm、材料 65Mn、热处理硬度 44～51 HRC、经表面氧化处理的 A 型孔用弹性挡圈：挡圈 GB 893.1—1986 50

孔径	挡圈				沟槽(推荐)			轴	孔径	挡圈				沟槽(推荐)			轴
d_0	D	S	b≈	d_1	d_2	m	n≥	d_3≤	d_0	D	S	b≈	d_1	d_2	m	n≥	d_3≤
18	19.5		2.1	1.7	19			9	58	62.2				61			43
19	20.5				20			10	60	64.2	2			63	2.2		44
20	21.5	1			21	1.1	1.5		62	66.2		5.2		65			45
21	22.5		2.5		22			11	63	67.2				66			46
22	23.5				23			12	65	69.2				68		4.5	48
24	25.9			2	25.2			13	68	72.5				71			50
25	26.9		2.8		26.2		1.8	14	70	74.5		5.7		73			53
26	27.9				27.2			15	72	76.5				75			55
28	30.1	1.2			29.4	1.3	2.1	17	75	79.5		6.3		78			56
30	32.1		3.2		31.4			18	78	82.5			3	81			60
31	33.4				32.7			19	80	85.5				83.5			63
32	34.4				33.7		2.6	20	82	87.5	2.5	6.8		85.5	2.7		65
34	36.5				35.7			22	85	90.5				88.5			68
35	37.8			2.5	37			23	88	93.5		7.3		91.5		5.3	70
36	38.8		3.6		38		3	24	90	95.5				93.5			72
37	39.8				39			25	92	97.5				95.5			73
38	40.8	1.5			40			26	95	100.5		7.7		98.5			75
40	43.5		4		42.5	1.7		27	98	103.5				101.5			78
42	45.5				445			29	100	105.5				103.5			80
45	48.5				475		3.8	31	102	108		8.1		106			82
47	50.5				49.5			32	105	112				109			83
48	51.5		4.7	3	50.5			33	108	115		8.8		112			86
50	54.5				53			36	110	117	3		4	114	3.2	6	88
52	56.2	2			55	2.2	4.5	38	112	119				116			89
55	59.2				58			40	115	122		9.3		119			90
56	60.2		5.2		59			41	120	127				124			95

注：① 材料为 65Mn、60Si2MnA。

② 热处理硬度：当 d_0≤48mm 时，47～54HRC；当 d_0>48mm 时，44～51HRC。

③ d_3 为允许套入的最大轴径。

表 13.3　轴用弹性挡圈—A 型(GB 894.1—1986)

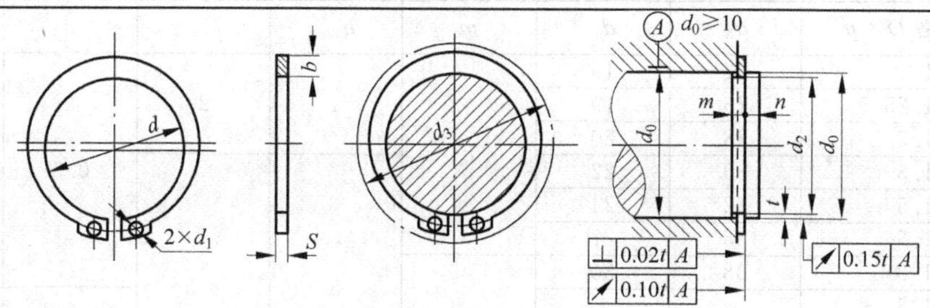

标记示例

轴径 d_0＝50mm、材料 65Mn、热处理 44～51HRC、经表面氧化处理的 A 型轴用弹性挡圈：挡圈 GB 894.1—1986　50

轴径	挡圈				沟槽(推荐)			孔	轴径	挡圈				沟槽(推荐)			孔
d_0	d	S	$b\approx$	d_1	d_2	m	$n\geqslant$	$d_3\geqslant$	d_0	d	S	$b\approx$	d_1	d_2	m	$n\geqslant$	$d_3\geqslant$
18	16.5	1	2.48	1.7	17	1.1	1.5	27	55	50.8	2	5.48	3	52	2.2	4.5	70.4
19	17.5			2	18			28	56	51.8		6.12		53			71.7
20	18.5		2.68		19			29	58	53.8				55			73.6
21	19.5				20			31	60	55.8				57			75.8
22	20.5				21			32	62	57.8				59			79
24	22.2	1.2	3.32		22.9	1.3	1.7	34	63	58.8	2.5			60	2.7		79.6
25	23.2				23.9			35	65	60.8				62			81.6
26	24.2				24.9			36	68	63.5		6.32		65			85
28	25.9		3.60		26.6		2.1	38.4	70	65.5				67			87.2
29	26.9		3.72		27.6			39.8	72	67.5				69			89.4
30	27.9				28.6			42	75	70.5				72			92.8
32	29.6		3.92	2.5	30.3		2.6	44	78	73.5				75			96.2
34	31.5	1.5	4.32		32.3	1.7		46	80	74.5		7.0		76.5		5.3	98.2
35	32.2		4.52		33		3	48	82	76.5				78.5			101
36	33.2				34			49	85	79.5				81.5			104
37	34.2				35			50	88	82.5				84.5			107.3
38	35.2		5.0		36			51	90	84.5		7.6		86.5			110
40	36.5				37.5		3.8	53	95	89.5		9.2		91.5			115
42	38.5			3	39.5			56	100	94.5				96.5			121
45	41.5				42.5			59.4	105	98	3	10.7		101	3.2	6	132
48	44.5				45.5			62.8	110	103		11.3	4	106			136
50	45.8	2	5.48		47	2.2	4.5	64.8	115	108		12		111			142
52	47.8				49			67	120	113				116			145

注：① 材料为 65Mn、60Si2MnA。

② 热处理硬度：当 $d_0 \leqslant$48mm 时，47～54HRC；当 $d_0 >$48mm 时，44～51HRC。

③ d_3 为允许套入的最小孔径。

表 13.4　圆螺母(GB 812—1988)

mm

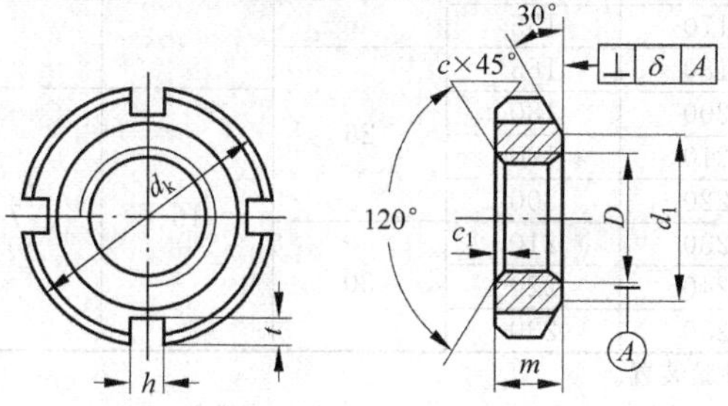

标记示例

螺纹规格 $D\times p$＝M16×1.5、材料为 45 钢、槽或全部热处理后硬度为 35～45HRC、表面氧化的圆螺母：螺母 GB 812—1988　M16×1.5

续表

螺纹规格 $D\times p$	d_k	d_1	m	n_{min}	t_{min}	c	c_1
M10×1	22	16	8	4	2	0.5	0.5
M12×1.25	25	19					
M14×1.5	28	20					
M16×1.5	30	22		5	2.5		
M18×1.5	32	24					
M20×1.5	35	27					
M22×1.5	38	30	10				
M24×1.5	42	34				1	
M25×1.5 *							
M27×1.5	45	37					
M30×1.5	48	40					
M33×1.5	52	43		6	3	1.5	1
M35×1.5 *							
M36×1.5	55	46					
M39×1.5	58	49					
M40×1.5 *							
M42×1.5	62	53					
M45×1.5	68	59					
M48×1.5	72	61	12	8	3.5		
M50×1.5 *							
M52×1.5	78	67					
M55×2							
M58×2	85	74					
M60×2	90	79					
M64×2	95	84					
M65×2 *							
M68×2	100	88		10	4		
M72×2	105	93	15				
M75×2 *							
M76×2	110	98					
M80×2	116	103					
M85×2	120	108					
M90×2	125	112					
M95×2	130	117		12	5		
M100×2	135	122	18				
M105×2	140	127					
M110×2	150	135		14	6		
M115×2	155	140	22				
M120×2	160	145					
M125×2	165	150					
M130×2	170	155					
M140×2	180	165	26				
M150×2	200	180		16	7		
M160×3	210	190				2	1.5
M170×3	220	200					
M180×3	230	210	30				
M190×3	240	220					
M200×3	250	230					

注：① * 仅用滚动轴承锁紧装置。

② $D\times p$<M 100 * 2：n(槽数)=4；$D\times p$ >M105 * 2：n(槽数)=6。

③ 螺纹公差：6H；垂直度公差 δ 按 GB 1184—1996,9 级。

④ 材料为 Q235,45 钢,槽或全部热处理后硬度 35～45HRC。

表 13.5　圆螺母用止动垫圈(GB 858—1988)　　mm

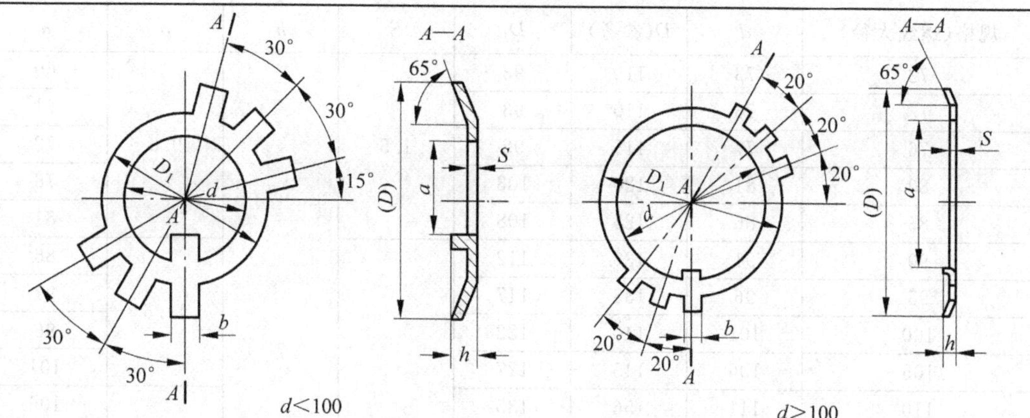

标记示例

公称直径＝16mm、材料为 A3，经退火、表面氧化的圆螺母用止动垫圈：垫圈 GB 858—1988 16

规格(螺纹大径)	d	D(参考)	D_1	S	h	b	a
10	10.5	25	16				8
12	12.5	28	19			3.8	9
14	14.5	32	20		3		11
16	16.5	34	22				13
18	18.5	35	24				15
20	20.5	38	27	1			17
22	22.5	42	30		4		19
24	24.5	45	34			4.8	21
25 *	25.5	45	34				22
27	27.5	48	37				24
30	30.5	52	40				27
33	33.5	56	43				30
35 *	33.5	56	43				32
36	36.5	60	46		5		33
39	39.5	62	49			5.7	36
40 *	40.5	62	49				37
42	42.5	66	53				39
45	45.5	72	59				42
48	48.5	76	61				45
50	50.5	76	61	1.5			47
52	52.5	82	67				49
55	56	82	67				52
56	57	90	74			7.7	53
60	61	94	79		6		57
64	65	100	84				61
65	66	100	84				62
68	69	105	88			9.6	65

续表

规格(螺纹大径)	d	D(参考)	D_1	S	h	b	a
72	73	110	93	1.5	7	9.6	69
75	76	110	93				71
76	77	115	98				72
80	81	120	103				76
85	86	125	108				81
90	91	130	112	2		11.6	86
95	96	135	117				91
100	101	140	122				96
105	106	145	127				101
110	111	156	135			13.5	106
115	116	160	140				111
120	121	166	145				116
125	126	170	150				121
130	131	176	155				126
140	141	186	165				136
150	151	206	180	2.5		15.5	146
160	161	216	190		8		156
170	171	226	200				166
180	181	236	210				176
190	191	246	220				186
200	201	256	230				196

注：① *仅用于滚动轴承锁紧装置。
② 材料为Q215、Q235、10、15钢。

第 14 章

齿轮、蜗杆及蜗轮的精度

14.1 渐开线圆柱齿轮精度

表 14.1 齿轮某些精度等级的应用范围

精度等级	圆周速度/(m/s)		齿面粗糙度	应用范围
	直齿	斜齿		
4 级	<35	<70	≯0.2	极精密分度机构的齿轮，非常高速并要求平稳、无噪声的齿轮，高速涡轮机齿轮
5 级	<20	<40	≯0.4	精密分度机构的齿轮，高速并要求平稳、无噪声的齿轮，高速涡轮机齿轮
6 级	<15	<30	≯0.8	高速、平稳、无噪声、高效齿轮，如航空、汽车、机床中的重要齿轮，分度机的齿轮，读数机构齿轮
7 级	<10	<15	0.4～0.8	高速、动力小而需逆转的齿轮，机床中的进给齿轮，航空齿轮，读数机构齿轮，具有一定速度的减速器齿轮
8 级	<6	<10	≯1.6	一般机器中的普通齿轮，汽车、拖拉机、减速器中的一般齿轮，航空器中的不重要齿轮，农用机械中的重要齿轮
9 级	<2	<4	≯3.2	低速重载工作机械中的传力齿轮

表 14.2 齿轮传动的使用要求与公差项目

齿轮传动的使用要求	公差项目		
	代号	名称	
齿轮传递运动的准确性	F_p	齿距累积总偏差	强制性检验项目
	F_r	齿轮径向跳动公差	非强制性检验项目
	F_i''	径向综合总偏差	
	F_i'	切向综合公差	
齿轮的传动平稳性	$\pm f_{pt}$	单个齿距偏差	强制性检验项目
	F_α	齿廓总偏差	
	f_i''	一齿径向综合偏差	非强制性检验项目
	f_i'	一齿切向综合偏差	
轮齿载荷分布的均匀性	F_β	齿轮螺旋线总偏差	强制性检验项目
侧隙	k	跨齿数	
	E_{sn}	齿厚偏差	
	E_w	公法线长度偏差	

表 14.3 齿轮的精度等级

公差项目代号	精度等级
F_p、f_{pt}、F_α、F_β、F_r、f_i'、F_i'	0、1、2、3、4、5、6、7、8、9、10、11、12
F_i''、f_i''	4、5、6、7、8、9、10、11、12

注：0～2级用于远景发展；3～5级用于高精度；6～9级用于中等精度；10～12级用于低精度。

表 14.4 普通减速器圆柱齿轮最低精度

齿轮圆周速度/(m/s)		精度等级(按 GB/T 10095.1—2008)	
斜齿轮	直齿轮	软或中硬齿面	硬齿面
≤8	≤3	9—9—7	8—8—6
>8～12.5	>3～7	8—8—7	7—7—6
>12.5～18	>7～12	8—7—7	7—6—6
>18	>12～18	7—6—6	7—6—6

表 14.5 齿轮单个齿距偏差 f_{pt}(GB/T 10095.1—2008) μm

分度圆直径 d/mm	模数 m/mm	精度等级							
		5	6	7	8	9	10	11	12
5≤d≤20	0.5≤m≤2	4.7	6.5	9.5	13.0	19.0	26.0	37.0	53.0
	2<m≤3.5	5.0	7.5	10.0	15.0	21.0	29.0	41.0	59.0
20<d≤50	0.5≤m≤2	5.0	7.0	10.0	14.0	20.0	28.0	40.0	56.0
	2<m≤3.5	5.5	7.5	11.0	15.0	22.0	31.0	44.0	62.0
	3.5<m≤6	6.0	8.5	12.0	17.0	21.0	32.0	48.0	68.0
	6<m≤10	7.0	10.0	14.0	20.0	28.0	40.0	56.0	79.0
50<d≤125	0.5≤m≤2	5.5	7.5	11.0	15.0	21.0	30.0	43.0	61.0
	2<m≤3.5	6.0	8.5	12.0	17.0	23.0	33.0	47.0	66.0
	3.5<m≤6	6.5	9.0	13.0	18.0	26.0	36.0	52.0	73.0
	6<m≤10	7.5	10.0	15.0	21.0	30.0	42.0	59.0	84.0
	10<m≤16	9.0	13.0	18.0	25.0	35.0	50.0	71.0	100.0
	16<m≤25	11.0	16.0	22.0	31.0	44.0	63.0	89.0	125.0
125<d≤280	0.5≤m≤2	6.0	8.5	12.0	17.0	24.0	34.0	48.0	67.0
	2<m≤3.5	6.5	9.0	13.0	18.0	26.0	36.0	51.0	73.0
	3.5<m≤6	7.0	10.0	14.0	20.0	28.0	40.0	56.0	79.0
	6<m≤10	8.0	11.0	16.0	23.0	32.0	45.0	64.0	90.0
	10<m≤16	9.5	13.0	19.0	27.0	38.0	53.0	75.0	107.0
	16<m≤25	12.0	16.0	23.0	33.0	47.0	66.0	93.0	132.0
	25<m≤40	15.0	21.0	30.0	43.0	61.0	86.0	121.0	171.0
280≤d≤560	0.5≤m≤2	6.5	9.5	13.0	19.0	22.0	38.0	54.0	76.0
	2<m≤3.5	7.0	10.0	14.0	20.0	29.0	41.0	57.0	81.0
	3.5<m≤6	8.0	11.0	16.0	22.0	31.0	44.0	62.0	88.0
	6<m≤10	8.5	12.0	17.0	25.0	35.0	49.0	70.0	99.0
	10<m≤16	10.0	14.0	20.0	29.0	41.0	58.0	81.0	115.0
	16<m≤25	12.0	18.0	25.0	35.0	50.0	70.0	99.0	140.0
	25<m≤40	16.0	22.0	32.0	45.0	63.0	80.0	127.0	180.0
	40<m≤70	22.0	31.0	45.0	63.0	89.0	126.0	178.0	252.0

续表

分度圆直径 d/mm	模数 m/mm	精度等级							
		5	6	7	8	9	10	11	12
560＜d≤1000	0.5≤m≤2	7.5	11.0	15.0	21.0	30.0	43.0	61.0	86.0
	2＜m≤3.5	8.0	11.0	16.0	23.0	32.0	46.0	65.0	91.0
	3.5＜m≤6	8.5	12.0	17.0	24.0	35.0	49.0	69.0	98.0
	6＜m≤10	9.5	14.0	19.0	27.0	38.0	54.0	77.0	109.0
	10＜m≤16	11.0	16.0	22.0	31.0	44.0	63.0	89.0	125.0
	16＜m≤25	13.0	19.0	27.0	38.0	53.0	75.0	106.0	150.0
	25＜m≤40	17.0	24.0	34.0	47.0	67.0	95.0	134.0	190.0
	40＜m≤70	23.0	33.0	46.0	65.0	93.0	131.0	185.0	262.0
1000＜d≤1600	2＜m≤3.5	9.0	13.0	18.0	26.0	36.0	51.0	72.0	103.0
	3.5＜m≤6	9.5	14.0	19.0	27.0	39.0	55.0	77.0	109.0
	6＜m≤10	11.0	15.0	21.0	30.0	42.0	60.0	85.0	120.0
	10＜m≤16	12.0	17.0	24.0	34.0	48.0	68.0	97.0	135.0
	16＜m≤25	14.0	20.0	29.0	40.0	57.0	81.0	114.0	161.0
	25＜m≤40	18.0	25.0	36.0	50.0	71.0	100.0	142.0	201.0
	40＜m≤70	24.0	34.0	48.0	68.0	97.0	137.0	193.0	237.0

表 14.6 齿轮齿距累积总偏差 F_p(GB/T 10095.1—2008) μm

分度圆直径 d/mm	模数 m/mm	精度等级							
		5	6	7	8	9	10	11	12
5≤d≤20	0.5≤m≤2	11.0	16.0	23.0	32.0	45.0	64.0	90.0	127.0
	2＜m≤3.5	12.0	17.0	23.0	33.0	47.0	66.0	94.0	133.0
20＜d≤50	0.5≤m≤2	14.0	20.0	29.0	41.0	57.0	81.0	115.0	162.0
	2＜m≤3.5	15.0	21.0	30.0	42.0	59.0	84.0	119.0	168.0
	3.5＜m≤6	15.0	22.0	31.0	44.0	62.0	87.0	123.0	174.0
	6＜m≤10	16.0	23.0	33.0	46.0	65.0	93.0	131.0	185.0
50＜d≤125	0.5≤m≤2	18.0	26.0	37.0	52.0	74.0	104.0	147.0	208.0
	2＜m≤3.5	19.0	27.0	38.0	53.0	76.0	107.0	151.0	214.0
	3.5＜m≤6	19.0	28.0	39.0	55.0	78.0	110.0	156.0	220.0
	6＜m≤10	20.0	29.0	41.0	58.0	82.0	116.0	164.0	231.0
	10＜m≤16	22.0	31.0	44.0	62.0	88.0	124.0	175.0	248.0
	16＜m≤25	24.0	34.0	48.0	68.0	96.0	135.0	193.0	273.0
125＜d≤280	0.5≤m≤2	24.0	35.0	49.0	69.0	98.0	138.0	195.0	276.0
	2＜m≤3.5	25.0	35.0	50.0	70.0	100.0	141.0	199.0	282.0
	3.5＜m≤6	25.0	36.0	51.0	72.0	102.0	144.0	204.0	288.0
	6＜m≤10	26.0	37.0	53.0	75.0	106.0	149.0	211.0	299.0
	10＜m≤16	28.0	39.0	56.0	79.0	112.0	158.0	223.0	316.0
	16＜m≤25	30.0	43.0	60.0	85.0	120.0	170.0	241.0	341.0
	25＜m≤40	34.0	47.0	67.0	95.0	134.0	190.0	269.0	380.0

续表

分度圆直径 d/mm	模数 m/mm	精度等级							
		5	6	7	8	9	10	11	12
280<d≤560	0.5≤m≤2	32.0	46.0	64.0	91.0	129.0	182.0	257.0	364.0
	2<m≤3.5	33.0	46.0	65.0	92.0	131.0	185.0	261.0	370.0
	3.5<m≤6	33.0	47.0	66.0	94.0	133.0	188.0	266.0	376.0
	6<m≤10	34.0	48.0	68.0	97.0	137.0	193.0	274.0	387.0
	10<m≤16	36.0	50.0	71.0	101.0	143.0	202.0	285.0	404.0
	16<m≤25	38.0	54.0	76.0	107.0	151.0	214.0	303.0	428.0
	25<m≤40	41.0	58.0	83.0	117.0	165.0	234.0	331.0	468.0
	40<m≤70	48.0	68.0	95.0	135.0	191.0	270.0	382.0	540.0

表 14.7 齿廓总偏差 F_α(GB/T 10095.1—2008) μm

分度圆直径 d/mm	模数 m/mm	精度等级							
		5	6	7	8	9	10	11	12
5≤d≤20	0.5≤m≤2	4.6	6.5	9.0	13.0	18.0	26.0	37.0	52.0
	2<m≤3.5	6.5	9.5	13.0	19.0	26.0	37.0	53.0	75.0
20<d≤50	0.5≤m≤2	5.0	7.5	10.0	15.0	21.0	29.0	41.0	58.0
	2<m≤3.5	7.0	10.0	14.0	20.0	29.0	40.0	57.0	81.0
	3.5<m≤6	9.0	12.0	18.0	25.0	35.0	50.0	70.0	99.0
	6<m≤10	11.0	15.0	22.0	31.0	43.0	61.0	87.0	123.0
50<d≤125	0.5≤m≤2	6.0	8.5	12.0	17.0	23.0	33.0	47.0	66.0
	2<m≤3.5	8.0	11.0	16.0	22.0	31.0	44.0	63.0	89.0
	3.5<m≤6	9.5	13.0	19.0	27.0	38.0	54.0	76.0	108.0
	6<m≤10	12.0	16.0	23.0	33.0	46.0	65.0	92.0	131.0
	10<m≤16	14.0	20.0	28.0	40.0	56.0	79.0	112.0	159.0
	16<m≤25	17.0	24.0	34.0	48.0	68.0	96.0	136.0	192.0
125<d≤280	0.5≤m≤2	7.0	10.0	14.0	20.0	28.0	39.0	55.0	78.0
	2<m≤3.5	9.0	13.0	18.0	25.0	36.0	50.0	71.0	101.0
	3.5<m≤6	11.0	15.0	21.0	30.0	42.0	60.0	84.0	119.0
	6<m≤10	13.0	18.0	25.0	36.0	50.0	71.0	101.0	143.0
	10<m≤16	15.0	21.0	30.0	43.0	60.0	85.0	121.0	171.0
	16<m≤25	18.0	25.0	36.0	51.0	72.0	102.0	144.0	204.0
	25<m≤40	22.0	31.0	43.0	61.0	87.0	123.0	174.0	246.0
280≤d≤560	0.5≤m≤2	8.5	12.0	17.0	23.0	33.0	47.0	66.0	94.0
	2<m≤3.5	10.0	15.0	21.0	29.0	41.0	58.0	82.0	116.0
	3.5<m≤6	12.0	17.0	24.0	34.0	48.0	67.0	95.0	135.0
	6<m≤10	14.0	20.0	28.0	40.0	56.0	79.0	112.0	158.0
	10<m≤16	16.0	23.0	33.0	47.0	66.0	93.0	132.0	186.0
	16<m≤25	19.0	27.0	39.0	55.0	78.0	110.0	155.0	219.0
	25<m≤40	23.0	33.0	46.0	65.0	92.0	131.0	185.0	261.0
	40<m≤70	28.0	40.0	57.0	80.0	113.0	160.0	227.0	321.0

表 14.8　齿轮螺旋线总偏差 F_β(GB/T 10095.1—2008)

分度圆直径 d/mm	齿宽 b/mm	精度等级							
		5	6	7	8	9	10	11	12
5≤d≤20	4≤b≤10	6.0	8.5	12.0	17.0	24.0	35.0	49.0	69.0
	10≤b≤20	7.0	9.5	14.0	19.0	28.0	39.0	55.0	78.0
	20≤b≤40	8.0	11.0	16.0	22.0	31.0	45.0	63.0	89.0
	40≤b≤80	9.5	13.0	19.0	26.0	37.0	52.0	74.0	105.0
20<d≤50	4≤b≤10	6.5	9.0	13.0	18.0	25.0	36.0	51.0	72.0
	10≤b≤20	7.0	10.0	14.0	20.0	29.0	40.0	57.0	81.0
	20≤b≤40	8.0	11.0	16.0	23.0	32.0	46.0	65.0	92.0
	40≤b≤80	9.5	13.0	19.0	27.0	38.0	54.0	76.0	107.0
	80≤b≤160	11.0	16.0	23.0	32.0	46.0	65.0	92.0	130.0
50<d≤125	4≤b≤10	6.5	9.5	13.0	19.0	27.0	38.0	53.0	76.0
	10≤b≤20	7.5	11.0	15.0	21.0	30.0	42.0	60.0	84.0
	20≤b≤40	8.5	12.0	17.0	24.0	34.0	48.0	68.0	95.0
	40≤b≤80	10.0	14.0	20.0	28.0	39.0	56.0	79.0	111.0
	80≤b≤160	12.0	17.0	24.0	33.0	47.0	67.0	94.0	133.0
	160≤b≤250	14.0	20.0	28.0	40.0	56.0	79.0	112.0	158.0
	250≤b≤400	16.0	23.0	33.0	46.0	65.0	92.0	130.0	184.0
125<d≤280	4≤b≤10	7.0	10.0	14.0	20.0	29.0	40.0	57.0	81.0
	10≤b≤20	8.0	11.0	16.0	22.0	32.0	45.0	63.0	90.0
	20≤b≤40	9.0	13.0	18.0	25.0	36.0	50.0	71.0	101.0
	40≤b≤80	10.0	15.0	21.0	29.0	41.0	58.0	82.0	117.0
	80≤b≤160	12.0	17.0	25.0	35.0	49.0	69.0	98.0	139.0
	160≤b≤250	14.0	20.0	29.0	41.0	58.0	82.0	116.0	164.0
	250≤b≤400	17.0	24.0	34.0	47.0	67.0	95.0	134.0	190.0
	400≤b≤650	20.0	28.0	40.0	56.0	79.0	112.0	158.0	224.0
280<d≤560	10≤b≤20	8.5	12.0	17.0	24.0	34.0	48.0	68.0	97.0
	20<b≤40	9.5	13.0	19.0	27.0	38.0	54.0	76.0	108.0
	40<b≤80	11.0	15.0	22.0	31.0	44.0	62.0	87.0	124.0
	80<b≤160	13.0	18.0	26.0	36.0	52.0	73.0	103.0	146.0
	160<b≤250	15.0	21.0	30.0	43.0	60.0	85.0	121.0	171.0
	250<b≤400	17.0	25.0	35.0	49.0	70.0	98.0	139.0	197.0
	400<b≤650	20.0	29.0	41.0	58.0	82.0	115.0	163.0	231.0
	650<b≤1000	24.0	34.0	48.0	68.0	96.0	136.0	193.0	272.0

表 14.9 齿廓形状偏差 $f_{f\alpha}$(GB/T 10095.1—2008) μm

分度圆直径 d/mm	模数 m/mm	精度等级							
		5	6	7	8	9	10	11	12
5≤d≤20	0.5≤m≤2	3.5	5.0	7.0	10.0	14.0	20.0	28.0	40.0
	2≤m≤3.5	5.0	7.0	10.0	14.0	20.0	29.0	41.0	58.0
20<d≤50	0.5≤m≤2	4.0	5.5	8.0	11.0	16.0	22.0	32.0	45.0
	2≤m≤3.5	5.5	8.0	11.0	16.0	22.0	31.0	44.0	62.0
	3.5≤m≤6	7.0	9.5	14.0	19.0	27.0	39.0	54.0	77.0
	6≤m≤10	8.5	12.0	17.0	24.0	34.0	48.0	67.0	95.0
50<d≤125	0.5≤m≤2	4.5	6.5	9.0	13.0	18.0	26.0	36.0	51.0
	2≤m≤3.5	6.0	8.5	12.0	17.0	24.0	34.0	49.0	69.0
	3.5≤m≤6	7.5	10.0	15.0	21.0	29.0	42.0	59.0	83.0
	6≤m≤10	9.0	13.0	18.0	25.0	36.0	51.0	72.0	101.0
	10≤m≤16	11.0	15.0	22.0	31.0	44.0	62.0	87.0	123.0
	16≤m≤25	13.0	19.0	26.0	37.0	53.0	75.0	106.0	149.0
125<d≤280	0.5≤m≤2	5.5	7.5	11.0	15.0	21.0	30.0	43.0	60.0
	2≤m≤3.5	7.0	9.5	14.0	19.0	28.0	39.0	55.0	78.0
	3.5≤m≤6	8.0	12.0	16.0	23.0	33.0	46.0	65.0	93.0
	6≤m≤10	10.0	14.0	20.0	28.0	39.0	55.0	78.0	111.0
	10≤m≤16	12.0	17.0	23.0	33.0	47.0	66.0	94.0	133.0
	16≤m≤25	14.0	20.0	28.0	40.0	56.0	79.0	112.0	158.0
	25≤m≤40	17.0	24.0	34.0	48.0	68.0	96.0	135.0	191.0
280<d≤560	0.5≤m≤2	6.5	9.0	13.0	18.0	26.0	36.0	51.0	72.0
	2<d≤3.5	8.0	11.0	16.0	22.0	32.0	45.0	64.0	90.0
	3.5<d≤6	9.0	13.0	18.0	26.0	37.0	52.0	74.0	104.0
	6<d≤10	11.0	15.0	22.0	31.0	43.0	61.0	87.0	123.0
	10<d≤16	13.0	18.0	26.0	36.0	51.0	72.0	102.0	145.0
	16<d≤25	15.0	21.0	30.0	43.0	60.0	85.0	121.0	170.0
	25<d≤40	18.0	25.0	36.0	51.0	72.0	101.0	144.0	203.0
	40<d≤70	22.0	31.0	44.0	62.0	88.0	125.0	177.0	250.0

表 14.10 径向综合总偏差 F''_i(GB/T 10095.2—2008) μm

分度圆直径 d/mm	法向模数 m_n/mm	精度等级							
		5	6	7	8	9	10	11	12
5≤d≤20	0.2≤m_n≤0.5	11	15	21	30	42	60	85	120
	0.5<m_n≤0.8	12	16	23	33	46	66	93	131
	0.8<m_n≤1.0	12	18	23	35	50	70	100	141
	1.0<m_n≤1.5	14	19	27	38	54	76	108	153
	1.5<m_n≤2.5	16	22	32	45	63	89	126	179
	2.5<m_n≤4.0	20	28	39	56	79	112	158	223

续表

分度圆直径 d/mm	法向模数 m_n/mm	精度等级							
		5	6	7	8	9	10	11	12
$20<d\leqslant50$	$0.2\leqslant m_n\leqslant0.5$	13	19	26	37	52	74	105	148
	$0.5<m_n\leqslant0.8$	14	20	28	40	56	80	113	160
	$0.8<m_n\leqslant1.0$	15	21	30	42	60	85	120	169
	$1.0<m_n\leqslant1.5$	16	23	32	45	64	91	128	191
	$1.5<m_n\leqslant2.5$	18	26	37	52	73	103	146	207
	$2.5<m_n\leqslant4.0$	22	31	44	63	89	126	178	251
	$4.0<m_n\leqslant6.0$	28	39	56	79	111	157	222	314
	$6.0<m_n\leqslant10$	37	52	74	104	147	209	295	417
$50<d\leqslant125$	$0.2\leqslant m_n\leqslant0.5$	16	23	33	46	66	93	131	185
	$0.5<m_n\leqslant0.8$	17	25	35	49	70	98	139	197
	$0.8<m_n\leqslant1.0$	18	26	36	52	73	103	146	206
	$1.0<m_n\leqslant1.5$	19	27	39	55	77	109	154	218
	$1.5<m_n\leqslant2.5$	22	31	43	61	86	122	173	244
	$2.5<m_n\leqslant4.0$	25	36	51	72	102	144	204	288
	$4.0<m_n\leqslant6.0$	31	44	62	88	124	176	248	351
	$6.0<m_n\leqslant10$	40	57	80	114	161	227	321	454
$125<d\leqslant280$	$0.2\leqslant m_n\leqslant0.5$	21	30	42	60	85	120	170	240
	$0.5<m_n\leqslant0.8$	22	31	44	63	89	126	178	252
	$0.8<m_n\leqslant1.0$	23	33	46	65	92	131	185	261
	$1.0<m_n\leqslant1.5$	24	34	48	68	97	137	193	273
	$1.5<m_n\leqslant2.5$	26	37	53	75	106	149	211	299
	$2.5<m_n\leqslant4.0$	30	43	61	86	121	172	243	343
	$4.0<m_n\leqslant6.0$	36	51	72	102	144	203	287	406
	$6.0<m_n\leqslant10$	45	64	90	127	180	255	360	509
$280<d\leqslant560$	$0.2\leqslant m_n\leqslant0.5$	28	39	55	78	110	156	220	311
	$0.5<m_n\leqslant0.8$	29	40	57	81	114	161	228	323
	$0.8<m_n\leqslant1.0$	29	42	59	83	117	166	235	332
	$1.0<m_n\leqslant1.5$	30	43	61	86	122	172	243	344
	$1.5<m_n\leqslant2.5$	33	46	65	92	131	185	262	370
	$2.5<m_n\leqslant4.0$	37	52	73	104	146	207	293	414
	$4.0<m_n\leqslant6.0$	42	60	84	119	169	239	337	477
	$6.0<m_n\leqslant10$	51	73	103	145	205	190	410	580

表 14.11 一齿径向综合总偏差 f_i''(GB/T 10095.2—2008) μm

分度圆直径 d/mm	法向模数 m_n/mm	精度等级							
		5	6	7	8	9	10	11	12
$5\leqslant d\leqslant20$	$0.2\leqslant m_n\leqslant0.5$	2.0	2.5	3.5	5.0	7.0	10	14	20
	$0.5<m_n\leqslant0.8$	2.5	4.0	5.5	7.5	11	15	22	31
	$0.8<m_n\leqslant1.0$	3.5	5.0	7.0	10	14	20	28	39
	$1.0<m_n\leqslant1.5$	4.5	6.5	9.0	13	18	25	36	50
	$1.5<m_n\leqslant2.5$	6.5	9.5	13	19	26	37	53	74
	$2.5<m_n\leqslant4.0$	10	14	20	29	41	58	82	115

续表

分度圆直径 d/mm	法向模数 m_n/mm	精度等级 5	6	7	8	9	10	11	12
$20<d\leqslant50$	$0.2\leqslant m_n\leqslant0.5$	2.0	2.5	3.5	5.0	7.0	10	14	20
	$0.5<m_n\leqslant0.8$	2.5	4.0	5.5	7.5	11	15	22	31
	$0.8<m_n\leqslant1.0$	3.5	5.0	7.0	10	14	20	28	40
	$1.0<m_n\leqslant1.5$	4.5	6.5	9.0	13	18	25	36	51
	$1.5<m_n\leqslant2.5$	6.5	9.5	13	19	26	37	53	75
	$2.5<m_n\leqslant4.0$	10	14	20	29	41	58	82	116
	$4.0<m_n\leqslant6.0$	15	22	31	43	61	87	123	174
	$6.0<m_n\leqslant10$	24	34	48	67	95	135	190	269
$50<d\leqslant125$	$0.2\leqslant m_n\leqslant0.5$	2.0	2.5	3.5	5.0	7.5	10	15	21
	$0.5<m_n\leqslant0.8$	3.0	4.0	5.5	8.0	11	16	22	31
	$0.8<m_n\leqslant1.0$	3.5	5.0	7.0	10	14	20	28	40
	$1.0<m_n\leqslant1.5$	4.5	6.5	9.0	13	18	26	36	51
	$1.5<m_n\leqslant2.5$	6.5	9.5	13	19	26	37	53	75
	$2.5<m_n\leqslant4.0$	10	14	20	29	41	58	82	116
	$4.0<m_n\leqslant6.0$	15	22	31	44	62	87	123	174
	$6.0<m_n\leqslant10$	24	34	48	67	95	135	191	269
$125<d\leqslant280$	$0.2\leqslant m_n\leqslant0.5$	2.0	2.5	3.5	5.5	7.5	11	15	21
	$0.5<m_n\leqslant0.8$	3.0	4.0	5.5	8.0	11	16	22	32
	$0.8<m_n\leqslant1.0$	3.5	5.0	7.0	10	14	20	29	41
	$1.0<m_n\leqslant1.5$	4.5	6.5	9.0	13	18	26	36	52
	$1.5<m_n\leqslant2.5$	6.5	9.5	13	19	27	38	53	75
	$2.5<m_n\leqslant4.0$	10	15	21	29	41	58	82	116
	$4.0<m_n\leqslant6.0$	15	22	31	44	62	87	124	175
	$6.0<m_n\leqslant10$	24	34	48	67	95	135	191	270
$280<d\leqslant560$	$0.2\leqslant m_n\leqslant0.5$	2.0	2.5	4.0	5.5	7.5	11	15	22
	$0.5<m_n\leqslant0.8$	3.0	4.0	5.5	8.0	11	16	23	32
	$0.8<m_n\leqslant1.0$	3.5	5.0	7.5	10	15	21	29	41
	$1.0<m_n\leqslant1.5$	4.5	6.5	9.0	13	18	26	37	52
	$1.5<m_n\leqslant2.5$	6.5	9.5	13	19	27	38	54	76
	$2.5<m_n\leqslant4.0$	10	15	21	29	41	59	83	117
	$4.0<m_n\leqslant6.0$	15	22	31	44	62	88	124	175
	$6.0<m_n\leqslant10$	24	34	48	68	96	135	191	271

表 14.12 齿轮径向跳动公差 F_r(GB/T 10095.2—2008) μm

分度圆直径 d/mm	法向模数 m_n/mm	精度等级 5	6	7	8	9	10	11	12
$5\leqslant d\leqslant20$	$0.5\leqslant m_n\leqslant2.0$	9.0	13	18	25	36	51	72	102
	$2.0<m_n\leqslant3.5$	9.5	13	19	27	38	53	75	105

续表

分度圆直径 d/mm	法向模数 m_n/mm	精度等级 5	6	7	8	9	10	11	12
$20<d\leqslant50$	$0.5<m_n\leqslant2.0$	11	16	23	32	46	65	92	130
	$2.0<m_n\leqslant3.5$	12	17	24	34	47	67	95	134
	$3.5<m_n\leqslant6.0$	12	17	25	35	49	70	99	139
	$6.0<m_n\leqslant10$	13	19	26	37	52	74	105	148
$50<d\leqslant125$	$0.5\leqslant m_n\leqslant2.0$	15	21	29	42	59	83	118	167
	$2.0<m_n\leqslant3.5$	15	21	30	43	61	86	121	171
	$3.5<m_n\leqslant6.0$	16	22	31	44	62	88	125	176
	$6.0<m_n\leqslant10$	16	23	33	46	65	92	131	185
	$10<m_n\leqslant16$	18	25	35	50	70	99	140	198
	$16<m_n\leqslant25$	19	27	39	55	77	109	154	218
$125<d\leqslant280$	$0.2\leqslant m_n\leqslant0.5$	21	30	42	60	85	120	170	240
	$0.5<m_n\leqslant0.8$	22	31	44	63	89	126	178	252
	$0.8<m_n\leqslant1.0$	23	33	46	65	92	131	185	261
	$1.0<m_n\leqslant1.5$	24	34	48	68	97	137	193	173
	$1.5<m_n\leqslant2.5$	26	37	53	75	106	149	211	299
	$2.5<m_n\leqslant4.0$	30	43	61	86	121	172	243	343
	$4.0<m_n\leqslant6.0$	36	51	72	102	144	203	287	406
	$6.0<m_n\leqslant10$	45	64	90	127	180	255	360	509

表 14.13　齿轮坯公差(GB/Z 18620.3—2008)

齿轮精度等级	1	2	3	4	5	6	7	8	9	10	11	12
盘形齿轮基准孔直径尺寸公差	IT4				IT5	IT6	IT7		IT8		IT9	
齿轮轴轴颈直径尺寸公差和形状公差	通常按滚动轴承的公差等级确定											
齿顶圆直径尺寸公差	IT6		IT7			IT8			IT9		IT11	
基准端面对齿轮基准轴线的轴向圆跳动公差 t_t	$t_t=0.2(D_d/b)F_\beta$											
基准圆柱面对齿轮基准轴线的径向圆跳动公差 t_r	$t_r=0.3F_p$											

表 14.14　齿轮表面和齿轮坯基准面的表面粗糙度轮廓幅度 *Ra* 参数上限值(GB/Z 18620.4—2008)

μm

齿轮精度等级	3	4	5	6	7	8	9	10
齿面	≤0.63	≤0.63	≤0.63	≤0.63	≤1.25	≤5	≤10	≤10
盘形齿轮的基准孔	≤0.2	≤0.2	0.4～0.2	≤0.8	1.6～0.8	≤1.6	≤3.2	≤3.2
齿轮轴的轴颈	≤0.1	0.2～0.1	≤0.2	≤0.4	≤0.8	≤1.6	≤1.6	≤1.6
端面、齿顶圆柱面	0.2～0.1	0.4～0.2	0.8～0.4	0.8～0.4	1.6～0.8	3.2～1.6	≤3.2	≤3.2

表 14.15 齿轮副中心距极限偏差±f_a值(GB/T 10095—1988) μm

齿轮精度等级		1～2	3～4	5～6	7～8	9～10	11～12
f_a		1/2 IT4	1/2 IT6	1/2 IT7	1/2 IT8	1/2 IT9	1/2 IT11
齿轮副的中心距/mm	>80～120	5	11	17.5	27	43.5	110
	>120～180	6	12.5	20	31.5	50	125
	>180～250	7	14.5	23	36	57.5	145
	>250～315	8	16	26	40.5	65	160
	>315～400	9	18	28.5	44.5	70	180

表 14.16 对中、大模数齿轮最小侧隙 j_{bnmin} 的推荐数据(GB/Z 18620.2—2008) mm

m_n	最小中心距 a_i					
	50	100	200	400	800	1600
1.5	0.09	0.11	—	—	—	—
2	0.10	0.12	0.15	—	—	—
3	0.12	0.14	0.17	0.24	—	—
5	—	0.18	0.21	0.28	—	—
8	—	0.24	0.27	0.34	0.47	—
12	—	—	0.35	0.42	0.55	—
18	—	—	—	0.54	0.67	0.94

表 14.17 齿轮装配后的接触斑点(GB/Z 18620.4—2008)

齿轮传动	接触斑点		精度等级			
			4级及更高	5和6	7和8	9～12
斜齿轮	占齿宽的百分比	b_{c1}	50%	45%	35%	25%
		b_{c2}	40%	35%	35%	25%
	占有效齿面高度的百分比	h_{c1}	50%	40%	40%	40%
		h_{c2}	30%	20%	20%	20%
直齿轮	占齿宽的百分比	b_{c1}	50%	45%	35%	25%
		b_{c2}	40%	35%	35%	25%
	占有效齿面高度的百分比	h_{c1}	70%	50%	50%	50%
		h_{c2}	50%	30%	30%	30%

标注示例

在圆柱齿轮零件工作图上，应标注它的精度等级、偏差代号和标准代号。

(1) 当齿轮的三项精度要求为同一级(例如7级)时，只标注精度等级和标注代号：

7 GB/T 10095.1—2008

(2) 当齿轮的三项精度要求不相同(例如 F_p、f_{pt}、F_α 为8级，F_β 为7级)时，需按准确性、平稳性和载荷分布均匀性的顺序标注：

8-8-7 GB/T 10095.1—2008 或 8(F_p、f_{pt}、F_α)-7(F_β)　GB/T 10095.1—2008

14.2　圆锥齿轮精度(GB/T 11365—1989)

《锥齿轮和准双曲面齿轮精度》(GB/T 11365—1989)适用于齿宽中点法向模数 $m_{mn} \geqslant$ 1mm 的直齿、斜齿、曲线齿锥齿轮和准双曲面齿轮(以下简称锥齿轮)。

表 14.18　圆锥齿轮和齿轮副各项公差与极限偏差的分组

类别	公差组	公差与极限偏差项目		类别	公差组	公差与极限偏差项目	
		代号	名称			代号	名称
齿轮	Ⅰ	F'_i	切向综合公差	齿轮副	Ⅰ	F'_{ic}	齿轮副切向综合公差
		$F''_{i\Sigma}$	轴交角综合公差			$F''_{i\Sigma c}$	齿轮副轴交角综合公差
		F_p	齿距累积公差			F_{vj}	齿轮副侧隙变动公差
		F_{pk}	k 个齿距累积公差		Ⅱ	f'_{ic}	齿轮副一齿切向综合公差
		F_r	齿圈跳动公差			$f''_{i\Sigma c}$	齿轮副一齿轴交角综合公差
	Ⅱ	f'_i	一齿切向综合公差			f'_{zkc}	齿轮副周期误差的公差
		$f''_{i\Sigma}$	一齿轴交角综合公差			f'_{zzc}	齿轮副齿频周期误差的公差
		f'_{zk}	周期误差的公差			$\pm f_{AM}$	齿圈轴向位移极限偏差
		$\pm f_{pt}$	齿距极限偏差		Ⅲ	$\pm f_a$	齿轮副轴间距极限偏差
		f_c	齿形相对误差的公差				接触斑点
	Ⅲ		接触斑点			$\pm E_\Sigma$	齿轮副轴交角极限偏差

表 14.19　圆锥齿轮第Ⅱ公差组精度等级与圆周速度的关系

类别	齿面硬度/HBS	第Ⅱ公差组精度等级		
		7	8	9
		圆周速度/(m/s)≤		
直齿	≤350	7	4	3
	>350	6	3	2.5
非直齿	≤350	16	9	6
	>350	13	7	5

注：① 圆周速度按齿宽中点分度圆直径计算。

② 此表不属于国标，仅供参考。

表 14.20　圆锥齿轮周节累积公差 F_p 和 k 个周节累积公差 F_{pk} 值

中点分度圆弧长度 L/mm		第Ⅰ公差组精度等级		
大于	到	7	8	9
11.2	20	22	32	45
20	32	28	40	56
32	50	32	45	63
50	80	36	50	71
80	160	45	63	90
160	315	63	90	125
315	630	90	125	180

注：查 F_p 时，取 $L=\frac{1}{2}\pi d=\frac{\pi m_n z}{2\cos\beta}$；查 F_{pk} 时，取 $L=\frac{k\pi m_n}{\cos\beta}$(没有特殊要求时，$k$ 值取 $z/6$ 或取最接近的整齿数)。式中，m_n 为齿宽中点法向模数，β 为齿宽中点的螺旋角。

表 14.21　圆锥齿轮齿圈径向跳动公差 F_r、齿距极限偏差 $\pm f_{pt}$ 及齿形相对误差的公差 f_c

μm

中点分度圆直径 d/mm		中点法向模数 m_n/mm	F_r			$\pm f_{pt}$			f_c	
			Ⅰ组精度等级			Ⅱ组精度等级				
大于	到		7	8	9	7	8	9	7	8
—	125	≥1～3.5	36	45	56	14	20	28	8	10
		>3.5～6.3	40	50	63	18	25	36	9	13
		>6.3～10	45	56	71	20	28	40	11	17
125	400	≥1～3.5	50	63	80	16	22	32	9	13
		>3.5～6.3	56	71	90	20	28	40	11	15
		>6.3～10	63	80	100	22	32	45	13	19

表 14.22　圆锥齿轮齿轮副轴交角综合公差 $f''_{i\Sigma c}$、齿轮副侧隙变动公差 F_{vj} 及齿轴交角综合公差 $F''_{i\Sigma c}$

μm

中点分度圆直径 d/mm		中点法向模数 m_n/mm	$f''_{i\Sigma c}$			F_{vj}			$f''_{i\Sigma c}$		
			Ⅰ组精度等级						Ⅱ组精度等级		
大于	到		7	8	9	9	10	11	7	8	9
—	125	≥1～3.5	67	85	110	75	90	120	28	40	53
		>3.5～6.3	75	95	120	80	100	130	36	50	60
		>6.3～10	85	105	130	90	120	150	40	56	71
125	400	≥1～3.5	100	125	160	110	140	170	32	45	60
		>3.5～6.3	105	130	170	120	150	180	40	56	67
		>6.3～10	120	150	180	130	160	200	45	63	80

注：① 查值时取大、小齿轮中点分度圆直径之和的一半作为查表直径。

② 当两齿轮的齿数比为不大于 3 的整数且采用选配时，可将表中 F_{vj} 值压缩 25%或更多。

表 14.23　圆锥齿轮接触斑点

第Ⅲ公差组精度等级	6～7	8～9
沿齿长方向/%	50～70	35～65
沿齿高方向/%	55～75	40～70

注：① 表中数值用于齿面修形的齿轮；对于齿面不修形的齿轮，其接触斑点不小于其平均值。

② 接触斑点的形状、位置和大小，由设计者根据齿轮的用途、载荷和轮齿刚性及齿线形状特点等条件自行规定。

③ 表中列出的接触斑点数与精度等级的关系，仅供参考。

表 14.24 圆锥齿轮齿圈轴向位移极限偏差 $\pm f_{AM}$、轴间距极限偏差 $\pm f_a$ 和轴交角极限偏差 $\pm E_\Sigma$ 值

μm

中点锥距 R/mm		$\pm f_{AM}$											$\pm f_a$			$\pm E_\Sigma$						
		分锥角 δ/(°)		Ⅲ 组精度等级									Ⅲ组精度等级			小轮分锥角 δ/°		最小法向侧隙种类				
				7			8			9												
				中点法向模数 m_n/mm																		
大于	到	大于	到	≥1～3.5	>3.5～6.3	>6.3～10	≥1～3.5	>3.5～6.3	>6.3～10	≥1～3.5	>3.5～6.3	>6.3～10	7	8	9	大于	到	h、e	d	c	b	a
—	50	—	20	20	11	—	28	16	—	40	22	—	18	28	36	—	15	7.5	11	18	30	45
		20	45	17	9.5	—	24	13	—	34	19	—				15	25	10	16	26	42	63
		45	—	7.1	4	—	10	5.6	—	14	8	—				25	—	12	19	30	50	80
50	100	—	20	67	38	24	95	53	34	140	75	50	20	30	45	—	15	10	16	26	42	63
		20	45	56	32	21	80	45	30	120	63	42				15	25	12	19	30	50	80
		45	—	24	13	8.5	34	17	12	48	26	17				25	—	15	22	32	60	95
100	200	—	20	150	80	53	200	120	75	300	160	105	25	36	55	—	15	12	19	30	50	80
		20	45	130	71	45	180	100	63	260	140	90				15	25	17	26	45	71	110
		45	—	53	30	19	75	40	26	105	60	38				25	—	20	32	50	80	125

注：① 表中 $\pm f_{AM}$ 值用于 $\alpha=20°$ 的非修形齿轮；对于修形齿轮，允许采用低一级的 $\pm f_{AM}$ 值。

② 表中 $\pm f_a$ 值用于无纵向修形的齿轮副；对于纵向修形的齿轮副，允许采用低一级的 $\pm f_a$ 值。

③ 表中 $\pm E_\Sigma$ 值的公差带位置相对于零线，可以不对称或取在一侧；表中 $\pm E_\Sigma$ 值用于 $\alpha=20°$ 的正交齿轮副。

表 14.25 圆锥齿轮最小法向侧隙 j_{nmin} 值 μm

中点锥距/mm		小轮分锥角/(°)		最小法向侧隙种类					
大于	到	大于	到	h	e	d	c	b	a
—	50	—	15	0	15	22	36	58	90
		15	25	0	21	33	52	84	130
		25	—	0	25	39	62	100	160
50	100	—	15	0	21	33	52	84	130
		15	25	0	25	39	62	100	160
		25	—	0	30	46	74	120	190
100	200	—	15	0	25	39	62	100	160
		15	25	0	35	54	87	140	220
		25	—	0	40	63	100	160	250

注：表中数值用于正交齿轮副；对于非正交齿轮副，按 R' 查表，$R'=\frac{R}{2}(\sin2\delta_1+\sin2\delta_2)$，式中，$\delta_1$ 和 δ_2 为小、大轮分锥角。

表 14.26 圆锥齿轮齿厚公差值 T_s μm

齿圈跳动公差		法向侧隙公差种类				
大于	到	H	D	C	B	A
32	40	42	55	70	85	110
40	50	50	65	80	100	130
50	60	60	75	95	120	150
60	80	70	90	110	130	180
80	100	90	110	140	170	220

表 14.27 圆锥齿轮齿厚上偏差 $E_{\bar{s}s}$ 值 μm

基本值	中点法向模数 m_n/mm	中点分度圆直径 d/mm					
		≤125			>125～400		
		分锥角 δ(度)					
		≤20	>20～45	>45	≤20	>20～45	>45
	≥1～3.5	−20	−20	−22	−28	−32	−30
	>3.5～6.3	−22	−22	−25	−32	−32	−30
	>6.3～10	−25	−25	−28	−36	−36	−34

系数	Ⅱ组精度等级	最小法向侧隙种类					
		h	e	d	c	b	a
	7	1.0	1.6	2.0	2.7	3.8	5.5
	8	—	—	2.2	3.0	4.2	6.0
	9	—	—	—	3.2	4.6	6.6

注：① 各 j_{nmin} 种类和各精度等级齿轮的 $E_{\bar{s}s}$ 值由基本值一栏查出的数值乘以系数得出。

② 当轴交角公差带相对于零线不对称时，$E_{\bar{s}s}$ 值应作修正，数值修正如下：

增大轴交角上偏差时，E_{ss} 加上 $(E_{\Sigma s}-|E_{\Sigma}|)\tan\alpha$

减小轴交角上偏差时，E_{ss} 减去 $(|E_{\Sigma l}|-|E_{\Sigma}|)\tan\alpha$

式中，$E_{\Sigma s}$ 为修改后的轴交角上偏差；$E_{\Sigma l}$ 为修改后的轴交角下偏差；E_{Σ} 为表 14.27 中数值；α 为齿形角。

③ 允许把大、小齿轮的齿厚上偏差之和，重新分配在两个齿轮上。

表 14.28　圆锥齿轮最大法向侧隙 j_{nmax} 中的制造误差补偿部分 $E_{\bar{s}\Delta}$ 值　μm

第Ⅱ公差组精度等级				7			8			9		
中点法向模数 m_n/mm				≤1~3.5	>3.5~6.3	>6.3~10	≥1~3.5	>3.5~6.3	>6.3~10	≥1~3.5	>3.5~6.3	>6.3~10
中点分度圆直径/mm	≤125	分锥角/(°)	≤20	20	22	25	22	24	28	24	25	30
			>20~45	20	22	25	22	24	28	24	25	30
			>45	22	25	28	24	28	30	25	30	32
	>125~400		≤20	28	32	36	30	36	40	32	38	45
			>20~45	32	32	36	36	36	40	38	38	45
			>45	30	30	34	32	32	38	36	36	40

表 14.29　圆锥齿轮轮坯尺寸公差

精度等级	7~8	9~12
轴径尺寸公差	IT6	IT7
孔径尺寸公差	IT7	IT8
外径尺寸极限偏差	0 −IT8	0 −IT9

表 14.30　圆锥齿轮轮坯轮冠距和顶锥角极限偏差

中点法向模数 m_n/mm	轮冠距极限偏差/μm	顶锥角极限偏差/(′)
≤1.2	0 −50	+15 0
>1.2~10	0 −75	+8 0

表 14.31　圆锥齿轮轮坯顶锥母线跳动公差　μm

外径/mm	精度等级	
	7~8	9~12
≤30	25	50
>30~35	30	60
>50~120	40	80
>120~250	50	100
>250~500	60	120

注：当三个公差组精度不同时，按最高的精度等级确定公差值。

表 14.32　圆锥齿轮基准端面跳动公差　μm

基准端面直径/mm	精度等级	
	7~8	9~12
≤30	10	15
>30~50	12	20
>50~120	15	25
>120~250	20	30
>250~500	25	40

标注示例

在圆锥齿轮零件工作图上，应标注它的精度等级、最小法向侧隙种类、法向侧隙公差种类的数字(字母)代号。

(1) 圆锥齿轮的第Ⅰ、Ⅱ公差组精度为8级，第Ⅲ公差组精度为7级，最小法向侧隙种类为c，法向侧隙公差种类为B，标注为

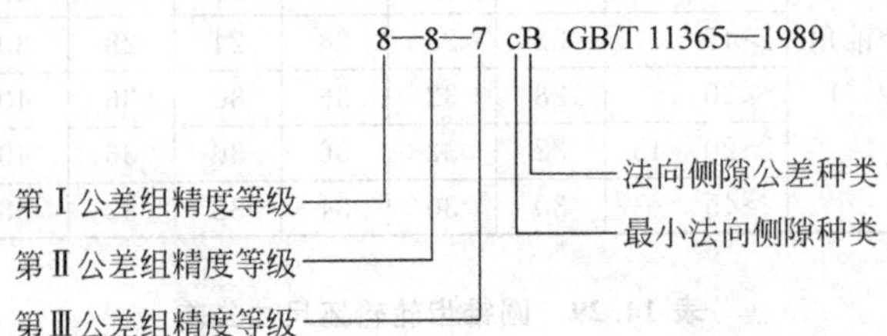

(2) 圆锥齿轮的三个公差组均为8级，最小法向侧隙种类为c，法向侧隙公差种类为C，标注为

8 c GB/T 11365—1989

(3) 圆锥齿轮的三个公差组精度均为8级，最小法向侧隙为400μm（非标准值），法向侧隙公差种类为B，标注为

8 400B GB/T 11365—1989

14.3 圆柱蜗杆和蜗轮精度(GB/T 10089—1988)

《圆柱蜗杆、蜗轮精度标准》(GB/T 10089—1988)适用于普通圆柱蜗杆和圆弧齿圆柱蜗杆传动，即包括阿基米德蜗杆(ZA)、渐开线蜗杆(ZI)、法向直廓蜗杆(2N)和圆弧齿圆柱蜗杆(ZC)传动。参数范围：轴间交角$\Sigma=90°$，模数$m\geqslant1$mm，蜗杆分度圆直径$d_1\leqslant400$mm，蜗轮分度圆直径$d_2\leqslant4000$mm。

表 14.33 蜗杆、蜗轮和蜗杆传动公差的分组

公差组	类别	公差与极限偏差项目		公差组	类别	公差与极限偏差项目	
		代号	名称			代号	名称
Ⅰ	蜗轮	F_i'	蜗轮切向综合公差	Ⅱ	蜗轮	f_i'	蜗轮一齿切向综合公差
		F_i''	蜗轮径向综合公差			f_i''	蜗轮一齿径向综合公差
		F_p	蜗轮齿距累积公差			f_{pt}	蜗轮齿距极限偏差
		F_{pk}	蜗轮k个齿距累积公差		传动	f_{ic}''	传动一齿切向综合公差
		F_r	蜗轮齿圈径向跳动公差	Ⅲ	蜗杆	f_{f1}	蜗杆齿形公差
	传动	F_{ic}'	传动切向综合公差		蜗轮	f_{f2}	蜗轮齿形公差
Ⅱ	蜗杆	f_h	蜗杆每一转螺旋线公差		传动		接触斑点
		f_{hL}	蜗杆螺旋线公差			f_a	传动中心距极限偏差
		f_{px}	蜗杆轴向齿距极限偏差			f_Σ	传动轴交角极限偏差
		f_{pxL}	蜗杆轴向齿距累积公差			f_x	传动中间平面极限偏差
		f_r	蜗杆齿槽径向跳动公差				

表 14.34　蜗杆的公差和极限偏差值　　μm

分度圆直径 d/mm	模数 m/mm	蜗杆齿槽径向跳动公差 f_r 精度等级 6	7	8	9	模数 m/mm	第Ⅱ公差组 蜗杆每一转螺旋线公差 f_h 精度等级 6	7	8	9	蜗杆螺旋线公差 f_{hL} 6	7	8	9	蜗杆轴向齿距极限偏差 $\pm f_{px}$ 6	7	8	9	蜗杆轴向齿距累积公差 f_{pxL} 6	7	8	9	第Ⅲ公差组 蜗杆齿形公差 f_{f1} 6	7	8	9
>31.5~50	≥1~10	13	17	23	32	≥1~3.5	11	14	—	—	22	32	—	—	7.5	11	14	20	13	18	25	36	11	16	22	32
>50~80	≥1~16	14	18	25	36	>3.5~6.3	14	20	—	—	28	40	—	—	9	14	20	25	16	24	34	48	14	22	32	45
>80~125	≥1~16	16	20	28	40	>6.3~10	18	25	—	—	36	50	—	—	12	17	25	32	21	32	45	63	19	28	40	53
>125~180	≥1~25	18	25	32	45	>10~16	24	32	—	—	45	63	—	—	16	22	32	46	28	40	56	80	25	36	53	75

表 14.35　蜗轮的公差和极限偏差值　　μm

分度圆弧长 L/mm	第Ⅰ公差组 蜗轮齿距累积公差 F_p 及 k 个齿距累积公差 F_{pk} 精度等级 6	7	8	9	分度圆直径 d_2/mm	模数 m/mm	蜗轮径向综合公差 F_i'' 精度等级 6	7	8	9	蜗轮齿圈径向跳动公差 F_r 6	7	8	9	第Ⅱ公差组 蜗轮一齿径向跳动公差 f_i'' 6	7	8	9	蜗轮齿距极限偏差 $\pm f_{pt}$ 6	7	8	9	第Ⅲ公差组 蜗轮齿形公差 f_{f2} 6	7	8	9
>11.2~20	16	22	32	45	≤125	≥1~3.5	—	56	71	90	28	40	50	63	—	20	28	36	10	14	20	28	8	11	14	22
>20~32	20	28	40	56		>3.5~6.3	—	71	90	112	36	50	63	80	—	25	36	45	13	18	25	36	10	14	20	32
>32~50	22	32	45	63		>6.3~10	—	80	100	125	40	56	71	90	—	28	40	50	14	20	28	40	12	17	22	36
>50~80	25	36	50	71	>125~400	≥1~3.5	—	63	80	100	32	45	56	71	—	22	32	40	11	16	22	32	9	13	18	28
>80~160	32	45	63	90		>3.5~10	—	80	100	125	40	56	71	90	—	28	40	50	14	20	28	40	11	16	22	36
>160~315	45	63	90	125		>6.3~10	—	90	112	140	45	63	80	100	—	32	45	56	16	22	32	45	13	19	28	45
>315~630	63	90	125	180		>10~16	—	100	125	160	50	71	90	112	—	36	50	63	18	25	36	50	16	22	32	50

注：① F_p 和 F_{pk} 按分度圆弧长查表，查 F_p 时，取 $L=\pi d_2/2=\pi m z_2/2$；查 F_{pk} 时，取 $L=k\pi m$（k 为 2 到小于 $z_2/2$ 的整数）。

② 除特殊情况外，对于 F_{pk}，k 值规定取为小于 $z_2/6$ 的最大整数。

③ $F_{i'}=F_p+f_{f2}$；$f_{i'}=0.6(f_{pt}+f_{f2})$。

表 14.36 蜗杆传动接触斑点

精度等级	沿齿高不小于/%	沿齿长不小于/%	接触斑点形状	接触斑点位置
6	65	60	在齿高方向无断缺,不允许成带条状	趋近齿面中部,允许略偏于啮入端,在齿顶和啮入、啮出端的棱边不允许接触
7～8	55	50	不要求	应偏于啮出端,但不允许在齿顶和啮入、啮出端的棱边接触
9	45	40		

注:采用修形齿面的蜗杆传动,接触斑点的要求可不受本标准规定的限制。

表 14.37 蜗杆传动与接触斑点有关的极限偏差 f_a、f_x 及 f_Σ 值 μm

传动中心距 a/mm	传动中心距极限偏差 $\pm f_a$			传动中间平面极限偏差 $\pm f_x$			蜗轮宽度 b_2/mm	传动轴交角极限偏差 $\pm f_\Sigma$		
	精度等级							精度等级		
	7	8	9	7	8	9		7	8	9
>30～50	31		50	25		40	≤30	12	17	24
>50～80	37		60	30		48	>30～50	14	19	28
>80～120	44		70	36		56	>50～80	16	22	32
>120～180	50		80	40		64	>80～120	19	24	36
>180～250	58		92	47		74	>120～180	22	28	42
>250～315	65		105	52		85	>180～250	25	32	48

注:f_a、f_x 和 f_Σ应为正负值。

表 14.38 蜗杆传动的最小法向侧隙 j_{nmin} 值 μm

传动中心距 a/mm	侧隙种类							
	h	g	f	e	d	c	b	a
≥30～50	0	11	16	25	39	62	100	160
>50～80	0	13	19	30	46	74	120	190
>80～120	0	15	22	35	54	87	140	220
>120～180	0	18	25	40	63	100	160	250
>180～250	0	20	29	46	72	115	185	290
>250～315	0	23	32	52	80	210	210	320

注:① 表中系蜗杆传动在工作温度为20℃情况下的数值,未计入传动发热和传动弹性变形的影响。

② 传动最小圆周侧隙 $j_{nmin} \approx \frac{j_{nmin}}{\cos\gamma' \cos\alpha_n}$。式中,$\gamma'$为蜗杆节圆柱导程角;$\alpha_n$ 为蜗杆法向齿形角。

表 14.39 蜗杆齿厚公差 T_{s1} 和蜗轮齿厚公差 T_{s2} 值 μm

模数 m/mm	蜗杆齿厚公差 T_{s1}				蜗轮分度圆直径 d_2/mm	模数 m/mm	蜗杆齿厚公差 T_{s2}			
	精度等级						精度等级			
	6	7	8	9			6	7	8	9
≥1～3.5	36	45	53	67	≤125	≥1～3.5	71	90	110	130
						>3.5～6.3	85	110	130	160
>3.5～6.3	45	56	71	90		>6.3～10	90	120	140	170

续表

模数 m/mm	蜗杆齿厚公差 T_{s1}				蜗轮分度圆直径 d_2/mm	模数 m/mm	蜗杆齿厚公差 T_{s2}			
	精度等级						精度等级			
	6	7	8	9			6	7	8	9
>6.3～10	60	71	90	110	>125～400	≥1～3.5	80	100	120	140
						>3.5～6.3	90	120	140	170
>10～16	80	95	120	150		>6.3～10	100	130	160	190
						>10～16	110	140	170	210

注：① T_{s1} 按蜗杆第Ⅱ公差组精度等级确定；T_{s2} 按蜗轮第Ⅱ公差组精度等级确定。

② 当传动最大法向侧隙 j_{nmax} 无要求时，允许 T_{s1} 增大，但最大不超过表中值的 2 倍。

③ 在最小侧隙能保证的条件下，T_{s2} 公差带允许采用对称分布。

表 14.40 蜗杆齿厚上偏差 E_{ss1} 中的制造误差补偿部分 $E_{s\Delta}$ 值 μm

传动中心距 a/mm	精度等级															
	6				7				8				9			
	模数 m/mm															
	≥1～3.5	>3.5～6.3	>6.3～10	>10～16	≥1～3.5	>3.5～6.3	>6.3～10	>10～16	≥1～3.5	>3.5～6.3	>6.3～10	>10～16	≥1～3.5	>3.5～6.3	>6.3～10	>10～16
>50～80	32	38	45	—	50	58	65	—	58	75	90	—	90	100	120	—
>80～120	36	40	48	58	56	63	71	80	63	78	90	110	95	105	125	160
>120～180	40	45	50	60	60	68	75	85	68	80	95	115	100	110	130	165
>180～250	45	46	52	63	71	75	80	90	75	85	100	115	110	120	140	170
>250～315	48	50	56	65	75	80	85	95	80	90	100	120	120	130	145	180

注：精度等级按蜗杆的第Ⅱ公差组确定。

表 14.41 蜗杆和蜗轮齿坯的尺寸和形状公差

精度等级		6	7～8	9
孔	尺寸公差	IT6	IT7	IT8
	形状公差	5 级	6 级	7 级
轴	尺寸公差	IT5	IT6	IT7
	形状公差	4 级	5 级	6 级
齿顶圆直径公差		IT8		IT9

注：① 当三个公差组的精度等级不同时，按最高精度等级确定公差。

② 当齿顶圆不作为测量齿厚的基准时，尺寸公差按 IT11 确定，但不得大于 0.1mm。

表 14.42 蜗杆和蜗轮齿坯的基准面径向和端面跳动公差 μm

基准面直径 d/mm	精度等级		
	6	7～8	9
≤31.5	4	7	10
>31.5～63	6	10	16
>63～125	8.5	14	22
>125～400	11	18	28
>400～800	14	22	36

注：① 当三个公差组的精度等级不同时，按最高精度等级确定公差。

② 当齿顶圆作为测量齿厚的基准时，齿顶圆也作为蜗杆、蜗轮的齿坯基准面。

标注示例

标准规定，蜗杆和蜗轮零件工作图上应标注其精度等级、齿厚极限偏差或相应的侧隙种类代号和本标准代号。

(1) 蜗杆Ⅱ、Ⅲ公差组精度为7级，侧隙代号为e时，标注为

蜗杆 7e GB/T 10089—1988

在上例中，当齿厚为非标准值时，如上下偏差为$\begin{pmatrix}-0.35\\-0.55\end{pmatrix}$时，则应标注为

$$\text{蜗杆 } 7\begin{pmatrix}-0.35\\-0.55\end{pmatrix}\ \text{GB/T 10089—1988}$$

(2) 蜗轮Ⅰ、Ⅱ公差组精度为7级，Ⅲ公差组精度为6级，侧隙代号为f时，标注为

蜗轮 7—7—6 f GB/T 10089—1988

在上例中，当蜗轮的Ⅰ、Ⅱ、Ⅲ三个公差组精度均为7级，侧隙代号为f时，则应标注为

蜗轮 7 f GB/T 10089—1988

如果上例的齿厚为非标准值，例如齿厚上下偏差为$\begin{pmatrix}-0.1\\-0.2\end{pmatrix}$时，则标注为

$$\text{蜗轮 } 7\begin{pmatrix}-0.1\\-0.2\end{pmatrix}\ \text{GB/T 10089—1988}$$

如果齿厚公差无要求，Ⅰ、Ⅱ、Ⅲ三个公差的精度分别为7、7、6级时，则标注为

蜗轮 7—7—6 GB/T 10089—1988

(3) 对传动，如果Ⅰ、Ⅱ、Ⅲ三个公差组为6级，侧隙代号为f，则标注为

传动 6 f GB/T 10089—1988

如果侧隙为非标准，圆周侧隙 $j_{tmin}=0.02\text{mm}$，$j_{tmax}=0.05\text{mm}$，则标注为

$$\text{传动 } 6\begin{pmatrix}0.02\\0.05\end{pmatrix}_t$$

上例中，如果法向侧隙 $j_{nmin}=0.02\text{mm}$，$j_{nmax}=0.05\text{mm}$，则标注为

$$\text{传动 } 6\begin{pmatrix}0.02\\0.05\end{pmatrix}\ \text{GB/T 10089—1988}$$

实际测量时，由于最小法向侧隙 j_{nmin} 不易测量，常用圆周侧隙 j_{tmin} 代替，其近似换算关系为

$$j_{nmin}=j_{tmin}\cos\alpha_n\cos\lambda$$

式中各符号含义同前。

第 15 章

滚动轴承

表 15.1　圆锥滚子轴承(GB/T 297—1994)

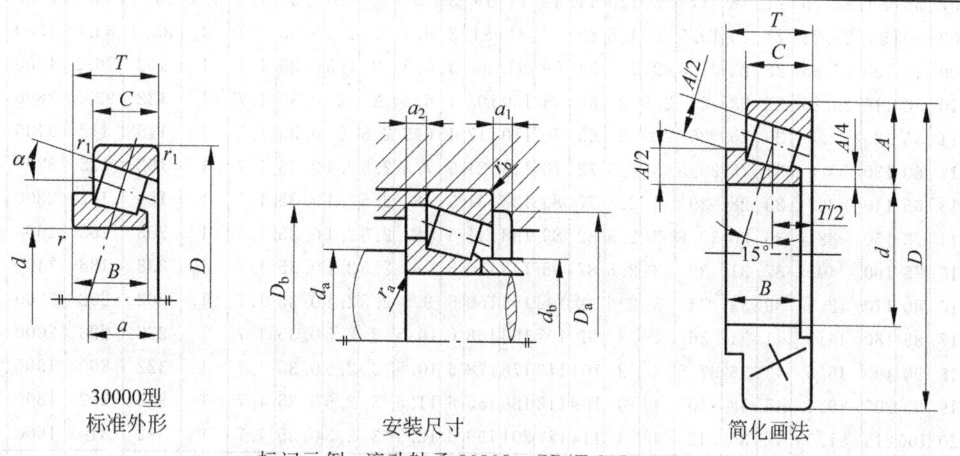

30000型 标准外形　　　安装尺寸　　　简化画法

标记示例：滚动轴承 30308　GB/T 297—1994

轴承型号	基本尺寸/mm					其他尺寸/mm			安装尺寸/mm								e	Y	Y_0	基本额定载荷/kN		极限转速/(r/min)	
	d	D	T	B	C	$a\approx$	r_s	r_{1s}	d_a	d_b	D_a	D_b	a_1	a_2	r_{as}	r_{bs}				C_r	C_{0r}	脂润滑	油润滑
30203	17	40	13.25	12	11	9.8	1	1	23	23	34	37	2	2.5	1	1	0.35	1.7	1	19.8	13.2	9000	12000
30204	20	47	15.25	14	12	11.2	1	1	26	27	41	43	2	3.5	1	1	0.35	1.7	1	26.8	18.2	8000	10000
30205	25	52	16.25	15	13	12.6	1	1	31	31	46	48	2	3.5	1	1	0.37	1.6	0.9	32.2	23	7000	9000
30206	30	62	17.25	16	14	13.8	1	1	36	37	56	58	2	3.5	1	1	0.37	1.6	0.9	41.2	29.5	6000	7500
30207	35	72	18.25	17	15	15.3	1.5	1.5	42	44	65	67	3	3.5	1.5	1.5	0.37	1.6	0.9	51.5	37.2	5300	6700
30208	40	80	19.75	18	16	16.9	1.5	1.5	47	49	73	75	3	4	1.5	1.5	0.37	1.6	0.9	59.8	42.8	5000	6300
30209	45	85	20.75	19	16	18.6	1.5	1.5	52	53	78	80	3	5	1.5	1.5	0.4	1.5	0.8	64.2	47.8	4500	5600
30210	50	90	21.75	20	17	20	1.5	1.5	57	58	83	86	3	5	1.5	1.5	0.42	1.4	0.8	72.2	55.2	4300	5300
30211	55	100	22.75	21	18	21	2	1.5	64	64	91	95	4	5	2	1.5	0.4	1.5	0.8	86.5	65.5	3800	4800
30212	60	110	23.75	22	19	22.4	2	1.5	69	69	101	103	4	5	2	1.5	0.4	1.5	0.8	97.8	74.5	3600	4500
30213	65	120	24.25	23	20	24	2	1.5	74	77	111	114	4	5	2	1.5	0.4	1.5	0.8	112	86.2	3200	4000
30214	70	125	26.25	24	21	25.9	2	1.5	79	81	116	119	4	5.5	2	1.5	0.42	1.4	0.8	125	97.5	3000	3800
30215	75	130	27.25	25	22	27.4	2	1.5	84	85	121	125	4	5.5	2	1.5	0.44	1.4	0.8	130	105	2800	3600
30216	80	140	28.25	26	22	28	2.5	2	90	90	130	133	4	6	2.1	2	0.42	1.4	0.8	150.8	120	2600	3400
30217	85	150	30.5	28	24	29.9	2.5	2	95	96	140	142	5	6.5	2.1	2	0.42	1.4	0.8	168	135	2400	3200
30218	90	160	32.5	30	26	32.4	2.5	2	100	102	150	151	5	6.5	2.1	2	0.42	1.4	0.8	188	152	2200	3000
30219	95	170	34.5	32	27	35.1	3	2.5	107	108	158	160	5	7.5	2.5	2.1	0.42	1.4	0.8	215	175	2000	2800
30220	100	180	37	34	29	36.5	3	2.5	112	114	168	169	5	8	2.5	2.1	0.42	1.4	0.8	240	198	1900	2600

续表

轴承型号	基本尺寸/mm					其他尺寸/mm			安装尺寸/mm								e	Y	Y_0	基本额定载荷/kN		极限转速/(r/min)	
	d	D	T	B	C	$a\approx$	r_s	r_{1s}	d_a	d_b	D_a	D_b	a_1	a_2	r_{as}	r_{bs}				C_r	C_{0r}	脂润滑	油润滑
30303	17	47	15.25	14	12	10	1	1	23	25	41	43	3	3.5	1	1	0.29	2.1	1.2	26.8	17.2	8500	11000
30304	20	52	16.25	15	13	11	1.5	1.5	27	28	45	48	3	3.5	1.5	1.5	0.3	2	1.1	31.5	20.8	7500	9500
30305	25	62	18.25	17	15	13	1.5	1.5	32	34	55	58	3	3.5	1.5	1.5	0.3	2	1.1	44.8	30	6300	8000
30306	30	72	20.75	19	16	15	1.5	1.5	37	40	65	66	3	5	1.5	1.5	0.31	1.9	1.1	55.8	38.5	5600	7000
30307	35	80	22.75	21	18	17	2	1.5	44	45	71	74	3	5	2	1.5	0.31	1.9	1.1	71.2	50.2	5000	6300
30308	40	90	25.25	23	20	19.5	2	1.5	49	52	81	84	3	5.5	2	1.5	0.35	1.7	1	86.2	63.8	4500	5600
30309	45	100	27.25	25	22	21.5	2	1.5	54	59	91	94	3	5.5	2	1.5	0.35	1.7	1	102	76.2	4000	5000
30310	50	110	29.25	27	23	23	2.5	2	60	65	100	103	4	6.5	2	2	0.35	1.7	1	122	92.5	3800	4800
30311	55	120	31.5	29	25	25	2.5	2	65	70	110	112	4	6.5	2.5	2	0.35	1.7	1	145	112	3400	4300
30312	60	130	33.5	31	26	26.5	3	2.5	72	76	118	121	5	7.5	2.5	2.1	0.35	1.7	1	162	125	3200	4000
30313	65	140	36	33	28	29	3	2.5	77	83	128	131	5	8	2.5	2.1	0.35	1.7	1	185	142	2800	3600
30314	70	150	38	35	30	30.6	3	2.5	82	89	138	141	5	8	2.5	2.1	0.35	1.7	1	208	162	2600	3400
30315	75	160	40	37	31	32	3	2.5	87	95	148	150	5	9	2.5	2.1	0.35	1.7	1	238	188	2400	3200
30316	80	170	42.5	39	33	34	3	2.5	92	102	158	160	5	9.5	2.5	2.1	0.35	1.7	1	262	208	2200	3000
30317	85	180	44.5	41	34	36	4	3	99	107	166	168	6	10.5	3	2.5	0.35	1.7	1	288	228	2000	2800
30318	90	190	46.5	43	36	37.5	4	3	104	113	176	178	6	10.5	3	2.5	0.35	1.7	1	322	260	1900	2600
30319	95	200	49.5	45	38	40	4	3	109	118	186	185	6	11.5	3	2.5	0.35	1.7	1	348	282	1800	2400
30320	100	215	51.5	47	39	42	4	3	114	127	201	199	6	12.5	3	2.5	0.35	1.7	1	382	310	1600	2000
32206	30	62	21.25	20	17	15.4	1	1	36	36	56	58	3	4.5	1	1	0.37	1.6	0.9	49.2	37.2	6000	7500
32207	35	72	24.25	23	19	17.6	1.5	1.5	42	42	65	68	3	5.5	1.5	1.5	0.37	1.6	0.9	67.5	52.5	5300	6700
32208	40	80	24.75	23	19	19	1.5	1.5	47	48	73	75	3	6	1.5	1.5	0.37	1.6	0.9	74.2	56.8	5000	6300
32209	45	85	24.75	23	19	20	1.5	1.5	52	53	78	81	3	6	1.5	1.5	0.4	1.5	0.8	79.5	62.8	4500	5600
32210	50	90	24.75	23	19	21	1.5	1.5	57	57	83	86	3	6	1.5	1.5	0.42	1.4	0.8	84.8	68	4300	5300
32211	55	100	26.75	25	21	22.5	2	1.5	64	62	91	96	4	6	2	1.5	0.4	1.5	0.8	102	81.5	3800	4800
32212	60	110	29.75	28	24	24.9	2	1.5	69	68	101	105	4	6	2	1.5	0.4	1.5	0.8	125	102	3600	4500
32213	65	120	32.75	31	27	27.2	2	1.5	74	75	111	115	4	6	2	1.5	0.4	1.5	0.8	152	125	3200	4000
32214	70	125	33.25	31	27	27.9	2	1.5	79	79	116	120	4	6.5	2	1.5	0.42	1.4	0.8	158	135	3000	3800
32215	75	130	33.25	31	27	30.2	2	1.5	84	84	121	126	4	6.5	2	1.5	0.44	1.4	0.8	160	1.35	2800	3600
32216	80	140	35.25	33	28	31.3	2.5	2	90	89	130	135	5	7.5	2.1	2	0.42	1.4	0.8	188	158	2600	3400
32217	85	150	38.5	36	30	34	2.5	2	95	95	140	143	5	8.5	2.1	2	0.42	1.4	0.8	215	185	2400	3200
32218	90	160	42.5	40	34	36.7	2.5	2	100	101	150	153	5	8.5	2.1	2	0.42	1.4	0.8	258	225	2200	3000
32219	95	170	45.5	43	37	39	3	2.5	107	106	158	163	5	8.5	2.5	2.1	0.42	1.4	0.8	285	255	2000	2800
32220	100	180	49	46	39	41.8	3	2.5	112	113	168	172	5	10	2.5	2.1	0.42	1.4	0.8	322	292	1900	2600
32303	17	47	20.25	19	16	12	1	1	23	24	41	43	3	4.5	1	1	0.29	2.1	1.2	33.5	23	8500	11000
32304	20	52	22.25	21	18	13.4	1.5	1.5	27	26	45	48	3	4.5	1.5	1.5	0.3	2	1.1	40.8	28.8	7500	9500
32305	25	62	25.25	24	20	15.5	1.5	1.5	32	32	55	58	3	5.5	1.5	1.5	0.3	2	1.1	58.5	42.5	6300	8000
32306	30	72	28.75	27	23	18.8	1.5	1.5	37	38	65	66	4	6	1.5	1.5	0.31	1.9	1.1	77.5	58.8	5600	7000
32307	35	80	32.75	31	25	20.5	2	1.5	44	43	71	74	4	8.5	2	1.5	0.31	1.9	1.1	93.8	72.2	5000	6300
32308	40	90	35.25	33	27	23.4	2	1.5	49	49	81	83	4	8.5	2	1.5	0.35	1.7	1	110	87.8	4500	5600
32309	45	100	38.25	36	30	25.6	2	1.5	54	56	91	93	4	8.5	2	1.5	0.35	1.7	1	138	111.8	4000	5000
32310	50	110	42.25	40	33	28	2.5	2	60	61	100	102	5	9.5	2	2	0.35	1.7	1	168	140	3800	4800
32311	55	120	45.5	43	35	30.6	2.5	2	65	66	110	111	5	10.5	2.5	2	0.35	1.7	1	192	162	3400	4300

续表

轴承型号	基本尺寸/mm					其他尺寸/mm			安装尺寸/mm								e	Y	Y_0	基本额定载荷/kN		极限转速/(r/min)	
	d	D	T	B	C	$a\approx$	r_s	r_{1s}	d_a	d_b	D_a	D_b	a_1	a_2	r_{as}	r_{bs}				C_r	C_{0r}	脂润滑	油润滑
32312	60	130	48.5	46	37	32	3	2.5	72	72	118	122	6	11.5	2.5	2.1	0.35	1.7	1	215	180	3200	4000
32313	65	140	51	48	39	34	3	2.5	77	79	128	131	6	12	2.5	2.1	0.35	1.7	1	245	208	2800	3600
32314	70	150	54	51	42	36.5	3	2.5	82	84	138	141	6	12	2.5	2.1	0.35	1.7	1	285	242	2600	3400
32315	75	160	58	55	45	39	3	2.5	87	91	148	150	7	13	2.5	2.1	0.35	1.7	1	328	288	2400	3200
32316	80	170	61.5	58	48	42	3	2.5	92	97	158	160	7	13.5	2.5	2.1	0.35	1.7	1	365	322	2200	3000
32317	85	180	63.5	60	49	43.6	4	3	99	102	166	168	8	14.5	3	2.5	0.35	1.7	1	398	352	2000	2800
32318	90	190	67.5	64	53	46	4	3	104	107	176	178	8	14.5	3	2.5	0.35	1.7	1	452	405	1900	2600
32319	95	200	71.5	67	55	49	4	3	109	114	186	187	8	16.5	3	2.5	0.35	1.7	1	488	438	1800	2400
32320	100	215	77.5	73	60	53	4	3	114	122	201	201	8	17.5	3	2.5	0.35	1.7	1	568	515	1600	2000

注：① GB/T 297—1994 仅给出轴承型号及尺寸，安装尺寸摘自 GB/T 5868—2003。

② 当量动载荷与静载荷按下式计算：

当量动载荷：$\dfrac{F_a}{F_r} \leqslant e, P = F_r$；$\dfrac{F_a}{F_r} > e, P = 0.4F_r + YF_a$

当量静载荷：$P_{0r} = 0.5F_r + Y_0F_a$；若 $P_{0r} < F_r$，取 $P_0 = F_r$

表 15.2 深沟球轴承(GB/T 276—1994)

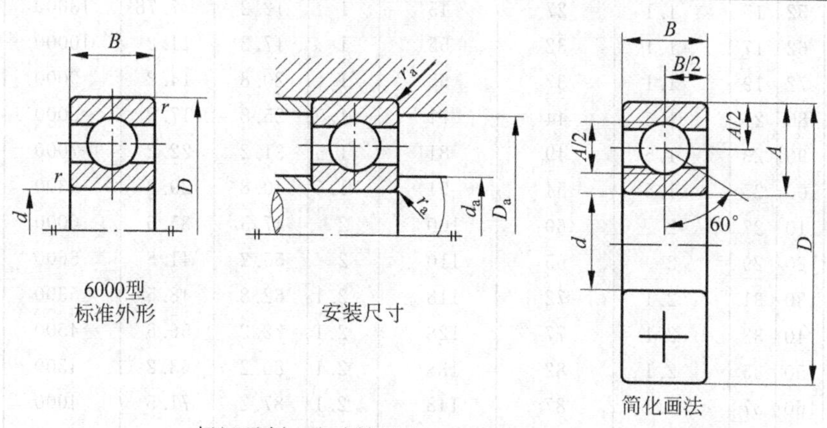

6000型 标准外形　　安装尺寸　　简化画法

标记示例：滚动轴承 6216 GB/T 276—1994

F_a/C_0	e	Y	径向当量动载荷	径向当量静载荷
0.014	0.19	2.30	$\dfrac{F_a}{F_r} \leqslant e, P = F_r$ $\dfrac{F_a}{F_r} > e, P = 0.56F_r + YF_a$	$\dfrac{F_a}{F_r} \leqslant 0.8, P_{0r} = F_r$ $\dfrac{F_a}{F_r} > 0.8, P_{0r} = 0.6F_r + 0.5F_a$ 取上列两式计算结果的较大值
0.028	0.22	1.99		
0.056	0.26	1.71		
0.084	0.28	1.55		
0.11	0.30	1.45		
0.17	0.34	1.31		
0.28	0.38	1.15		
0.42	0.42	1.04		
0.56	0.44	1.00		

续表

轴承型号	基本尺寸/mm				安装尺寸/mm			基本额定载荷		极限转速/(r/min)	
	d	D	B	r_s min	d_a min	D_a max	r_{as} max	C_r	C_{0r}	脂润滑	油润滑
6204	20	47	14	1	26	41	1	9.88	6.18	14000	18000
6205	25	52	15	1	31	46	1	10.8	6.95	12000	16000
6206	30	62	16	1	36	56	1	15.0	10.0	9500	13000
6207	35	72	17	1.1	42	65	1	19.8	13.5	8500	11000
6208	40	80	18	1.1	47	73	1	22.8	15.8	8000	10000
6209	45	85	19	1.1	52	78	1	24.5	17.5	7000	9000
6210	50	90	20	1.1	57	83	1	27.0	19.8	6700	8500
6211	55	100	21	1.5	64	91	1.5	33.5	25.0	6000	7500
6212	60	110	22	1.5	69	101	1.5	36.8	27.8	5600	7000
6213	65	120	23	1.5	74	111	1.5	44.0	34.0	5000	6300
6214	70	125	24	1.5	79	116	1.5	46.8	37.5	4800	6000
6215	75	130	25	1.5	84	121	1.5	50.8	41.2	4500	5600
6216	80	140	26	2	90	130	2	55.0	44.8	4300	5300
6217	85	150	28	2	95	140	2	64.0	53.2	4000	5000
6218	90	160	30	2	100	150	2	73.8	60.5	3800	4800
6219	95	170	32	2.1	107	158	2.1	84.8	70.5	3600	4500
6220	100	180	34	2.1	112	168	2.1	94	79.0	3400	4300
6304	20	52	15	1.1	27	45	1	12.2	7.78	13000	17000
6305	25	62	17	1.1	32	55	1	17.2	11.2	10000	14000
6306	30	72	19	1.1	37	65	1	20.8	14.2	9000	12000
6307	35	80	21	1.5	44	71	1.5	25.8	17.8	8000	10000
6308	40	90	23	1.5	49	81	1.5	31.2	22.2	7000	9000
6309	45	100	25	1.5	54	91	1.5	40.8	29.8	6300	8000
6310	50	110	27	2	60	100	2	47.5	35.6	6000	7500
6311	55	120	29	2	65	110	2	55.2	41.8	5600	6700
6312	60	130	31	2.1	72	118	2.1	62.8	48.5	5300	6300
6313	65	140	33	2.1	77	128	2.1	72.2	56.5	4500	5600
6314	70	150	35	2.1	82	138	2.1	80.2	63.2	4300	5300
6315	75	160	37	2.1	87	148	2.1	87.2	71.5	4000	5000
6316	80	170	39	2.1	92	158	2.1	94.5	80.0	3800	4800
6317	85	180	41	3	99	166	2.5	102	89.2	3600	4500
6318	90	190	43	3	104	176	2.5	112	100	3400	4300
6319	95	200	45	3	109	186	2.5	122	112	3200	4000
6320	100	215	47	3	114	201	2.5	132	132	2800	3600
6404	20	72	19	1.1	27	65	1	23.8	16.8	9500	13000
6405	25	80	21	1.5	34	71	1.5	29.5	21.2	8500	11000
6406	30	90	23	1.5	39	81	1.5	36.5	26.8	8000	10000
6407	35	100	25	1.5	44	91	1.5	43.8	32.5	6700	8500
6408	40	110	27	2	50	100	2	50.2	37.8	6300	8000
6409	45	120	29	2	55	110	2	59.2	45.5	5600	7000

续表

轴承型号	基本尺寸/mm				安装尺寸/mm			基本额定载荷		极限转速/(r/min)	
	d	D	B	r_s min	d_a min	D_a max	r_{as} max	C_r	C_{0r}	脂润滑	油润滑
6410	50	130	31	2.1	62	118	2.1	71.0	55.2	5200	6500
6411	55	140	33	2.1	67	128	2.1	77.5	62.5	4800	6000
6412	60	150	35	2.1	72	138	2.1	83.8	70.0	4500	5600
6413	65	160	37	2.1	77	148	2.1	90.8	78.0	4300	5300
6414	70	180	42	3	84	166	2.5	108	99.2	3800	4800
6415	75	190	45	3	89	176	2.5	118	115	3600	4500
6416	80	200	48	3	94	186	2.5	125	125	3400	4300
6417	85	210	52	4	103	192	3	135	138	3200	4000
6418	90	225	54	4	108	207	3	148	188	2800	3600
6420	100	250	58	4	118	232	3	172	195	2400	3200

注：GB/T 276—1994 仅给出轴承型号及尺寸，安装尺寸摘自 GB/T 5868—1986。

表 15.3 角接触球轴承(GB/T 292—2007)

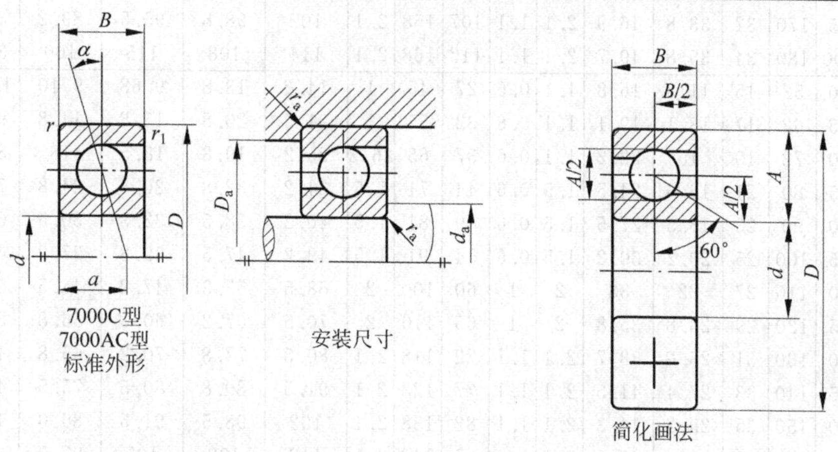

标记示例：滚动轴承 7216C GB/T 292—2007

类型	70000C	70000AC
当量动载荷	$F_a/F_r \leqslant e, P=F_r$ $F_a/F_r > e, P_r=0.44F_r+YF_a$	$F_a/F_r \leqslant 0.68, P=F_r$ $F_a/F_r > 0.68, P_r=0.41F_r+0.87F_a$
当量静载荷	$P_{0r}=0.5F_r+0.46F_a \geqslant F_r$	$P_{0r}=0.5F_r+0.38F_a \geqslant F_r$

轴承型号	基本尺寸/mm			其他尺寸/mm				安装尺寸/mm			基本额定动载荷 C_r/kN		基本额定静载荷 C_{0r}/kN		极限转速/(r/min)	
	d	D	B	a C型	a AC型	r_s	r_{1s}	d_a	D_a	r_{as}	C型	AC型	C型	AC型	脂润滑	油润滑
7204	20	47	14	11.5	14.9	1	0.3	26	41	1	11.2	10.8	7.46	7.00	13000	18000
7205	25	52	15	12.7	16.4	1	0.3	31	46	1	12.8	12.2	8.95	8.38	11000	16000
7206	30	62	16	14.2	18.7	1	0.3	36	56	1	17.8	16.8	12.8	12.2	9000	13000

续表

轴承型号	基本尺寸/mm			其他尺寸/mm				安装尺寸/mm			基本额定动载荷 C_r/kN		基本额定静载荷 C_{0r}/kN		极限转速/(r/min)	
	d	D	B	a		r_s	r_{1s}	d_a	D_a	r_{as}	C 型	AC 型	C 型	AC 型	脂润滑	油润滑
				C 型	AC 型											
7207	35	72	17	15.7	21	1.1	0.6	42	65	1	23.5	22.5	17.5	16.5	8000	11000
7208	40	80	18	17	23	1.1	0.6	47	73	1	26.8	25.8	20.5	19.2	7500	10000
7209	45	85	19	18.2	24.7	1.1	0.6	52	78	1	29.8	28.2	23.8	22.5	6700	9000
7210	50	90	20	19.4	26.3	1.1	0.6	57	83	1	32.8	31.5	26.8	25.2	6300	8500
7211	55	100	21	20.9	28.6	1.5	0.6	64	91	1.5	40.8	38.8	33.8	31.8	5600	7500
7212	60	110	22	22.4	30.8	1.5	0.6	69	101	1.5	44.8	42.8	37.8	35.5	5300	7000
7213	65	120	23	24.2	33.5	1.5	0.6	74	111	1.5	53.8	51.2	46.0	43.2	4800	6300
7214	70	125	24	25.3	35.1	1.5	0.6	79	116	1.5	56.0	53.2	49.2	46.2	4500	6700
7215	75	130	25	26.4	36.6	1.5	0.6	84	121	1.5	60.8	57.8	54.2	50.8	4300	5600
7216	80	140	26	27.7	38.9	2	1	90	130	2	68.8	65.5	63.2	59.2	4000	5300
7217	85	150	28	29.9	41.6	2	1	95	140	2	76.8	72.8	69.8	65.5	3800	5000
7218	90	160	30	31.7	44.2	2	1	100	150	2	94.2	89.8	87.8	82.2	3600	4800
7219	95	170	32	33.8	46.9	2.1	1.1	107	158	2.1	102	98.8	95.5	89.2	3400	4500
7220	100	180	34	35.8	49.7	2.1	1.1	112	168	2.1	114	108	115	100	3200	4300
7304	20	52	15	11.3	16.8	1.1	0.6	27	45	1	14.2	13.8	9.68	9.10	12000	17000
7305	25	62	17	13.1	19.1	1.1	0.6	32	55	1	21.5	20.8	15.8	14.8	9500	14000
7306	30	72	19	15	22.2	1.1	0.6	37	65	26.2	25.2	19.8	18.5	18	8500	12000
7307	35	80	21	16.6	24.5	1.5	0.6	44	71	1.5	34.2	32.8	26.8	24.8	7500	10000
7308	40	90	23	18.5	27.5	1.5	0.6	49	81	1.5	40.2	38.5	32.3	30.5	6700	9000
7309	45	100	25	20.2	30.2	1.5	0.6	54	91	1.5	49.2	47.5	39.8	37.2	6000	8000
7310	50	110	27	22	33	2	1	60	100	2	58.5	55.5	47.2	44.5	5600	7500
7311	55	120	29	23.8	35.8	2	1	65	110	2	70.5	67.2	60.5	56.8	5000	6700
7312	60	130	31	25.6	38.7	2.1	1.1	72	118	2.1	80.5	77.8	70.2	65.8	4800	6300
7313	65	140	33	27.4	41.5	2.1	1.1	77	128	2.1	91.5	89.8	80.5	75.5	4300	5600
7314	70	150	35	29.2	44.3	2.1	1.1	82	138	2.1	102	98.5	91.5	86.0	4000	5300
7315	75	160	37	31	47.2	2.1	1.1	87	148	2.1	112	108	105	97.0	3800	5000
7316	80	170	39	32.8	50	2.1	1.1	92	158	2.1	122	118	118	108	3600	4800
7317	85	180	41	34.6	52.8	3	1.1	99	166	2.5	132	125	128	122	3400	4500
7318	90	190	43	36.4	55.6	3	1.1	104	176	2.5	142	135	142	135	3200	4300
7319	95	200	45	38.2	58.5	3	1.1	109	186	2.5	152	145	158	148	3000	4000
7320	100	215	47	40.2	61.9	3	1.1	114	201	2.5	162	165	175	178	2600	3600
7406	30	90	23		26.1	1.5	0.6	39	81	1		42.5		32.2	7500	10000
7407	35	100	25		29	1.5	0.6	44	91	1.5		53.8		42.5	6300	8500
7408	40	110	27		31.8	2	1	50	100	2		62.0		49.5	6000	8000
7409	45	120	29		34.6	2	1	55	110	2		66.8		52.8	5300	7000
7410	50	130	31		37.4	2.1	1.1	62	118	2.1		76.5		64.2	5000	6700
7412	60	150	35		43.1	2.1	1.1	72	138	2.1		102		90.8	4300	5600
7414	70	180	42		51.5	3	1.1	84	166	2.5		125		125	3600	4800
7416	80	200	48		58.1	3	1.1	94	186	2.5		152		162	3200	4300
7418	90	215	54		64.8	4	1.5	108	197	3		178		205	2800	3600

注：① 70000C 的单列 $F_a/F_r>0$ 的 Y，双列 $F_a/F_r\leqslant e$ 的 Y_1，$F_a/F_r>e$ 的 Y_2，具体数值见下表：

F_a/C_0	e	Y	Y_1	Y_2	F_a/C_0	e	Y	Y_1	Y_2
0.015	0.38	1.47	1.65	2.39	0.17	0.50	1.12	1.26	1.82
0.029	0.40	1.40	1.57	2.28	0.29	0.55	1.02	1.14	1.66
0.058	0.43	1.30	1.46	2.11	0.44	0.56	1.00	1.12	1.63
0.087	0.46	1.23	1.38	2.00	0.58	0.56	1.00	1.12	1.63
0.12	0.47	1.19	1.34						

② 成对安装角接触球轴承，是由两套相同的单列角接触球轴承选配组成的，作为一个支承整体。按其外圈不同端面的组合分为：(a)背对背方式构成 70000C/DB、70000AC/DB、70000B/DB；(b)面对面方式构成 70000C/DF、70000AC/DF、70000B/DF。

类型	70000C/DB，70000C/DF	70000AC/DB，70000AC/DF	70000B/DB，70000B/DF
当量动载荷	$F_a/F_r \leqslant e$ $P=F_r+Y_1F_a$	$F_a/F_r \leqslant 0.68$ $P=F_r+0.92F_a$	$F_a/F_r \leqslant 1.14$ $P=F_r+0.55F_a$
	$F_a/F_r > e$ $P=0.72F_r+Y_2F_a$	$F_a/F_r > 0.68$ $P=0.67F_r+1.41F_a$	$F_a/F_r > 1.14$ $P=0.57F_r+0.93F_a$
当量静载荷	$P_{0r}=F_r+0.92F_a$	$P_{0r}=F_r+0.76F_a$	$P_{0r}=F_r+0.52F_a$

③ GB/T 292—1994 仅给出轴承型号及尺寸，安装尺寸摘自 GB/T 5868—2003。

第16章

润滑剂与密封件

表 16.1 常用润滑油的主要性质和用途

名称	代号	运动黏度/(mm²/s) 40℃	运动黏度/(mm²/s) 100℃	凝点/℃ ≤	闪点(开口)/℃ ≥	主要用途
全损耗系统用油(GB/T 443—1989)	L-AN5	4.14～5.06	—	−5	80	用于各种高速轻载机械轴承的润滑和冷却(循环式或油箱式),如转速在 10 000r/min 以上的精密机械、机床及纺织纱锭的润滑和冷却
	L-AN 7	6.12～7.48			110	
	L-AN 10	9.00～11.0			130	
	L-AN 15	13.5～16.5			150	用于小型机床齿轮箱、传动装置轴承、中小型电机、风动工具等
	L-AN 22	19.8～24.2				
	L-AN 32	28.8～35.2				用于一般机床齿轮变速箱、中小型机床导轨及 100kW 以上电机轴承
	L-AN 46	41.4～50.6			160	主要用在大型机床、大型刨床上
	L-AN 68	61.2～74.8				主要用在低速重载的纺织机械和重型机床,以及锻压、铸工设备上
	L-AN 100	90.0～110			180	
工业闭式齿轮油(GB 5903—1995)	L-CKC68	61.2～74.8	—	−8	180	适用于煤炭、水泥、冶金工业部门大型封闭式齿轮传动装置的润滑
	L-CKC100	90.0～110				
	L-CKC150	135～165			200	
	L-CKC220	198～242				
	L-CKC320	288～352				
L-CPE/P 蜗轮蜗杆油(SH 0094—1991)	220	198～242		−12	220	用于铜-钢配对的圆柱形、承受重负荷、传动中有振动和冲击的蜗轮蜗杆副
	320	288～352				
	460	414～506				

表 16.2 常用润滑脂的主要性质和用途

名称	代号	滴点/℃ ≥	工作锥入度(25℃,150g) 1/10mm	主要用途
钙基润滑脂(GB 491—1987)	L-XAAMHA1	80	310～340	有耐水性能。用于工作温度低于 55～60℃的各种工农业、交通运输机械设备的轴承润滑,特别是有水或潮湿处
	L-XAAMHA2	85	265～295	
钠基润滑脂(GB 492—1989)	L-XACMGA2	160	265～295	不耐水(或潮湿)。用于工作温度在−10～110℃的一般中负荷机械设备轴承润滑
	L-XACMGA3		220～250	

续表

名称	代号	滴点/℃ ≥	工作锥入度 (25℃,150g) 1/10mm	主要用途
通用锂基润滑脂 (GB 7324—1994)	ZL-1	170	310～340	有良好的耐水性和耐热性。适用于温度在－20～120℃范围内各种机械的滚动轴承、滑动轴承及其他摩擦部位的润滑
	ZL-2	175	265～295	
钙钠基润滑脂 (ZBE 36001—1988)	ZGN-1	120	250～290	适用于工作温度在80～100℃、有水分或较潮湿环境中工作的机械润滑，多用于铁路机车、列车、小电动机、发电机滚动轴承(温度较高者)的润滑。不适于低温工作
	ZGN-2	135	200～240	
石墨钙基润滑脂 (ZBE 36002—1988)	ZG-S	80	—	适用于人字齿轮，起重机、挖掘机的底盘齿轮，低速度的粗糙机械润滑及一般开式齿轮润滑
滚珠轴承脂 (SY 1514—1982)	ZGN69-2	120	250～290 (－40℃时为30)	适用于机车、汽车、电机及其他机械的滚动轴承润滑
7407号齿轮润滑脂 (SY 4036—1984)		160	75～90	适用于各种低速，中、重载荷齿轮，链和联轴器等的润滑，使用温度≤120℃，可承受冲击载荷
高温润滑脂 (GB 11124—1989)	7014-1号	280	62～75	适用于高温下各种滚动轴承的润滑，也可用于一般滑动轴承和齿轮的润滑。使用温度为－40～200℃
工业用凡士林 (GB 6731—1986)		54	—	适用于作金属零件、机器的防锈，在机械的温度不高和负荷不大时，可用作减摩润滑脂

表 16.3 液压气动用 O 形橡胶密封圈(GB/T 3452.1—2005) mm

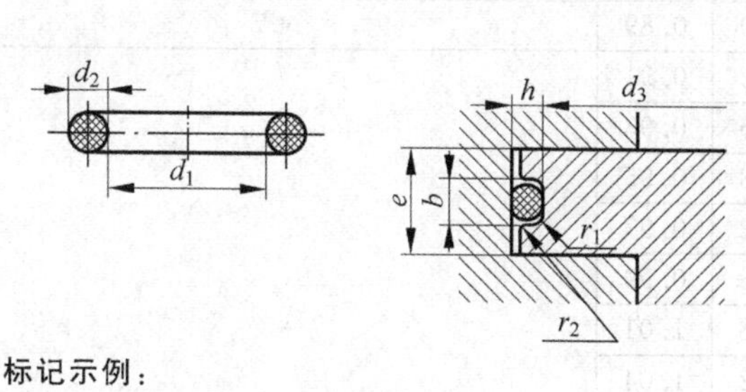

标记示例：

内径 $d_1=40.0$mm、截面直径 $d_2=3.55$ 的 A 系列 N 级 O 形密封圈：

O 形圈 40×3.55—A—N GB/T 3452.1—2005

沟槽尺寸(GB/T 3452.3—2005)					
d_2	$b^{+0.25}_{0}$	$h^{+0.10}_{0}$	d_3 偏差值	r_1	r_2
1.8	2.4	1.312	0 －0.04	0.2～0.4	
2.65	3.6	2.0	0 －0.05	0.2～0.4	
3.55	4.8	2.19	0 －0.06	0.4～0.8	0.1～0.3
5.3	7.1	4.31	0 －0.07	0.4～0.8	
7.0	9.5	5.85	0 －0.09	0.8～1.2	

续表

<table>
<tr><th colspan="2">内径</th><th colspan="3">截面直径 d_2</th></tr>
<tr><th rowspan="2">d_1</th><th>公差</th><th>1.80</th><th>2.65</th><th>3.55</th></tr>
<tr><th>(±)</th><th>±0.08</th><th>±0.09</th><th>±0.10</th></tr>
<tr><td>13.2</td><td>0.21</td><td colspan="2" rowspan="5">*</td><td rowspan="5"></td></tr>
<tr><td>14.0</td><td>0.22</td></tr>
<tr><td>15.0</td><td>0.22</td></tr>
<tr><td>16.0</td><td>0.23</td></tr>
<tr><td>17.0</td><td>0.24</td></tr>
<tr><td>18.0</td><td>0.25</td><td rowspan="15"></td><td colspan="2" rowspan="15">*</td></tr>
<tr><td>19.0</td><td>0.25</td></tr>
<tr><td>20.0</td><td>0.26</td></tr>
<tr><td>21.2</td><td>0.27</td></tr>
<tr><td>22.4</td><td>0.28</td></tr>
<tr><td>23.6</td><td>0.29</td></tr>
<tr><td>25.0</td><td>0.30</td></tr>
<tr><td>25.8</td><td>0.31</td></tr>
<tr><td>26.5</td><td>0.31</td></tr>
<tr><td>28.0</td><td>0.32</td></tr>
<tr><td>30.0</td><td>0.34</td></tr>
<tr><td>31.5</td><td>0.35</td></tr>
<tr><td>32.5</td><td>0.36</td></tr>
</table>

<table>
<tr><th colspan="2">内径</th><th colspan="4">截面直径 d_2</th></tr>
<tr><th rowspan="2">d_1</th><th>公差</th><th>1.80</th><th>2.65</th><th>3.55</th><th rowspan="2">5.30±0.13</th></tr>
<tr><th>(±)</th><th>±0.08</th><th>±0.09</th><th>±0.10</th></tr>
<tr><td>33.5</td><td>0.36</td><td colspan="3" rowspan="6">*</td><td rowspan="6"></td></tr>
<tr><td>34.5</td><td>0.37</td></tr>
<tr><td>35.5</td><td>0.38</td></tr>
<tr><td>36.5</td><td>0.38</td></tr>
<tr><td>37.5</td><td>0.39</td></tr>
<tr><td>38.7</td><td>0.40</td></tr>
<tr><td>40.0</td><td>0.41</td><td rowspan="12"></td><td colspan="3" rowspan="9">*</td></tr>
<tr><td>41.2</td><td>0.42</td></tr>
<tr><td>42.5</td><td>0.43</td></tr>
<tr><td>43.7</td><td>0.44</td></tr>
<tr><td>45.0</td><td>0.44</td></tr>
<tr><td>46.2</td><td>0.45</td></tr>
<tr><td>47.5</td><td>0.46</td></tr>
<tr><td>48.7</td><td>0.47</td></tr>
<tr><td>50.0</td><td>0.48</td></tr>
<tr><td>51.5</td><td>0.49</td><td colspan="3" rowspan="3">*</td></tr>
<tr><td>53.0</td><td>0.50</td></tr>
<tr><td>54.5</td><td>0.51</td></tr>
</table>

<table>
<tr><th colspan="2">内径</th><th colspan="3">截面直径 d_2</th></tr>
<tr><th rowspan="2">d_1</th><th>公差</th><th>2.65</th><th>3.55</th><th>5.30</th></tr>
<tr><th>(±)</th><th>±0.09</th><th>±0.10</th><th>±0.13</th></tr>
<tr><td>56.0</td><td>0.52</td><td colspan="3" rowspan="18">*</td></tr>
<tr><td>58.0</td><td>0.54</td></tr>
<tr><td>60.0</td><td>0.55</td></tr>
<tr><td>61.5</td><td>0.56</td></tr>
<tr><td>63.0</td><td>0.57</td></tr>
<tr><td>65.0</td><td>0.58</td></tr>
<tr><td>67.0</td><td>0.60</td></tr>
<tr><td>69.0</td><td>0.61</td></tr>
<tr><td>71.0</td><td>0.63</td></tr>
<tr><td>73.0</td><td>0.64</td></tr>
<tr><td>75.0</td><td>0.65</td></tr>
<tr><td>77.5</td><td>0.67</td></tr>
<tr><td>80.0</td><td>0.69</td></tr>
<tr><td>82.5</td><td>0.71</td></tr>
<tr><td>85.0</td><td>0.72</td></tr>
<tr><td>87.5</td><td>0.74</td></tr>
<tr><td>90.0</td><td>0.76</td></tr>
<tr><td>92.5</td><td>0.77</td></tr>
</table>

<table>
<tr><th colspan="2">内径</th><th colspan="4">截面直径 d_2</th></tr>
<tr><th rowspan="2">d_1</th><th>公差</th><th>2.65</th><th>3.55</th><th>5.30</th><th rowspan="2">7.0±0.15</th></tr>
<tr><th>(±)</th><th>±0.09</th><th>±0.10</th><th>±0.13</th></tr>
<tr><td>95.0</td><td>0.79</td><td colspan="3" rowspan="5">*</td><td rowspan="5"></td></tr>
<tr><td>97.5</td><td>0.81</td></tr>
<tr><td>100</td><td>0.82</td></tr>
<tr><td>103</td><td>0.85</td></tr>
<tr><td>106</td><td>0.87</td></tr>
<tr><td>109</td><td>0.89</td><td colspan="4">*</td></tr>
<tr><td>112</td><td>0.91</td><td colspan="4" rowspan="11">*</td></tr>
<tr><td>115</td><td>0.93</td></tr>
<tr><td>118</td><td>0.95</td></tr>
<tr><td>122</td><td>0.97</td></tr>
<tr><td>125</td><td>0.99</td></tr>
<tr><td>128</td><td>1.01</td></tr>
<tr><td>132</td><td>1.04</td></tr>
<tr><td>136</td><td>1.07</td></tr>
<tr><td>140</td><td>1.09</td></tr>
<tr><td>145</td><td>1.13</td></tr>
<tr><td>150</td><td>1.16</td></tr>
<tr><td>155</td><td>1.19</td><td colspan="4">*</td></tr>
</table>

注：* 为可选规格。

表 16.4　毡圈油封及槽(JB/ZQ 4606—1997)

mm

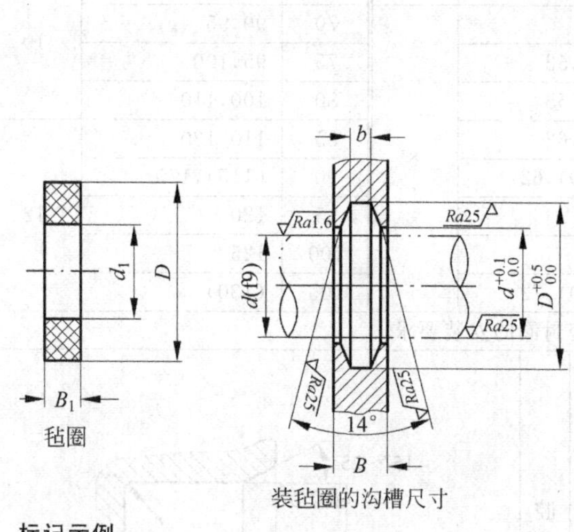

毡圈　　装毡圈的沟槽尺寸

标记示例

d=40、材料为半粗羊毛毡的毡圈：毡圈 40 JB/ZQ 4606—1997

轴径 d	毡圈			槽				
	D	d_1	B_1	D_0	d_0	b	B_{min} 钢	B_{min} 铸铁
16	29	14	6	28	16	5	10	12
20	33	19		32	21			
25	39	24	7	33	26	6	12	15
30	45	29		44	31			
35	49	34		48	36			
40	53	39		52	41			
45	61	44	8	60	46	7		
50	69	49		68	51			
55	74	53		72	56			
60	80	58		78	61			
65	84	63		85	66			
70	90	68		88	71			
75	94	73		92	77			
80	102	78	9	100	82	8	15	18
85	107	83		105	87			
90	112	88		110	92			
100	122	98	10	115	97			
105	127	103		125	107			
110	132	108		130	112			
115	137	113		135	117			
120	142	118		140	122			
125	147	123		145	127			

注：毡圈材料有半粗羊毛毡和细羊毛毡，粗羊毛毡适用于速度 $v\leqslant3$m/s，优质细羊毛毡适用于 $v\leqslant10$m/s。

表 16.5　旋转轴唇形密封圈的型式、尺寸及其安装要求(GB 13871.1—2007)

mm

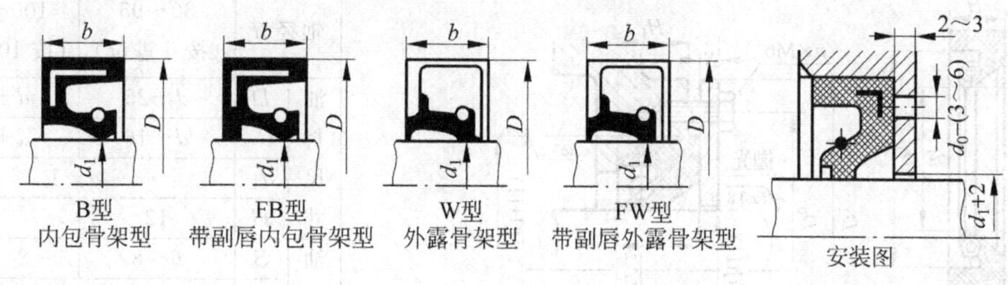

B型 内包骨架型　FB型 带副唇内包骨架型　W型 外露骨架型　FW型 带副唇外露骨架型　安装图

标记示例

带副唇的内包骨架型旋转轴唇形密封圈，d_1=120，D=150：(F)B 120 150 GB 13871.1—2007

续表

d_1	D	b	d_1	D	b	d_1	D	b
6	16,22	7	25	40,47,52	7	55	72,(75),80	8
7	22		28	40,47,52		60	80,85	
8	22,24		30	42,47,(50)		65	85,90	10
9	22		30	52	8	70	90,95	
10	22,25		32	45,47,52		75	95,100	
12	24,25,30		35	50,52,55		80	100,110	
15	26,30,35		38	52,58,62		85	110,120	12
16	30,(35)		40	55,(60),62		90	(115),120	
18	30,35		42	55,62		95	120	
20	35,40,(45)		45	62,65		100	125	
22	35,40,47		50	68,(70),72		105	(130)	

旋转轴唇形密封圈的安装要求

轴导入倒角

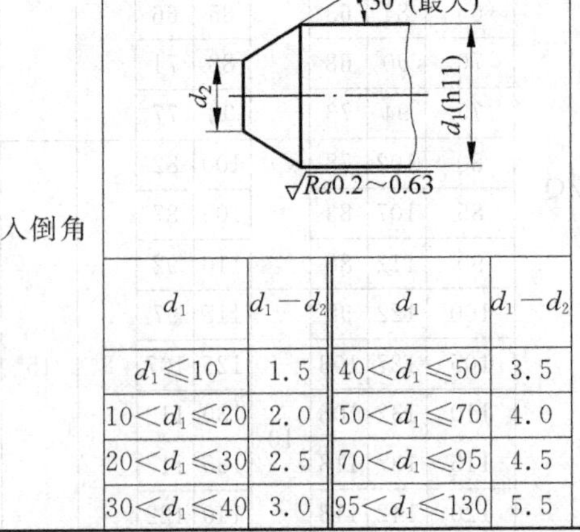

d_1	d_1-d_2	d_1	d_1-d_2
$d_1 \leqslant 10$	1.5	$40<d_1 \leqslant 50$	3.5
$10<d_1 \leqslant 20$	2.0	$50<d_1 \leqslant 70$	4.0
$20<d_1 \leqslant 30$	2.5	$70<d_1 \leqslant 95$	4.5
$30<d_1 \leqslant 40$	3.0	$95<d_1 \leqslant 130$	5.5

腔体内孔尺寸

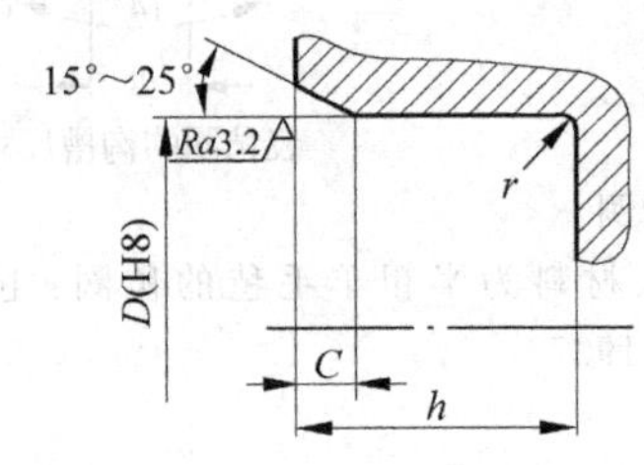

基本宽度 b	最小内孔深 h	倒角长度 C	r_{max}
≤10	b+0.9	0.70～1.00	0.50
>b	b+1.2	1.20～1.50	0.75

注：① 标准中考虑到国内实际情况，除全部采用国际标准的基本尺寸外，还补充了若干种国内常用的规格，并加括号以示区别。

② 安装要求中若轴端采用倒圆倒入导角，则倒圆的圆角半径不小于表中的 d_1-d_2 之值。

表 16.6 J型无骨架橡胶油封(HG4—338—1966 摘录)(1988 年确认继续执行) mm

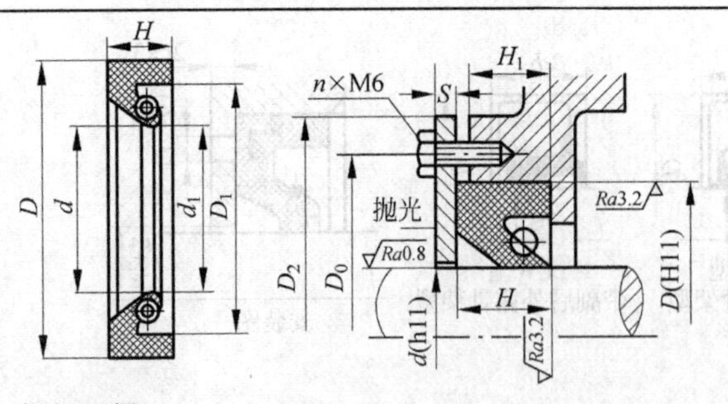

标记示例

d=50、D=75、H=12、材料为耐油橡胶Ⅰ—1的J型无骨架橡胶油封：J型油封 50×75×12 橡胶Ⅰ—1HG4—338—1996

轴径 d		30～95(按5进位)	100～170(按10进位)
油封尺寸	D	d+25	d+30
	D_1	d+16	d+20
	d_1	d−1	
	H	12	16
油封槽尺寸	S	6～8	8～10
	D_0	D+15	
	D_2	D_0+15	
	n	4	6
	H_1	H−(1～2)	

表 16.7　油沟式密封槽(JB/ZQ 4245—1986)　mm

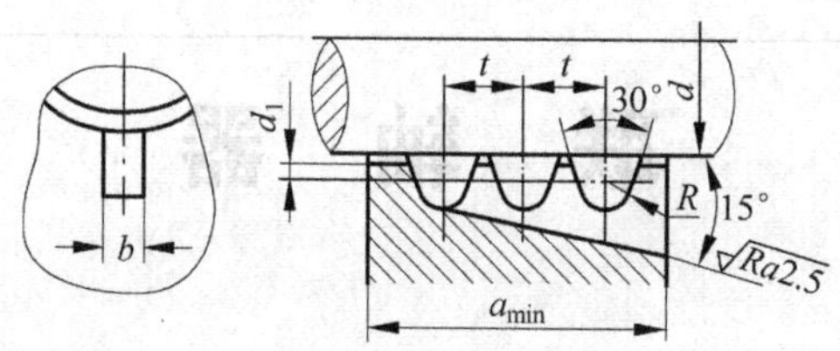

轴径 d	25～80	>80～120	>120～180	油沟数 n
R	1.5	2	2.5	2～4 (使用 3 个较多)
t	4.5	6	7.5	
b	4	5	6	
d_1	$d+1$			
a_{min}	$nt+R$			

表 16.8　迷宫式密封槽　mm

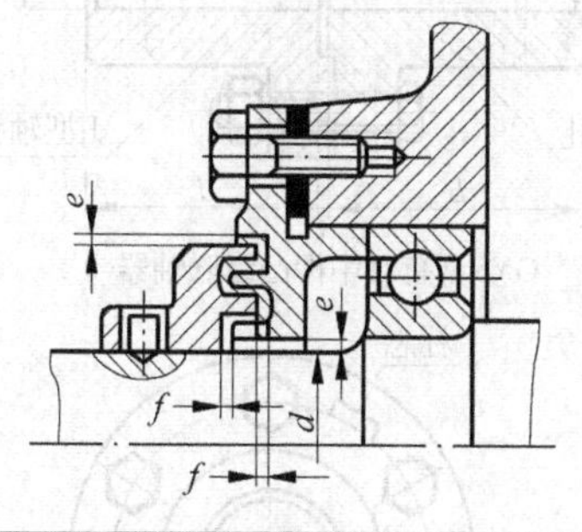

轴径 d	10～50	50～80	80～110	110～180
e	0.2	0.3	0.4	0.5
f	1	1.5	2	2.5

第 17 章

联 轴 器

表 17.1　凸缘联轴器(GB/T 5843—2003)　mm

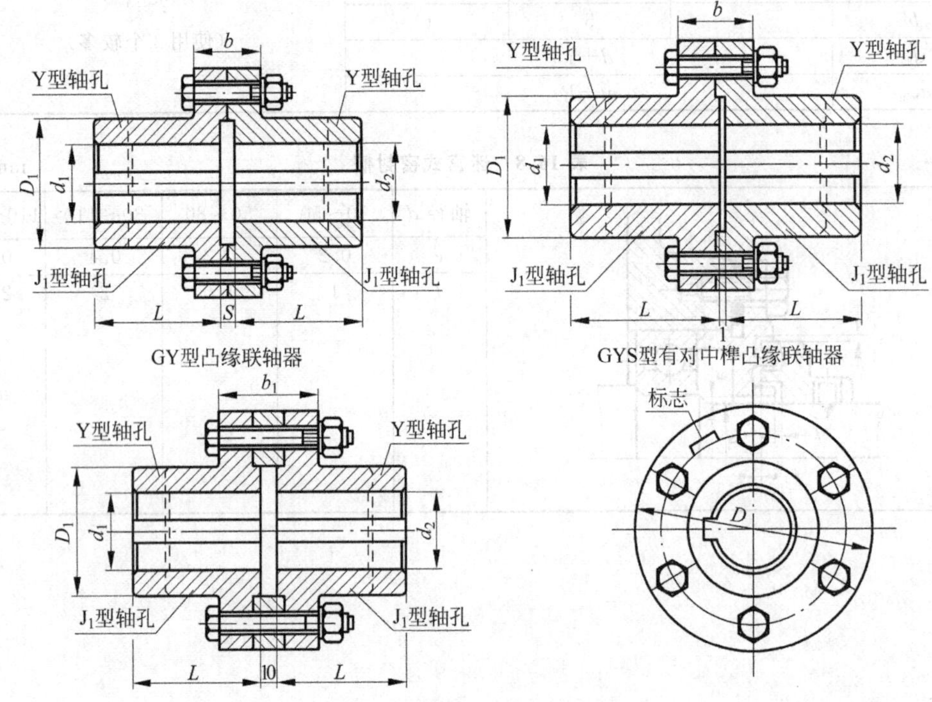

GY型凸缘联轴器

GYS型有对中榫凸缘联轴器

GYH型有对中环凸缘联轴器

标记示例

主动端：J_1 轴孔，A 型键槽，$d=30$mm，$L_1=60$mm；从动端：J_1 轴孔，B 型键槽，$d=28$mm，$L_1=44$mm，标记为

$$\text{GY4 联轴器}\frac{J_1 30\times 60}{J_1 B28\times 44}\text{GB/T 5843—2003}$$

型号	公称转矩 T_n/N·m	许用转速 [n]/(r/min)	轴孔直径 d_1,d_2	轴孔长度		D	D_1	b	b_1	S	转动惯量 I/kg·m²	质量 m/kg
				Y 型	J_1 型							
GY1 GYS1 GYH1	25	12 000	12	32	27	80	30	26	42	6	0.0008	1.16
			14									
			16	42	30							
			18									
			19									

续表

型号	公称转矩 T_n/N·m	许用转速 [n]/(r/min)	轴孔直径 d_1,d_2	轴孔长度 Y型	轴孔长度 J_1型	D	D_1	b	b_1	S	转动惯量 I/kg·m²	质量 m/kg
GY2 GYS2 GYH2	63	10 000	16	42	30	90	40	28	44	6	0.0015	1.72
			18									
			19	52	38							
			20									
			22									
			24									
			25	62	44							
GY3 GYS3 GYH3	112	9500	20	52	38	100	45	30	46	6	0.0028	2.38
			22									
			24									
			25	62	44							
			28									
GY4 GYS4 GYH4	224	9000	25	62	44	105	55	32	48	6	0.003	3.15
			28									
			30	82	60							
			32									
			35									
GY5 GYS5 GYH5	400	8000	30	82	60	120	68	36	52	8	0.007	5.43
			32									
			35									
			38									
			40	112	84							
			42									
GY6 GYS6 GYH6	900	6800	38	82	60	140	80	60	56	8	0.015	7.59
			40	112	84							
			42									
			45									
			48									
			50									
GY7 GYS7 GYH7	1600	6000	48	112	84	160	100	40	56	8	0.031	13.1
			50									
			55									
			56									
			60	142	107							
			63									
GY8 GYS8 GYH8	3150	4800	60	142	107	200	130	50	68	10	0.103	27.5
			63									
			65									
			70									
			71									
			75									
			80	172	132							

续表

型号	公称转矩 T_n/N·m	许用转速 $[n]$/(r/min)	轴孔直径 d_1,d_2	轴孔长度		D	D_1	b	b_1	S	转动惯量 I/kg·m²	质量 m/kg
				Y型	J_1型							
GY9 GYS9 GYH9	6300	3600	75	142	107	260	160	66	84	10	0.319	47.8
			80	172	132							
			85									
			90									
			95									
			100	212	167							
GY10 GYS10 GYH10	10 000	3200	90	172	132	300	200	72	90	10	0.720	82.0
			95									
			100	212	167							
			110									
			120									
			125									
GY11 GYS11 GYH11	25 000	2500	120	212	167	380	260	80	98	10	2.278	162.2
			125									
			130	252	202							
			140									
			150									
			160	302	242							
GY12 GYS12 GYH12	50 000	2000	150	252	202	460	320	92	112	125	5.923	285.6
			160	302	242							
			170									
			180									
			190	352	282							
			200									
GY13 GYS13 GYH13	100 000	1600	190	352	282	590	400	110	130	12	19.978	611.9
			200									
			220									
			240	410	330							
			250									

注：质量、转动惯量是按 GY 型联轴器 Y/J_1 轴孔组合形式和最小轴孔直径计算的。

表 17.2　弹性套柱销联轴器(GB/T 4323—2002)　　mm

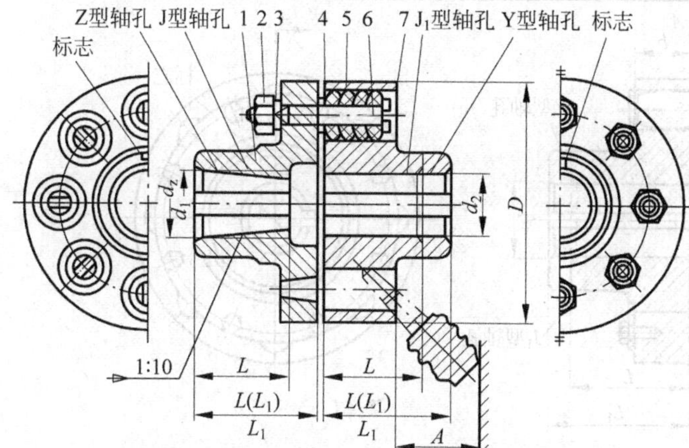

标记示例

主动端：J_1 型轴孔，A 型键槽，$d=30$mm，$L=50$mm；从动端：J_1 型轴孔，B 型键槽，$d=35$mm，$L=50$mm，标记为

LT5 联轴器 $\frac{J_1 30\times 50}{J_1 B35\times 50}$

GB/T 4323—2002

1,7—半联轴器；2—螺母；3—弹簧垫圈；4—挡圈；5—弹性套；6—柱销；L_1—$L_{推荐}$

型号	公称转矩 T_n/N·m	许用转速 [n]/(r/min)	轴孔直径 d_1,d_2,d_z	轴孔长度/mm Y 型	J,J_1,Z 型		$L_{推荐}$	D	A	质量 m/kg	转动惯量 I/kg·m²
				L	L_1	L					
LT1	6.3	8800	9	20	14		25	71	18	0.82	0.0005
			10,11	25	17	—					
			12,14	32	20						
LT2	16	7600	12,14				35	80		1.20	0.0008
			16,18,19	42	30	42					
LT3	31.5	6300	16,18,19				38	95	35	2.20	0.0023
			20,22	52	38	52					
LT4	63	5700	20,22,24				40	106		2.84	0.0037
			25,28	62	44	62					
LT5	125	4600	25,28				50	130	45	6.05	0.0120
			30,32,35	82	60	82					
LT6	250	3800	32,35,38				55	160		9.57	0.0280
			40,42	112	84	112					
LT7	500	3600	40,42,45,48				65	190		14.01	0.0550
LT8	710	3000	45,48,50,55,56				70	224	65	23.12	0.1340
			60,63	142	107	142					
LT9	1000	2850	50,55,56	112	84	112	80	250		30.69	0.2130
			60,63,65,70,71	142	107	142					
LT10	2000	2300	63,65,70,71,75				100	315	80	61.40	0.6600
			80,85,90,95	172	132	172					
LT11	4000	1800	80,85,90,95				115	400	100	120.7	2.122
			100,110	212	167	212					
LT12	8000	1450	100,110,120,125				135	475	130	210.34	5.3900
			130	252	202	252					
LT13	16 000	1150	120,125	212	167	212	160	600	180	419.36	17.5800
			130,140,150	252	202	252					
			160,170	302	242	302					

注：质量、转动惯量按铸钢、无孔、$L_{推荐}$计算近似值。

表 17.3 弹性柱销联轴器(GB/T 5014—2003) mm

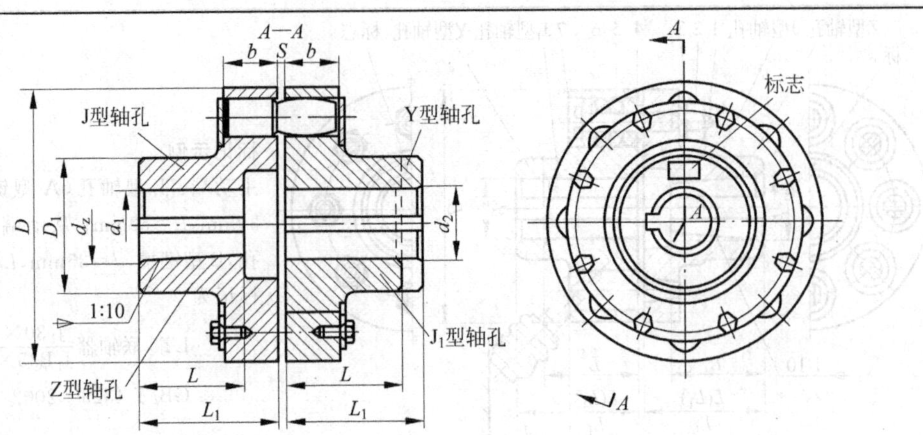

标记示例

主动端：Z 型轴孔，C 型键槽，$d_z=75$mm，$L=107$mm；从动端：J 型轴孔，B 型键槽，$d_z=70$mm，$L=107$mm，标记为

LX7 联轴器 $\frac{ZC75\times107}{JB70\times107}$ GB/T 5014—2003

型号	公称转矩 T_n/N·m	许用转速 $[n]$/(r/min)	轴孔直径 d_1,d_2,d_z	轴孔长度 Y型 L	J,J₁,Z型 L	J,J₁,Z型 L_1	D	D_1	b	S	转动惯量 I/kg·m²	质量 m/kg
LX1	250	8500	12,14	32	27	—	90	40	20	2.5	0.002	2
			16,18,19	42	30	42						
			20,22,24	52	38	52						
LX2	560	6300	20,22,24	52	38	52	120	55	28	2.5	0.009	5
			25,28	62	44	62						
			30,32,35	82	60	82						
LX3	1250	4750	30,32,35,38	82	60	82	160	75	36	2.5	0.026	8
			40,42,45,48	112	84	112						
LX4	2500	3870	40,42,45,48,50,55,56	112	84	112	195	100	45	3	0.109	22
			60,63	142	107	142						
LX5	3150	3450	50,55,56	112	84	112	220	120	45	3	0.191	30
			60,63,65,70,71,75	142	107	142						
LX6	6300	2720	60,63,65,70,71,75	142	107	142	280	140	56	4	0.543	53
			80,85	172	132	172						
LX7	11 200	2360	70,71,75	142	107	142	320	170	56	4	1.314	98
			80,85,90,95	172	132	172						
			100,110	212	167	172						
LX8	16 000	2120	81,85,90,95	172	132	172	360	200	56	5	2.023	119
			100,110,120,125	212	167	212						

续表

型号	公称转矩 T_n/N·m	许用转速 $[n]$/(r/min)	轴孔直径 d_1,d_2,d_z	轴孔长度			D	D_1	b	S	转动惯量 I/kg·m^2	质量 m/kg
				Y 型	J,J_1,Z 型							
				L	L	L_1						
LX9	22 400	1850	100,110,120,125	212	167	212	410	230	63	5	4.386	197
			130,140	252	202	252						
LX10	35 500	1600	110,120,125	212	167	212	480	280	75	6	9.760	322
			130,140,150,160	252	202	252						
			170,180	302	242	302						
LX11	50 000	1400	130,140,150	252	202	252	540	340	75	6	20.05	520
			160,170,180	302	242	302						
			190,200,220	352	282	352						
LX12	80 000	1220	160,170,180	302	242	302	630	400	90	7	37.71	714
			190,200,220	352	282	352						
			240,250,260	410	330	—						
LX13	125 000	1080	190,200,220	352	282	352	710	465	100	8	71.37	1057
			240,250,260	410	330	—						
			280,300	470	380	—						
LX14	180 000	950	240,250,260	410	330	—	800	530	110	8	170.6	1956
			280,300,320	470	380	—						
			340	550	450	—						

注：质量、转动惯量是按 J/Y 轴孔组合型式和最小轴孔直径计算的。

表 17.4 滚子链联轴器(GB/T 6069—2002)

mm

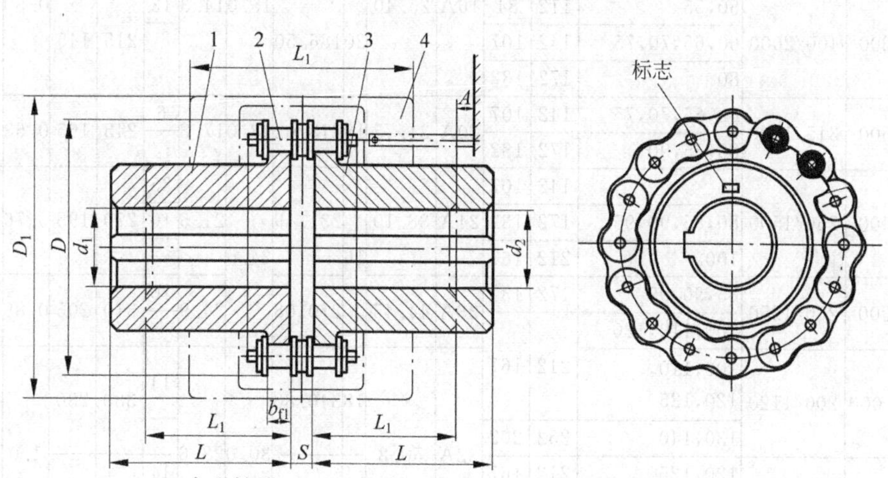

1—半联轴器Ⅰ；2—双排滚子链；3—半联轴器Ⅱ；4—罩壳

标记示例

主动端：J_1 型轴孔，B 型键槽，$d_1=45$mm，$L=84$mm；从动端：J_1 型轴孔，B_1 型键槽，$d_2=50$mm，$L=84$mm，标记为

$$\text{GL7 联轴器}\frac{J_1B45\times84}{J_1B_150\times84}\text{GB/T 6069—2002}$$

续表

型号	公称扭矩 T_n/N·m	许用转速 $[n]$/(r/min) 不装罩壳/安装罩壳	轴孔直径 d_1,d_2	轴孔长度 Y 型 L	轴孔长度 J_1 型 L_1	链号	链条节距 P	齿数 z	D	b_{f1}	S	A	D_k(最大)	L_k(最大)	许用补偿量 径向 ΔY	许用补偿量 轴向 ΔX	许用补偿量 角向 $\Delta\alpha$
GL1	40	1400/4500	16,18,19	42	—	06B	9.525	14	51.06	5.3	4.9	—	70	70	0.19	1.4	1°
			20	52	38							4					
GL2	63	1250/4500	19	42	—	06B		16	57.08			—	75	75			
			20,22,24	52	38							4					
GL3	100	1000/4000	20,22,24	52	38	08B	12.7	14	68.88	7.2	6.7	12	85	80	0.25	1.9	
			25	62	44							6					
GL4	160	1000/4000	24	52	—	08B		16	76.91			—	95	88			
			25,28	62	44							6					
			30,32	82	60												
GL5	250	800/3150	28	62	—	10A	15.875	16	94.46	8.9	9.2		112	100	0.32	2.3	
			30,32,35,38	82	60												
			40	112	84												
GL6	400	630/2500	32,35,38	82	60			20	116.57			—	140	105			
			40,42,45,48,50														
GL7	630	630/2500	40,42,45,48,50,55	112	84	12A	19.05	18	127.78	11.9	10.9		150	122	0.38	0.28	
			60	142	107												
GL8	1000	500/2240	45,48,50,55	112	84			16	154.33			12	180	135			
			60,65,70	142	107							—					
GL9	1600	400/2000	50,55	112	84	16A	25.40			15.0	14.3	12			0.50	3.8	
			60,65,70,75	142	107			20	186.50			—	215	145			
			80	172	132												
GL10	2500	315/1600	60,65,70,75	142	107	20A	31.75	18	213.02	18.0	17.8	6	245	165	0.63	4.7	
			80,85,90	172	132							—					
GL11	4000	250/1500	75	142	107							35					
			80,85,90,95	172	132	24A	38.10		231.49		21.5	10	270	195	0.76	5.7	
			100	212	167			16		24.0		—					
GL12	6300	250/1250	85,90,95	172	132	28A	44.45		270.08		24.9	20	310	205	0.88	6.6	
			100,110,120									—					
GL13	10 000	200/1120	100,110,120,125	212	167			18	340.80			14	380	230			
			130,140	252	202	32A	50.8			30.0	28.6	—			1.0	7.6	
GL14	16 000	200/1120	120,125	212	167							14					
			130,140,150	252	202			22	405.22			—	450	250			
			160	302	242												
GL15	25 000	200/900	140,150	252	202							18					
			160,170,180	302	242	40A	63.5	20	466.25	36.0	35.6	—	510	285	1.27	9.5	
			190	352	282												

注：① 有罩壳时，在型号后加“F”，例如 GL5 型联轴器，有罩壳时改为 GL5F。

② 联轴器的质量和转动惯量近似值详见 GB 6069—2002。

表 17.5　梅花形弹性联轴器(GB/T 5272—2002)

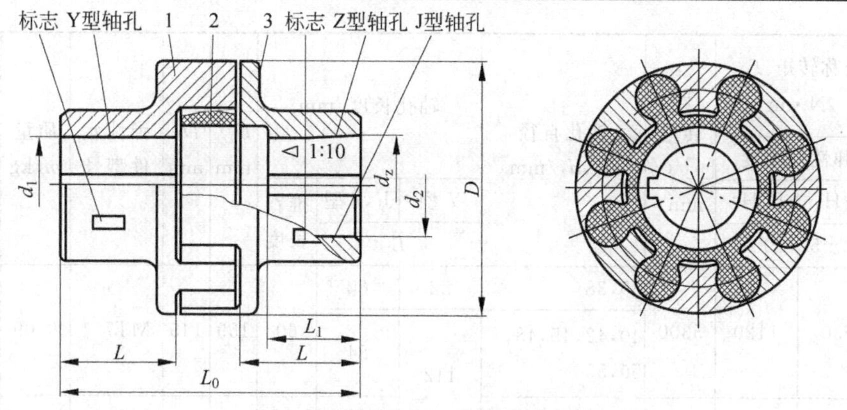

1,3—半联轴器；2—梅花形弹性体

标记示例

主动端：Z 型轴孔，A 型键槽，轴孔直径 $d_1=30$mm，轴孔长度 $L=40$mm；从动端：Y 型轴孔，B 型键槽，轴孔直径 $d_2=25$mm，轴孔长度 $L=40$mm，LM3 型弹性件硬度为 a，标记为

$$\text{LM3 型联轴器}\frac{\text{ZA30}\times 40}{\text{YB25}\times 40}\text{MT3a GB/T 5272—2002}$$

型号	公称转矩 T_n/N·m		许用转速 $[n]$/(r/min)	轴孔直径 d_1,d_2/mm	轴孔长度/mm			L_0/mm	D/mm	弹性元件型号	质量 m/kg	转动惯量 I/kg·m²
	弹性件硬度				Y 型	J_1,Z 型	推荐长度					
	a/H_A	b/H_D			L							
	80±5	60±5										
LM1	25	45	15 300	12,14	32	27	35	86	50	MT1-$_b^a$	0.66	0.0002
				16,18,19	42	30						
				20,22,24	52	38						
				25	62	44						
LM2	50	100	12 000	16,18,19	42	30	38	95	60	MT2-$_b^a$	0.93	0.0004
				20,22,24	52	38						
				25,28	62	44						
				30	82	60						
LM3	100	200	10 900	20,22,24	52	38	40	103	70	MT3-$_b^a$	1.41	0.0009
				25,28	62	44						
				30,32	82	60						
LM4	140	280	9000	22,24	52	38	45	114	85	MT4-$_b^a$	2.18	0.0020
				25,28	62	44						
				30,32,35,38	82	60						
				40	112	84						
LM5	350	400	7300	25,28	62	44	50	127	105	MT5-$_b^a$	3.60	0.0050
				30,32,35,38	82	60						
				40,42,45	112	84						
LM6	400	710	6100	30,32,35,38	82	60	55	143	125	MT6-$_b^a$	6.07	0.0114
				40,42,45,48	112	84						

续表

型号	公称转矩 T_n/N·m 弹性件硬度 a/H_A 80±5	公称转矩 T_n/N·m 弹性件硬度 b/H_D 60±5	许用转速 [n]/(r/min)	轴孔直径 d_1,d_2/mm	轴孔长度/mm Y型 L	轴孔长度/mm J_1,Z型 L	轴孔长度/mm 推荐长度	L_0/mm	D/mm	弹性元件型号	质量 m/kg	转动惯量 I/kg·m^2
LM7	630	1120	5300	35,38	82	60	60	159	145	MT7$^{-a}_{-b}$	9.09	0.0232
				40,42,45,48,50,55	112	84						
LM8	1120	2240	4500	45,48,50,55,56		84	70	181	170	MT8$^{-a}_{-b}$	13.56	0.0468
				60,63,65	142	107						
LM9	1800	3550	3800	50,55,56	112	84	80	208	200	MT9$^{-a}_{-b}$	21.40	0.1041
				60,63,65,70,71,75	142	107						
				80	172	132						
LM10	2800	5600	3300	60,63,65,70,71,75	142	107	90	230	230	MT10$^{-a}_{-b}$	32.03	0.2105
				80,85,90,95	172	132						
				100	212	167						
LM11	4500	9000	2900	70,71,75	142	107	100	260	260	MT11$^{-a}_{-b}$	49.52	0.4338
				80,85,90,95	172	132						
				100,110,120	212	167						
LM12	6300	12 500	2500	80,85,90,95	172	132	115	297	300	MT12$^{-a}_{-b}$	73.45	0.8205
				100,110,120,125	212	167						
				130	252	202						
LM13	11 200	20 000	2100	90,95	172	132	125	323	360	MT13$^{-a}_{-b}$	103.86	1.6718
				100,110,120,125	212	167						
				130,140,150	252	202						
LM14	12 500	25 000	1900	100,110,120,125	212	167	135	333	400	MT14$^{-a}_{-b}$	127.59	2.4990
				130,140,150	252	202						
				160	302	242						

注：① 质量、转动惯量按轴套推荐长度时最小轴孔计算的近似值。

② 轴孔直径参数中字体加粗的可用于 Z 型轴孔。

③ a、b 为弹性元件两种硬度材料的代号。

表 17.6　轮胎式联轴器(GB/T 5844—2002)

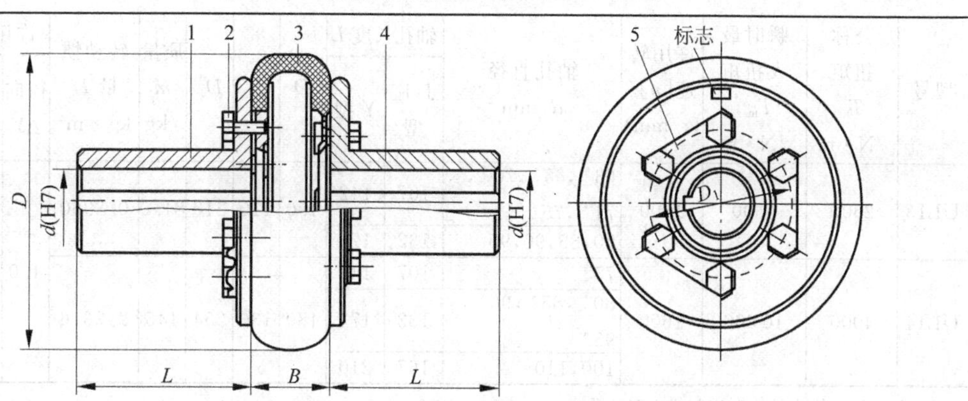

1,4—半联轴器；2—螺栓；3—轮胎环；5—止退垫板

标记示例

主动端：Y 型轴孔，A 型键槽，$d=28$mm，$L=62$mm；从动端：J_1 型轴孔，B 型键槽，$d=32$mm，$L=60$mm，标记为

$$\text{UL5 联轴器}\frac{28\times 62}{J_1B32\times 60}\text{GB/T 5844—2002}$$

型号	公称扭矩 T_n /N·m	瞬时最大扭矩 T_{max} /N·m	许用转速[n]/(r/min)	轴孔直径 d/mm	轴孔长度 L J、J_1 型	轴孔长度 L Y 型	D	B	D_1	质量 m /kg	转动惯量 I/kg·m²	许用补偿量 径向 ΔY	许用补偿量 轴向 ΔX	许用补偿量 角向 Δα
UL4	100	315	4300	20,22,24	38	52	140	38	69	3	0.0044			
				25,28	44	62								
				30	60	82								
UL5	160	500	4000	24	38	52	160	45	80	4.6	0.0084	1.6	2.0	1°
				25,28	44	62								
				30,32,35	60	82								
UL6	250	710	3600	28	44	62	180	50	90	7.1	0.0164			
				30,32,35,38	60	82								
				40	84	112								
UL7	315	900	3200	32,35,38	60	82	200	56	104	10.9	0.0290	2.0	2.5	
				40,42,45,48	84	112								
UL8	400	1250	3000	38	60	82	220	63	110	13.0	0.0448			
				40,42,45,48,50										
UL9	630	1800	2800	42, 45, 48, 50, 55,56	84	112	250	71	130	20.0	0.0898	2.5	3.0	
				60	107	142								
UL10	800	2240	2400	45*,48*,50,55,	84	112	280	80	148	30.6	0.1596			
				56,60,63,65,70	107	142								
UL11	1000	25 000	2100	50*,55*,56*	84	112	320	90	165	39.0	0.2792	3.0	3.6	1°30′
				60, 63, 65, 70, 71,75	107	142								
UL12	1600	4000	2000	55*,56*	84	112	360	100	188	59.0	0.5356	3.6	4.0	
				60*,63*,65*, 70,71,75	107	142								
				80,85	132	172								

续表

型号	公称扭矩 T_n /N·m	瞬时最大扭矩 T_{max} /N·m	许用转速[n]/(r/min)	轴孔直径 d/mm	轴孔长度 L J,J_1型	轴孔长度 L Y型	D	B	D_1	质量 m /kg	转动惯量 I/ kg·m²	许用补偿量 径向 ΔY	许用补偿量 轴向 ΔX	许用补偿量 角向 $\Delta\alpha$
UL13	2500	6300	1800	63*,65*,70*,71*,75*	107	142	400	110	210	81.0	0.8960	4.0	4.5	1°30′
				80,85,90,95	132	172								
UL14	4000	10 000	1600	75*	107	142	480	130	254	145	2.2616		5.0	
				80*,85*,90*,95*	132	172								
				100,110	167	210								

注：① *值为结构允许制成J型轴孔。

② Y型为长圆柱形轴孔，J型为有沉孔的短圆柱形轴孔，J_1型为无沉孔的短圆柱形轴孔。

③ 本标准中最小型号为UL1，最大型号为UL18，详见GB/T 5844—2002。

表17.7 SL型十字滑块联轴器(Q/JL 03—2001)

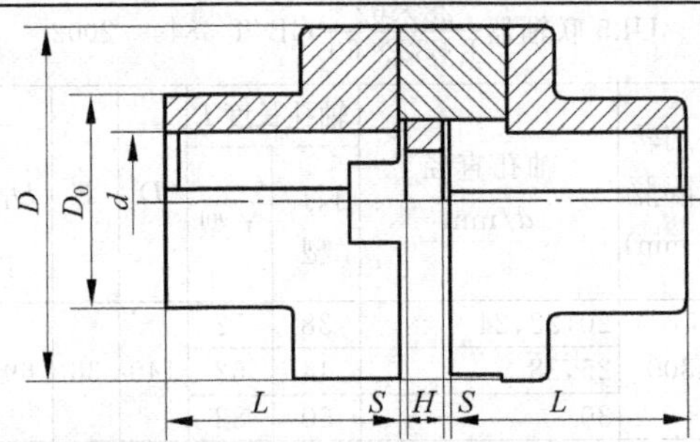

型号	公称扭矩 T_n/N·m	许用转速 [n]/(r/min)	轴孔直径 d	D	D_0	L	H	S	转动惯量 I/kg·m²	质量/kg
SL70	120	250	15～18	70	32	42	14	0.5	0.002	1.5
SL90	250	250	20～30	90	45	52	14		0.008	2.6
SL100	500	250	36～40	100	60	70	19		0.026	5.5
SL130	800	250	45～50	130	80	90	19		0.07	10
SL150	1250	250	55～60	150	95	112	19		0.14	15.5
SL170	2000	250	65～70	170	105	125	24		0.25	22.4
SL190	3200	250	75～80	190	110	140	29		0.5	31.5
SL210	5000	250	85～90	210	130	160	33	1.0	0.9	45
SL240	8000	250	95～100	240	140	180	33		1.6	59.5
SL260	9000	250	100～110	260	160	190	33		2	76
SL280	1000	100	110～120	280	170	200	33		3	94.3
SL300	13 000	100	120～130	300	180	210	43		4.3	111
SL320	16 000	100	130～140	320	190	220	43		5.7	129
SL340	20 000	100	150	340	210	250	48		8.4	162
SL360	32 500	100	160	360	240	280	48		19.2	258
SL400	38 700	80	170	400	260	300	48		26.1	305
SL460	63 000	70	200	460	300	350	58		62.9	560

第18章 电动机

表 18.1 Y2 系列三相异步电动机(JB/T 8680—2008)

电动机型号	额定功率/kW	满载转速/(r/min)	堵转转矩 额定转矩	最大转矩 额定转矩
同步转速 3000r/min,2 极				
Y801—2	0.75	2825	2.2	2.2
Y802—2	1.1			
Y90S—2	1.5	2840		
Y90L—2	2.2			
Y100L—2	3	2880		
Y112M—2	4	2890		
Y132S1—2	5.5	2900	2.0	
Y132S2—2	7.5			
Y160M1—2	11	2930		
Y160M2—2	15			
Y160L—2	18.5			
Y180M—2	22	2940		
Y200L1—2	30	2950		
Y200L2—2	37			
Y225M—2	45	2970		
Y250M—2	55			
同步转速 1000r/min,6 极				
Y90S—6	0.75	910	2.0	2.0
Y90L—6	1.1			
Y100L—6	1.5	940		
Y112M—6	2.2			
Y132S—6	3	960		
Y132M1—6	4			
Y132M2—6	5.5			
Y160M—6	7.5	970		
Y160L—6	11			
Y180L—6	15		1.8	
Y200L1—6	18.5			
Y200L2—6	22			
Y225M—6	30	980		
Y250M—6	37			
Y280S—6	45			
Y280M—6	55			

续表

<table>
<tr><th rowspan="2">电动机型号</th><th rowspan="2">额定功率/kW</th><th rowspan="2">满载转速/(r/min)</th><th>堵转转矩</th><th>最大转矩</th></tr>
<tr><th>额定转矩</th><th>额定转矩</th></tr>
<tr><td colspan="5">同步转速 1500r/min,4 极</td></tr>
<tr><td>Y801—4</td><td>0.55</td><td rowspan="2">1390</td><td rowspan="11">2.2</td><td rowspan="19">2.2</td></tr>
<tr><td>Y802—4</td><td>0.75</td></tr>
<tr><td>Y90S—4</td><td>1.1</td><td rowspan="2">1400</td></tr>
<tr><td>Y90L—4</td><td>1.5</td></tr>
<tr><td>Y100L1—4</td><td>2.2</td><td rowspan="2">1420</td></tr>
<tr><td>Y100L2—4</td><td>3</td></tr>
<tr><td>Y112M—4</td><td>4</td><td rowspan="3">1440</td></tr>
<tr><td>Y132S—4</td><td>5.5</td></tr>
<tr><td>Y132M—4</td><td>7.5</td></tr>
<tr><td>Y160M—4</td><td>11</td><td rowspan="2">1460</td></tr>
<tr><td>Y160L—4</td><td>15</td></tr>
<tr><td>Y180M—4</td><td>18.5</td><td rowspan="3">1470</td><td rowspan="3">2.0</td></tr>
<tr><td>Y180L—4</td><td>22</td></tr>
<tr><td>Y200L—4</td><td>30</td></tr>
<tr><td>Y225S—4</td><td>37</td><td rowspan="5">1480</td><td rowspan="5">1.9</td></tr>
<tr><td>Y225M—4</td><td>45</td></tr>
<tr><td>Y250M—4</td><td>55</td></tr>
<tr><td>Y280S—4</td><td>75</td></tr>
<tr><td>Y280M—4</td><td>90</td></tr>
<tr><td colspan="5">同步转速 750r/min,8 极</td></tr>
<tr><td>Y132S—8</td><td>2.2</td><td rowspan="2">710</td><td rowspan="5">2.0</td><td rowspan="12">2.0</td></tr>
<tr><td>Y132M—8</td><td>3</td></tr>
<tr><td>Y160M1—8</td><td>4</td><td rowspan="3">720</td></tr>
<tr><td>Y160M2—8</td><td>5.5</td></tr>
<tr><td>Y160L—8</td><td>7.5</td></tr>
<tr><td>Y180L—8</td><td>11</td><td rowspan="5">730</td><td rowspan="7">1.8</td></tr>
<tr><td>Y200L—8</td><td>15</td></tr>
<tr><td>Y225S—8</td><td>18.5</td></tr>
<tr><td>Y225M—8</td><td>22</td></tr>
<tr><td>Y250M—8</td><td>30</td></tr>
<tr><td>Y250S—8</td><td>37</td><td rowspan="2">740</td></tr>
<tr><td>Y280M—8</td><td>45</td></tr>
</table>

注：电动机型号意义(以 Y132S2—2—B3 为例)——Y 表示系列代号,132 表示机座中心高,S2 表示短机座和第二种铁芯长度(M 表示中机座,L 表示长机座),2 表示电动机的极数,B3 表示安装形式。

表 18.2　机座带底脚、端盖无凸缘 Y 系列电动机的安装及外形尺寸(JB/T 8680—2008)　mm

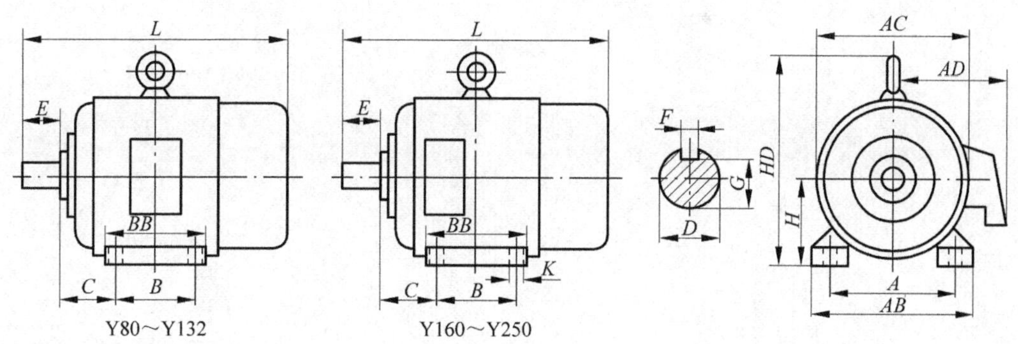

<table>
<tr><th>机座号</th><th>极数</th><th>A</th><th>B</th><th>C</th><th colspan="2">D</th><th>E</th><th>F</th><th>G</th><th>H</th><th>K</th><th>AB</th><th>AC</th><th>AD</th><th>HD</th><th>BB</th><th>L</th></tr>
<tr><td>80M</td><td>2,4</td><td>125</td><td rowspan="2">100</td><td>50</td><td>19</td><td rowspan="5">+0.009
−0.004</td><td>40</td><td>6</td><td>15.5</td><td>80</td><td rowspan="3">10</td><td>165</td><td>165</td><td>150</td><td>170</td><td rowspan="2">130</td><td>285</td></tr>
<tr><td>90S</td><td rowspan="4">2,4,6</td><td rowspan="2">140</td><td rowspan="2">56</td><td rowspan="2">24</td><td rowspan="2">50</td><td rowspan="4">8</td><td rowspan="2">20</td><td rowspan="2">90</td><td rowspan="2">180</td><td rowspan="2">175</td><td rowspan="2">155</td><td rowspan="2">190</td><td>310</td></tr>
<tr><td>90L</td><td>125</td><td>155</td><td>335</td></tr>
<tr><td>100L</td><td>160</td><td rowspan="3">140</td><td>63</td><td rowspan="2">28</td><td rowspan="2">60</td><td rowspan="2">24</td><td>100</td><td rowspan="4">12</td><td>205</td><td>205</td><td>180</td><td>245</td><td>170</td><td>380</td></tr>
<tr><td>112M</td><td>190</td><td>70</td><td>112</td><td>245</td><td>230</td><td>190</td><td>265</td><td>180</td><td>400</td></tr>
<tr><td>132S</td><td rowspan="7">2,4,6,8</td><td rowspan="2">216</td><td rowspan="2">89</td><td rowspan="2">38</td><td rowspan="6">+0.018
+0.002</td><td rowspan="2">80</td><td rowspan="2">10</td><td rowspan="2">33</td><td rowspan="2">132</td><td rowspan="2">280</td><td rowspan="2">270</td><td rowspan="2">210</td><td rowspan="2">315</td><td>200</td><td>475</td></tr>
<tr><td>132M</td><td>178</td><td>238</td><td>515</td></tr>
<tr><td>160M</td><td rowspan="2">254</td><td>210</td><td rowspan="2">108</td><td rowspan="2">42</td><td rowspan="5">110</td><td rowspan="2">12</td><td rowspan="2">37</td><td rowspan="2">160</td><td rowspan="4">15</td><td rowspan="2">330</td><td rowspan="2">325</td><td rowspan="2">255</td><td rowspan="2">385</td><td>270</td><td>600</td></tr>
<tr><td>160L</td><td>254</td><td>314</td><td>645</td></tr>
<tr><td>180M</td><td rowspan="2">279</td><td>241</td><td rowspan="2">121</td><td rowspan="2">48</td><td rowspan="2">14</td><td rowspan="2">42.5</td><td rowspan="2">180</td><td rowspan="2">355</td><td rowspan="2">360</td><td rowspan="2">285</td><td rowspan="2">430</td><td>311</td><td>670</td></tr>
<tr><td>180L</td><td>279</td><td>349</td><td>710</td></tr>
<tr><td>200L</td><td>318</td><td>305</td><td>133</td><td>55</td><td rowspan="6">+0.030
0.011</td><td>16</td><td>49</td><td>200</td><td rowspan="4">19</td><td>395</td><td>400</td><td>310</td><td>475</td><td>379</td><td>775</td></tr>
<tr><td>225S</td><td>4,8</td><td rowspan="3">356</td><td>286</td><td rowspan="3">149</td><td>60</td><td>140</td><td>18</td><td>53</td><td rowspan="3">225</td><td rowspan="3">435</td><td rowspan="3">450</td><td rowspan="3">345</td><td rowspan="3">530</td><td>368</td><td>820</td></tr>
<tr><td rowspan="2">225M</td><td>2</td><td rowspan="2">311</td><td>55</td><td>110</td><td>16</td><td>49</td><td rowspan="2">393</td><td>815</td></tr>
<tr><td>4,6,8</td><td rowspan="2">60</td><td rowspan="5">140</td><td rowspan="5">18</td><td rowspan="2">53</td><td>845</td></tr>
<tr><td rowspan="2">250M</td><td>2</td><td rowspan="2">406</td><td rowspan="2">349</td><td rowspan="2">168</td><td rowspan="2">250</td><td rowspan="2">24</td><td rowspan="2">490</td><td rowspan="2">495</td><td rowspan="2">385</td><td rowspan="2">575</td><td rowspan="2">455</td><td rowspan="2">930</td></tr>
<tr><td>4,6,8</td><td rowspan="3">65</td><td>58</td></tr>
<tr><td>280S</td><td>2</td><td rowspan="2">457</td><td>368</td><td rowspan="2">190</td><td>—</td><td rowspan="2">67.5</td><td rowspan="2">280</td><td rowspan="2">24</td><td rowspan="2">550</td><td rowspan="2">566</td><td rowspan="2">410</td><td rowspan="2">640</td><td>530</td><td rowspan="2">1000</td></tr>
<tr><td>280M</td><td>4,6,8</td><td>419</td><td>—</td><td>581</td></tr>
</table>

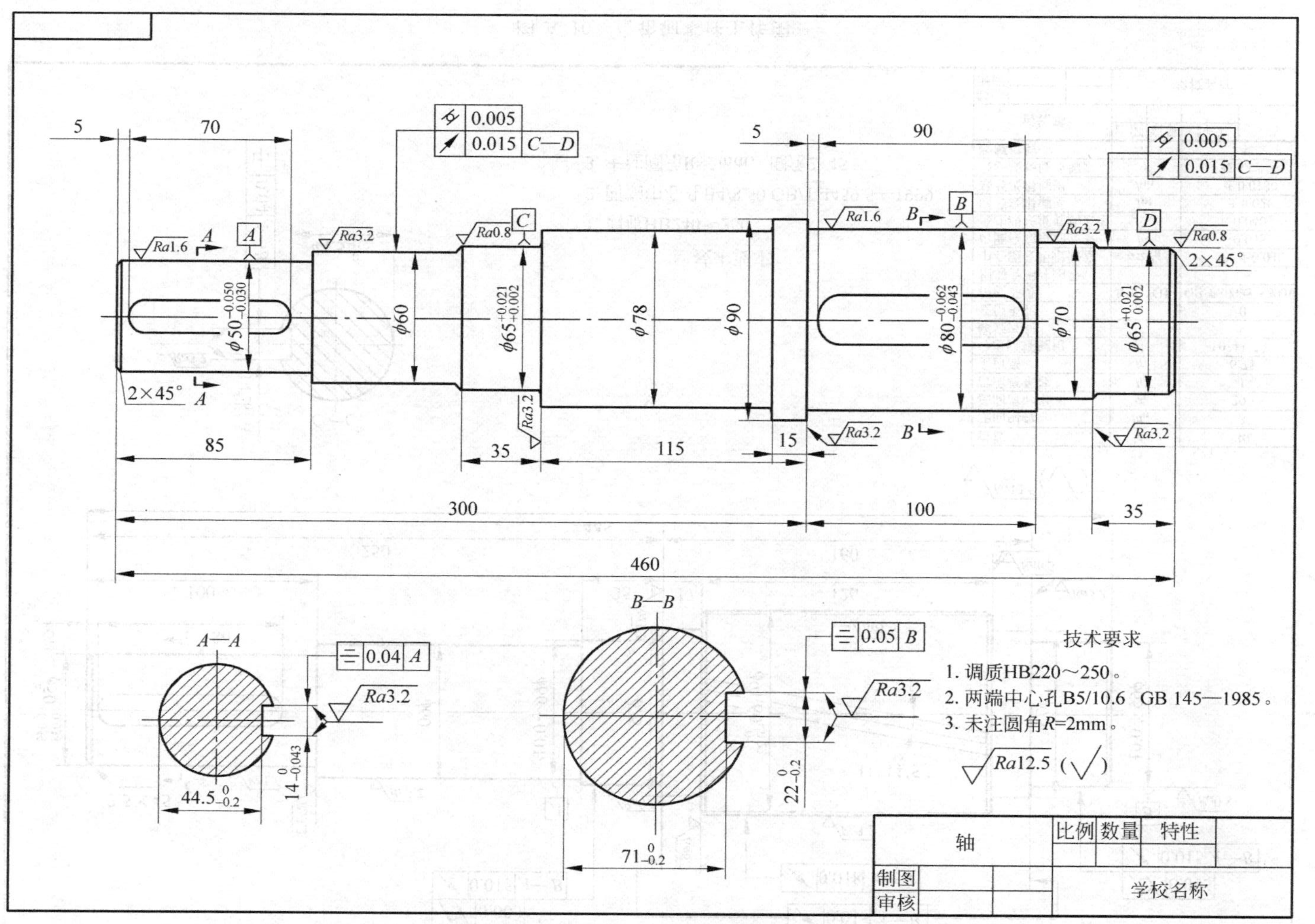
技术要求
1. 调质HB220～250。
2. 两端中心孔B5/10.6 GB 145—1985。
3. 未注圆角R=2mm。
Ra12.5（√）
A—A
B—B
轴
比例
数量
特性
制图
审核
学校名称

图 A.9 轴零件工作图

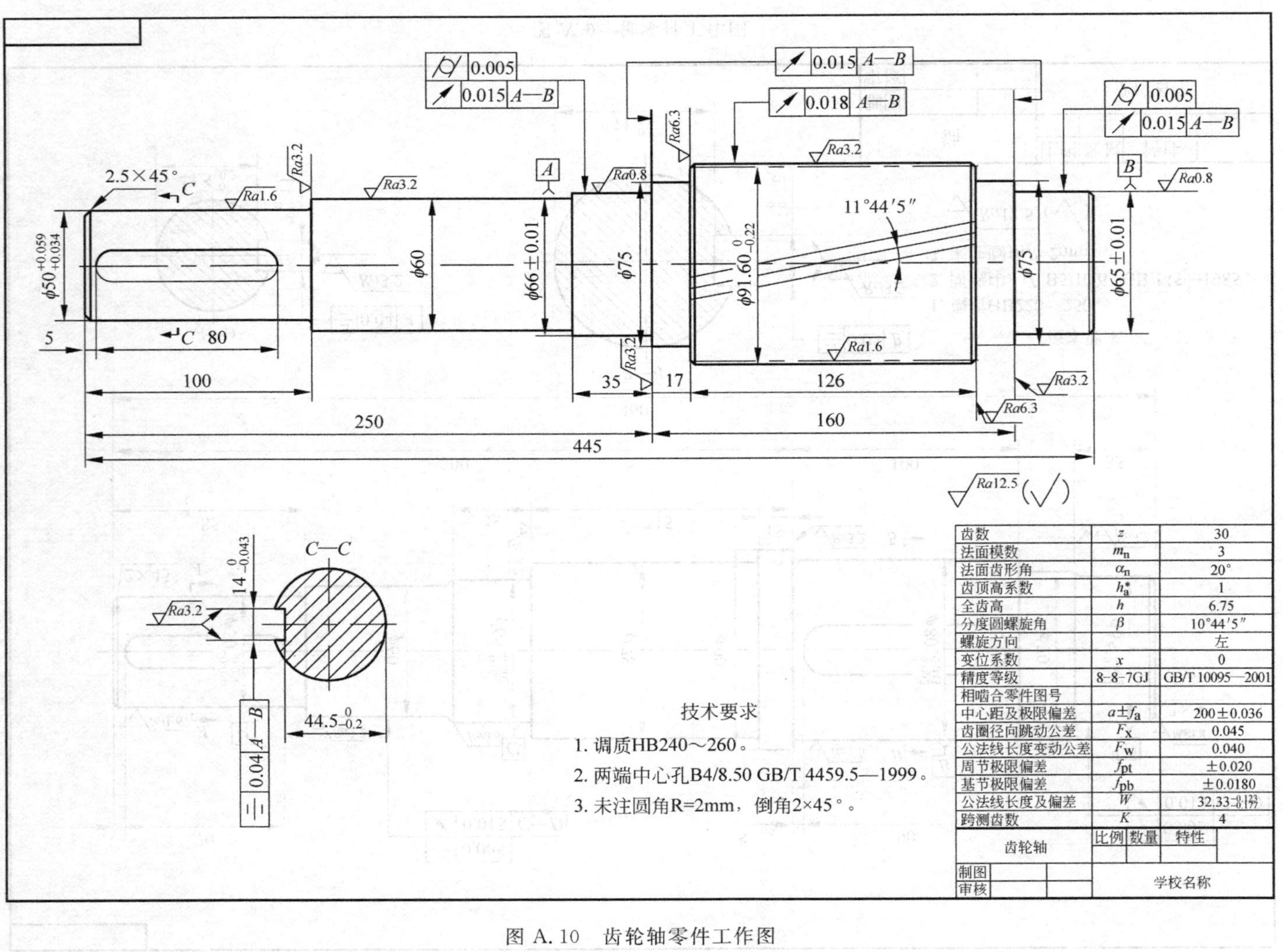

齿数	z	30
法面模数	m_n	3
法面齿形角	α_n	20°
齿顶高系数	h_a^*	1
全齿高	h	6.75
分度圆螺旋角	β	10°44′5″
螺旋方向		左
变位系数	x	0
精度等级	8-8-7GJ	GB/T 10095—2001
相啮合零件图号		
中心距及极限偏差	$a \pm f_a$	200±0.036
齿圈径向跳动公差	F_x	0.045
公法线长度变动公差	F_w	0.040
周节极限偏差	f_{pt}	±0.020
基节极限偏差	f_{pb}	±0.0180
公法线长度及偏差	W	$32.33^{-0.123}_{-0.177}$
跨测齿数	K	4

齿轮轴	比例	数量	特性
制图			
审核	学校名称		

技术要求

1. 调质HB240～260。
2. 两端中心孔B4/8.50 GB/T 4459.5—1999。
3. 未注圆角R=2mm，倒角2×45°。

图 A.10　齿轮轴零件工作图

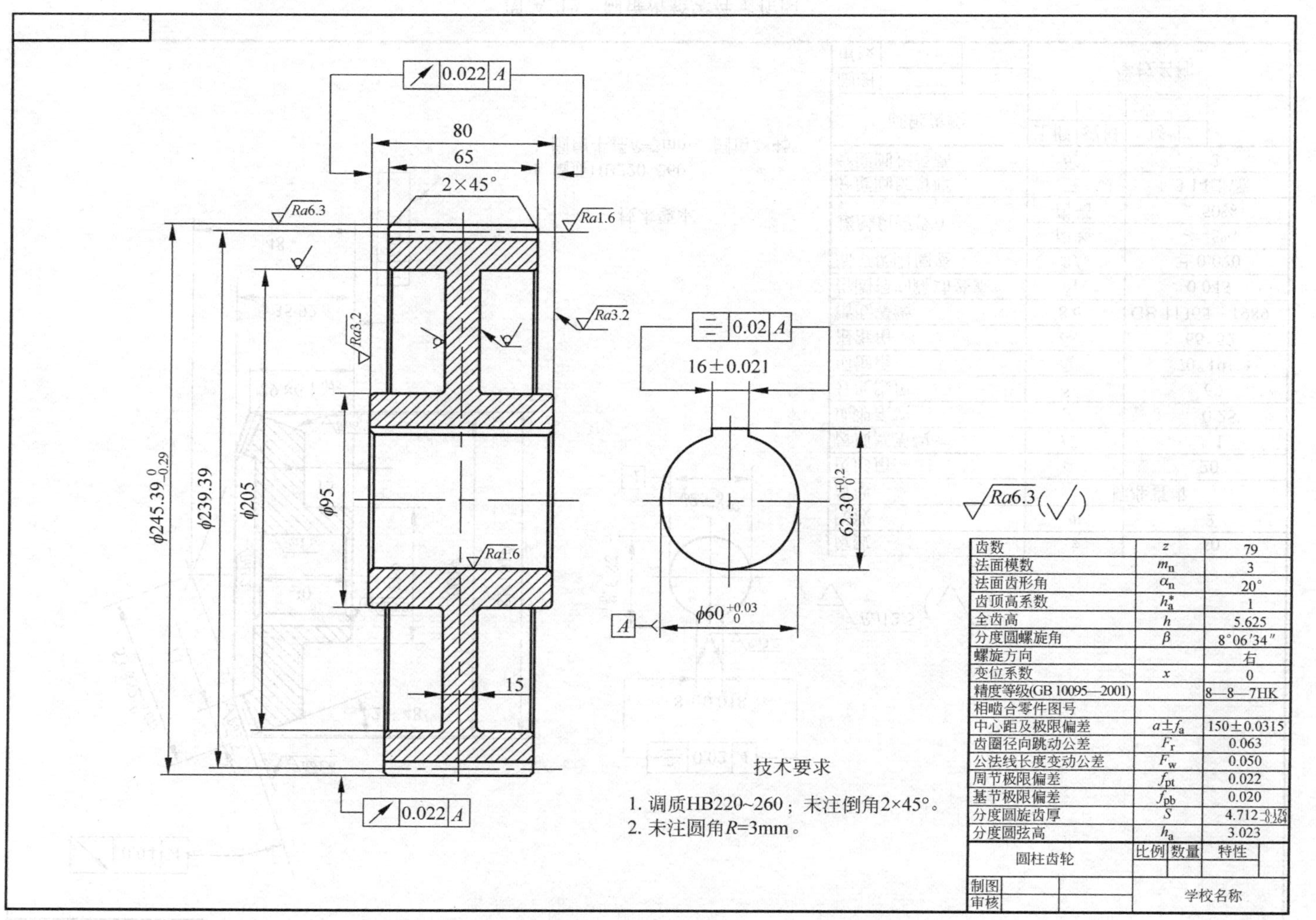
0.022 A
80
65
2×45°
Ra6.3
Ra1.6
Ra3.2
0.02 A
16±0.021
62.30 +0.2 0
φ60 +0.03 0
A
Ra1.6
15
φ245.39 0 −0.29
φ239.39
φ205
φ95
0.022 A
Ra6.3(√)
技术要求
1. 调质HB220~260；未注倒角2×45°。
2. 未注圆角R=3mm。
齿数 z 79
法面模数 mn 3
法面齿形角 αn 20°
齿顶高系数 ha* 1
全齿高 h 5.625
分度圆螺旋角 β 8°06′34″
螺旋方向 右
变位系数 x 0
精度等级(GB 10095—2001) 8—8—7HK
相啮合零件图号
中心距及极限偏差 a±fa 150±0.0315
齿圈径向跳动公差 Fr 0.063
公法线长度变动公差 Fw 0.050
周节极限偏差 fpt 0.022
基节极限偏差 fpb 0.020
分度圆旋齿厚 S 4.712 −0.176 −0.264
分度圆弦高 ha 3.023
圆柱齿轮
比例 数量 特性
制图
审核
学校名称

图 A.11 圆柱齿轮零件工作图

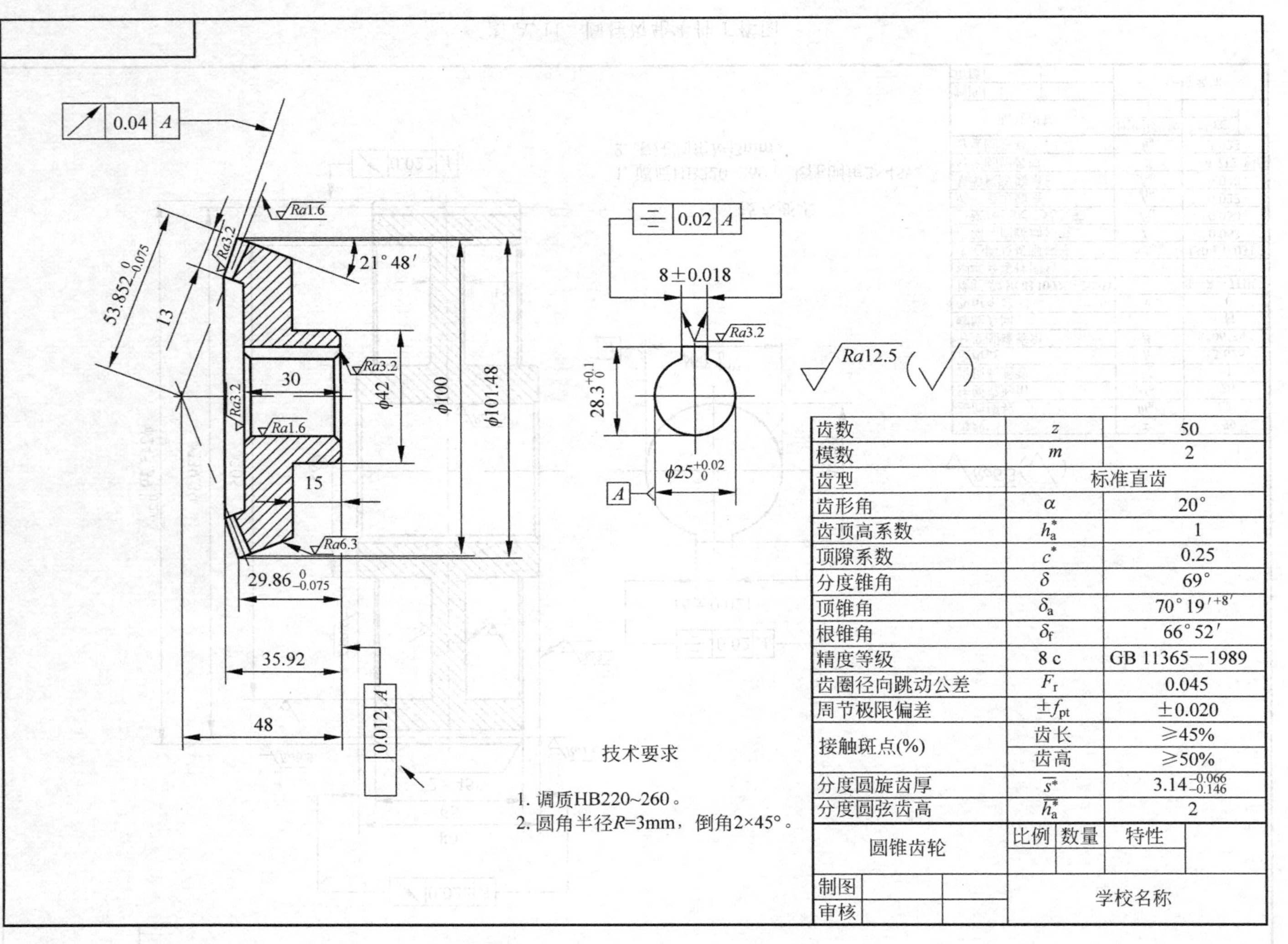

齿数	z	50
模数	m	2
齿型	标准直齿	
齿形角	α	20°
齿顶高系数	h_a^*	1
顶隙系数	c^*	0.25
分度锥角	δ	69°
顶锥角	δ_a	$70°19'^{+8'}$
根锥角	δ_f	66°52′
精度等级	8 c	GB 11365—1989
齿圈径向跳动公差	F_r	0.045
周节极限偏差	$\pm f_{pt}$	±0.020
接触斑点(%)	齿长	≥45%
	齿高	≥50%
分度圆旋齿厚	$\overline{s^*}$	$3.14_{-0.146}^{-0.066}$
分度圆弦齿高	$\overline{h_a^*}$	2

图 A.12 圆锥齿轮零件工作图

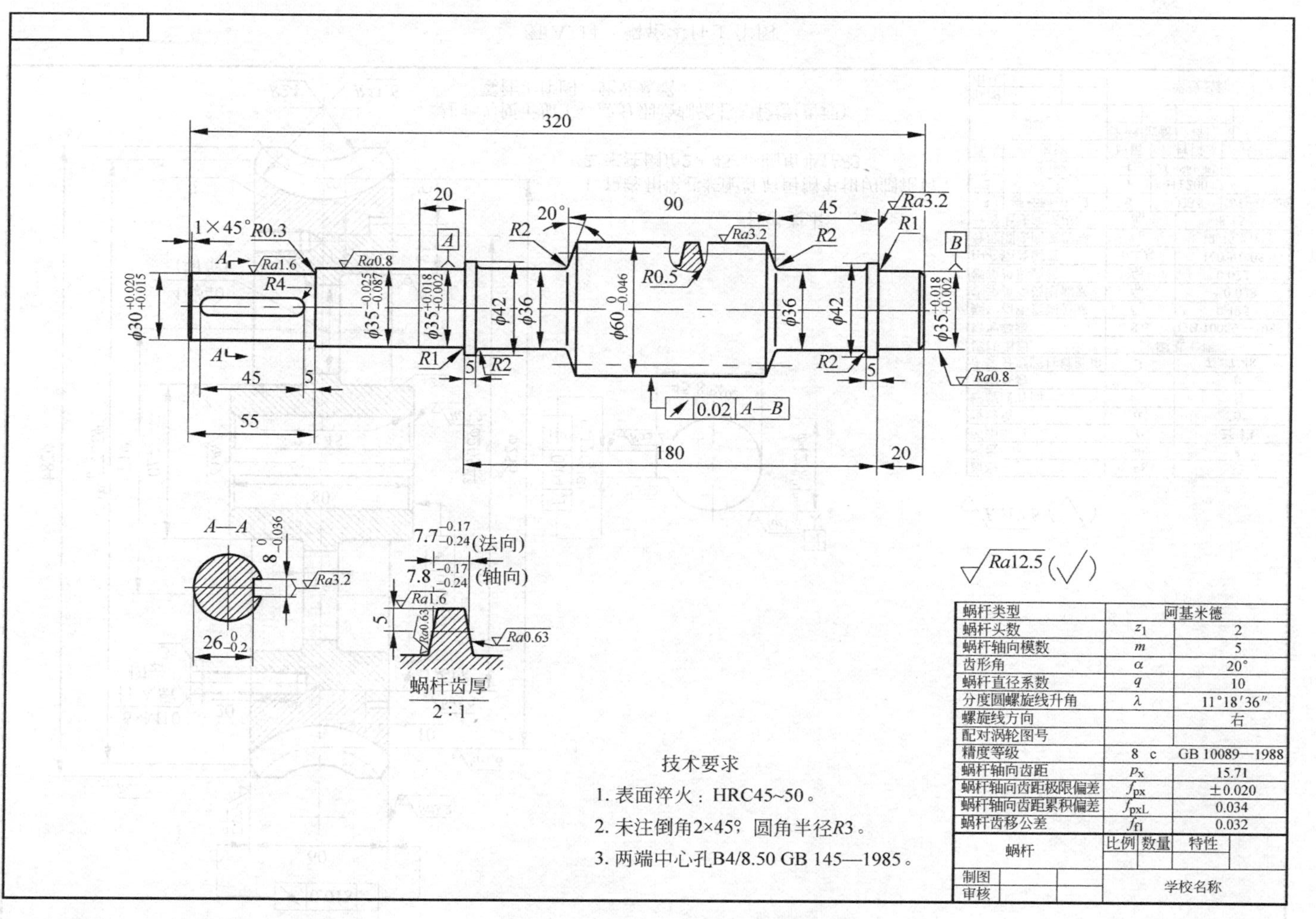

技术要求

1. 表面淬火：HRC45~50。
2. 未注倒角2×45°，圆角半径$R3$。
3. 两端中心孔B4/8.50 GB 145—1985。

蜗杆类型		阿基米德
蜗杆头数	z_1	2
蜗杆轴向模数	m	5
齿形角	α	20°
蜗杆直径系数	q	10
分度圆螺旋线升角	λ	11°18′36″
螺旋线方向		右
配对涡轮图号		
精度等级	8 c	GB 10089—1988
蜗杆轴向齿距	p_x	15.71
蜗杆轴向齿距极限偏差	f_{px}	±0.020
蜗杆轴向齿距累积偏差	f_{pxL}	0.034
蜗杆齿移公差	f_{f1}	0.032

蜗杆			比例	数量	特性
制图			学校名称		
审核					

图 A.13 蜗杆零件工作图

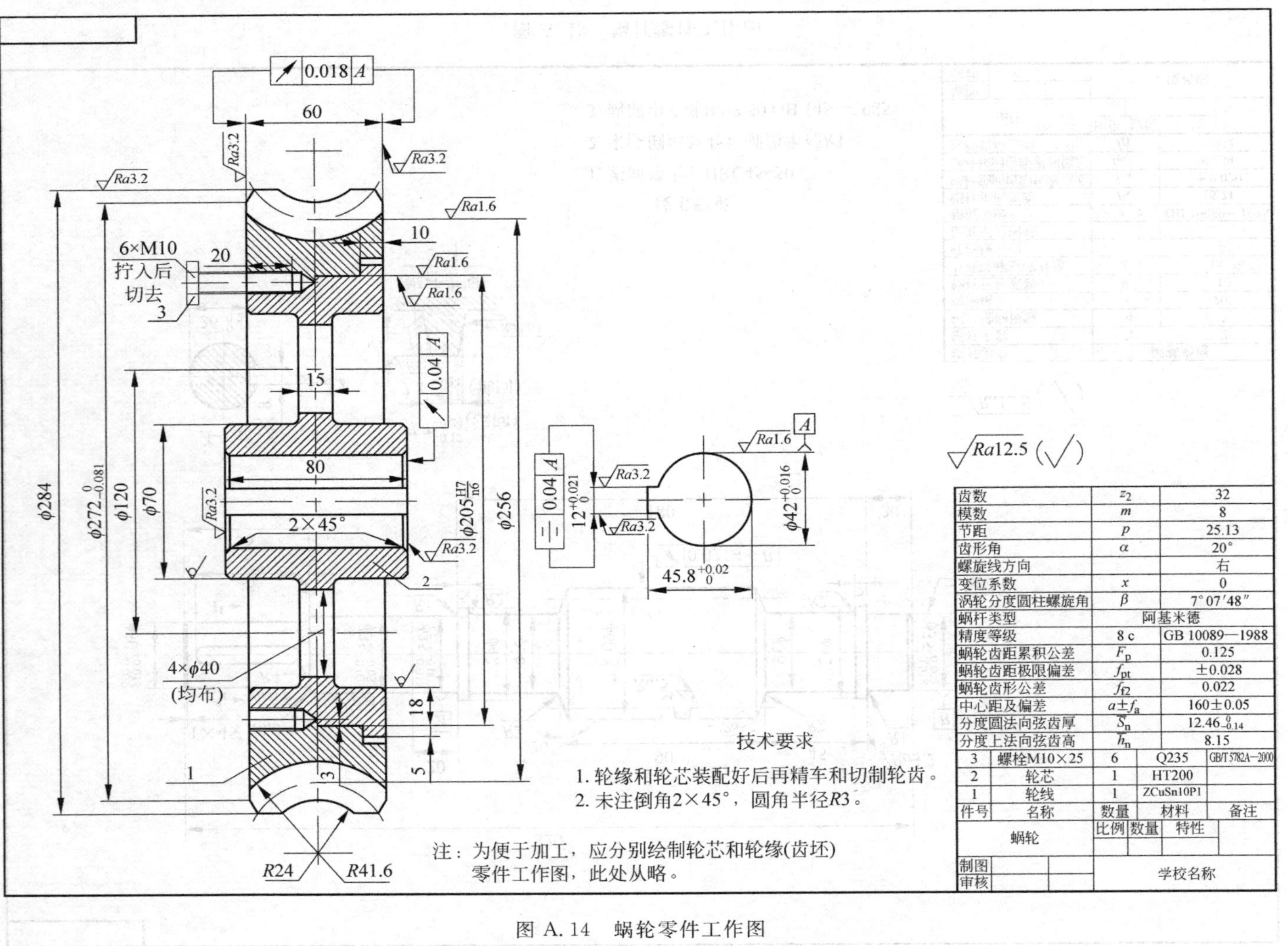

齿数	z_2	32
模数	m	8
节距	p	25.13
齿形角	α	20°
螺旋线方向		右
变位系数	x	0
涡轮分度圆柱螺旋角	β	7°07′48″
蜗杆类型		阿基米德
精度等级	8 c	GB 10089—1988
蜗轮齿距累积公差	F_p	0.125
蜗轮齿距极限偏差	f_{pt}	±0.028
蜗轮齿形公差	f_{f2}	0.022
中心距及偏差	$a \pm f_a$	160±0.05
分度圆法向弦齿厚	$\bar{S}_n$	$12.46_{-0.14}^{0}$
分度上法向弦齿高	$\bar{h}_n$	8.15

件号	名称	数量	材料	备注
3	螺栓M10×25	6	Q235	GB/T 5782A—2000
2	轮芯	1	HT200	
1	轮缘	1	ZCuSn10P1	

蜗轮	比例	数量	特性
制图			
审核	学校名称		

图 A.14　蜗轮零件工作图

附 录 B

设计题目

1. 设计带式运输机传动装置

带式运输机的传动简图见图 B.1.

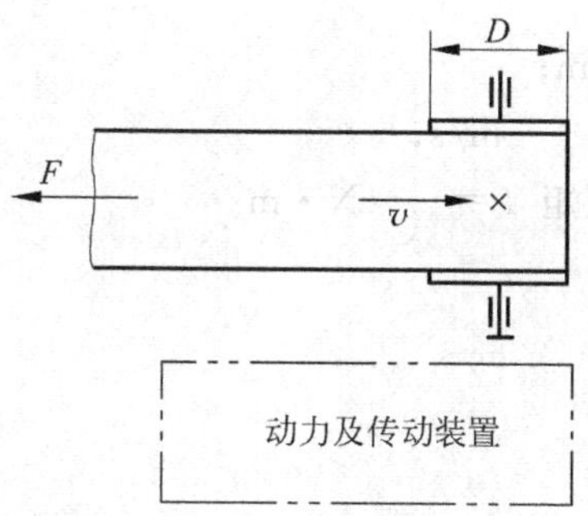

图 B.1　带式运输机传动简图

1) 原始数据(表 B.1)

表 B.1　带式运输机原始数据

参数	1	2	3	4	5	6	7	8	9	10
F/N	3000	3040	3100	3160	3200	3240	3300	3360	3400	3460
v/(m/s)	2.3	2.2	2	1.9	1.85	1.8	1.75	1.7	1.65	1.6
D/mm	385	380	375	370	365	360	355	350	345	340

2) 已知条件

(1) 运输带工作拉力 $F=$　　N;

(2) 运输带工作速度 $v=$　　m/s;

(3) 滚筒直径 $D=$　　mm;

(4) 工作情况：两班制，连续单向运转，载荷较平稳；

(5) 工作情况：室内工作，水分和灰分正常状态，环境最高温度为 35℃；

(6) 要求齿轮使用寿命为 10 年。

3) 设计工作量

(1) 减速器装配图 1 张；

(2) 零件工作图 1～3 张；

(3) 设计计算说明书 1 份。

2. 设计某热处理厂零件清洗用传送设备

该传送设备的传动系统由电动机经减速装置再传至传送带，两班制工作，使用期限5年。传送带运行速度的容许误差为±5%。

1）原始数据(表B.2)

表B.2　零件清洗用传送设备原始数据

参数	1	2	3	4	5	6	7	8	9	10
D/mm	300	310	320	330	340	350	360	360	360	320
v/(m/s)	1.2	1.25	1.3	1.35	1.4	1.45	0.69	0.83	0.86	0.72
T/N·m	700	690	680	670	660	650	640	660	890	890

2）已知条件

(1) 滚筒直径 $D=$　　mm；

(2) 传送带运行速度 $v=$　　m/s；

(3) 传动带主动轴所需扭矩 $T=$　　N·m。

3）设计工作量

(1) 减速器装配图1张；

(2) 零件工作图1～3张；

(3) 设计计算说明书1份。

3. 设计皮带运输机传动装置

皮带运输机传动简图如图B.2所示。

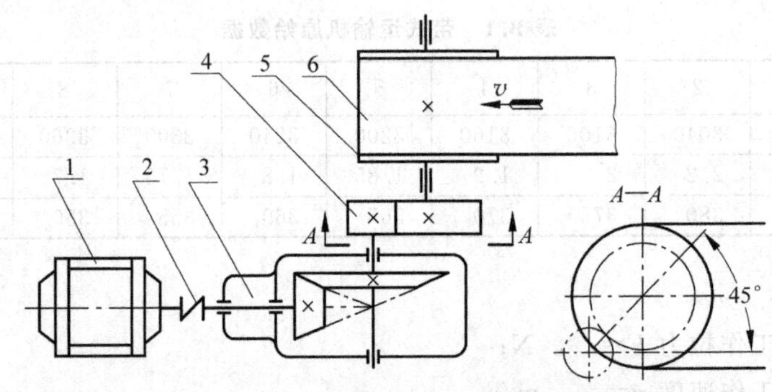

图B.2　皮带运输机传动简图(1)

1—电动机；2—联轴器；3—圆锥齿轮减速器；4—开式齿轮传动；5—滚筒；6—运输带

1）原始数据(表B.3)

表B.3　皮带运输机原始数据(1)

参数	1	2	3	4	5	6	7	8	9	10
F/N	4750	4700	4650	4600	4550	4450	4450	4400	4350	4300
v/(m/s)	0.95	0.95	0.9	0.9	0.85	0.85	0.8	0.8	0.75	0.75
D/mm	450	445	440	435	430	425	420	415	410	400

2) 已知条件

(1) 运输带工作拉力 $F=$　　N；

(2) 运输带工作速度 $v=$　　m/s(运输带速度允许误差±5%)；

(3) 滚筒直径 $D=$　　mm；

(4) 滚筒效率 $\eta=0.96$(包括滚筒与轴承的效率损失)；

(5) 工作情况：两班制，连续单向运转，载荷平稳；

(6) 要求传动使用寿命为 10 年。

3) 设计工作量

(1) 减速器装配图 1 张；

(2) 零件工作图 1～3 张；

(3) 设计计算说明书 1 份。

4. 设计一级蜗杆减速器

设计用于皮带运输机的一级蜗杆减速器，皮带运输机的传动简图如图 B.3 所示。

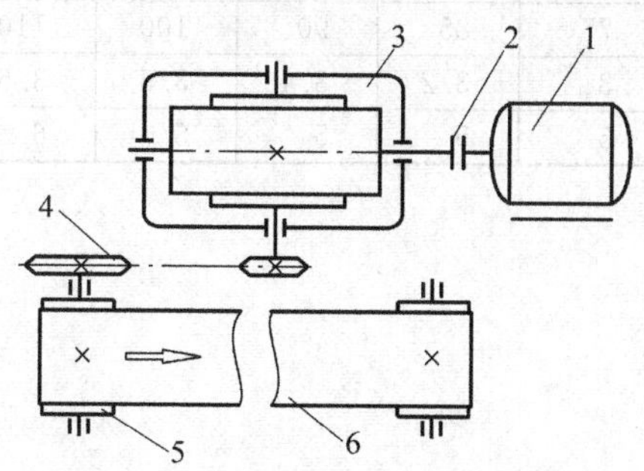

图 B.3　皮带运输机传动简图(2)

1—电动机；2—联轴器；3—减速器；4—链传动；5—滚筒；6—运输带

已知该一级蜗杆减速器单班制工作，期限 6 年，工作较平稳。每年按 300 天计算，轴承寿命为蜗轮寿命的 1/3 以上。

有关原始数据见表 B.4。

表 B.4　皮带运输机原始数据(2)

数据 \ 题号	1	2	3	4	5	6	7	8	9	10	11	12
运输带拉力 F/N	5500	5200	4100	3000	6000	4000	5600	5400	4400	4500	3500	3700
运输带速度 v/(m/s)	0.8	0.6	1.0	1.0	0.6	0.8	0.75	0.6	0.8	0.7	0.9	0.85
卷筒直径 D/mm	450	540	500	530	320	460	480	400	420	500	550	600

5. 设计一用于带式运输机上的一级圆柱齿轮减速器

带式运输机两班制连续工作，工作时有轻度振动。每年按 300 天计算，轴承寿命为齿轮寿命的 1/3 以上。其传动简图如图 B.4 所示。

有关原始数据见表 B.5。

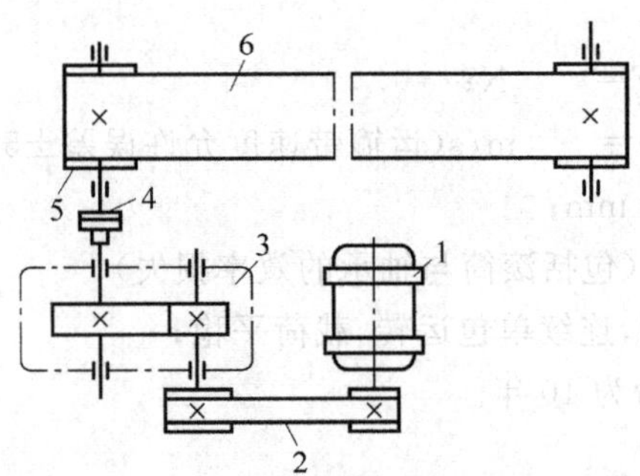

图 B.4 带式运输机传动简图

1—电动机；2—带传动；3—减速器；4—联轴器；5—滚筒；6—传动带

表 B.5 带式运输机原始数据

原始数据	题号							
	Ⅰ-1	Ⅰ-2	Ⅰ-3	Ⅰ-4	Ⅰ-5	Ⅰ-6	Ⅰ-7	Ⅰ-8
传动带滚动转速/(r/min)	75	85	90	100	110	120	125	150
减速器输入功率/kW	3	3.2	3.4	3.5	3.6	3.8	4	4.5
使用期限/年	5	5	5	5	6	6	6	6

参考文献

[1] 熊文修,何悦胜,何永然,等.机械设计课程设计[M].广州:华南理工大学出版社,1996.

[2] 朱文坚,黄平.机械设计课程设计[M].2版.广州:华南理工大学出版社,2004.

[3] 朱文坚,黄平.机械设计基础课程设计[M].北京:科学出版社,2009.

[4] 朱文坚,黄平,翟敬梅.机械设计[M].3版.北京:高等教育出版社,2015.

[5] 黄平,朱文坚.机械设计基础[M].北京:清华大学出版社,2012.

[6] 濮良贵,纪名刚.机械设计[M].7版.北京:高等教育出版社,2001.

[7] 彭文生,等.机械设计[M].北京:高等教育出版社,2002.

[8] 黄华梁,等.机械设计基础[M].3版.北京:高等教育出版社,2001.

[9] 席伟光,等.机械设计课程设计[M].北京:高等教育出版社,2003.

[10] 王昆.机械设计课程设计[M].武汉:华中理工大学出版社,1992.

[11] 杨可桢,程光蕴.机械设计基础[M].4版.北京:高等教育出版社,1999.

[12] 邱宣怀.机械设计[M].4版.北京:高等教育出版社,1997.

[13] 吴宗泽,罗圣国.机械设计课程设计手册[M].修订版.北京:高等教育出版社,2003.

[14] 吴宗泽.机械设计禁忌500例[M].北京:机械工业出版社,2000.

[15] 吴宗泽.机械设计[M].北京:高等教育出版社,2001.

[16] 杨明忠.机械设计[M].北京:机械工业出版社,2001.

[17] 成大先.机械设计手册[M].4版.北京:化学工业出版社,2002.

[18] 徐灏.机械设计手册[M].2版.北京:机械工业出版社,2000.